中国社会科学院国情调研丛书
CASS Series of National Conditions Investigation & Research

中国社会科学院创新工程学术出版资助项目

中国社会科学院国情调研丛书
CASS Series of National Conditions Investigation & Research

京津冀雾霾的协同治理与机制创新

Collaborative Governance and Institutional Innovation for Smog Control in Beijing-Tianjin-Hebei Region

庄贵阳 郑艳 周伟铎 等著

中国社会科学出版社

图书在版编目（CIP）数据

京津冀雾霾的协同治理与机制创新／庄贵阳等著．—北京：中国社会科学出版社，2018.1

ISBN 978－7－5203－1838－9

Ⅰ.①京…　Ⅱ.①庄…　Ⅲ.①空气污染—污染防治—华北地区　Ⅳ.①X51

中国版本图书馆 CIP 数据核字（2017）第 323351 号

出 版 人　赵剑英
责任编辑　张　潜
责任校对　胡新芳
责任印制　王　超

出　　版　中国社会科学出版社
社　　址　北京鼓楼西大街甲 158 号
邮　　编　100720
网　　址　http://www.csspw.cn
发 行 部　010－84083685
门 市 部　010－84029450
经　　销　新华书店及其他书店

印刷装订　北京君升印刷有限公司
版　　次　2018 年 1 月第 1 版
印　　次　2018 年 1 月第 1 次印刷

开　　本　710×1000　1/16
印　　张　19
插　　页　2
字　　数　320 千字
定　　价　79.00 元

凡购买中国社会科学出版社图书，如有质量问题请与本社营销中心联系调换
电话：010－84083683

中国社会科学院国情调研丛书
CASS Series of National Conditions Investigation & Research

编选委员会

前　言

自2016年入冬以来，全国多城频频遭受雾霾袭击，直至来年3月供暖季结束仍未好转，京津冀及其周边地区尤为严重。雾霾临城，灰暗倾轧，宛如一部灾难大片，令人紧张而压抑。作为一名多年从事环境经济与气候经济的研究者，我切实感到雾霾治理研究的紧迫性和肩上的责任。

从2015年4月份收到中国社会科学院国情调研重大项目立项通知以来，我们就组织所里的专家一起商讨调研的方案。在潘家华所长的指导下，项目组对京津冀雾霾现状、成因及治理成效进行案头梳理，并从能源、产业、建筑、交通、应急预案、公众参与和国际经验等方面进行专项分析。

2016年1月8日下午，项目组组织召开学术讲座，邀请中国环境科学研究院高庆先研究员、国家发改委能源研究所朱松丽副研究员就雾霾治理问题分享他们的研究成果。同时，会议还吸引了来自中国社会科学院研究生院的数十名硕士和博士研究生的参与。以此次学术讲座为契机，项目组进一步落实调研组的组成和调研方案，为后续的实地调研提供了总体框架。

在随后的时间里，项目组于2016年1月18日前往北京市环保局调研，同环保局大气污染综合治理协调处的李立新处长进行座谈。通过此次座谈，项目组对京津冀三地的雾霾来源和京津冀大气污染治理的顶层设计有了比较清晰的认识。2016年1月19日，项目组前往北京市环境保护科学研究院调研。北京市环境保护科学研究院的王军玲副院长和孙长虹副院长分别向我们介绍了京津冀三地的大气污染防治情况和水污染防治情况，并重点介绍了北京市雾霾治理中的困难和问题及京津冀环境协同治理中的难点。

项目组于2016年1月20日赴石家庄市调研，河北省环保厅的孙学军总工程师接待了项目组，并介绍了京津冀三地环境协同治理的历史沿革和河北省在京津冀三地环境协同治理中的重要性，帮助我们更清楚地了解河北省在京津冀雾霾协同治理中的利益诉求。1月21日下午，项目组前往石家庄市环保局进行调研。石家庄市环保局副局长、石家庄市总量控制处负责人员、石家庄市排污权交易中心主任等人员参与了座谈会，介绍了石家庄市在大气污染协同治理方面的政策进展和创新举措，并提出了石家庄市在雾霾治理中面临的困难和利益诉求。

项目组于2016年1月27日，由庄贵阳研究员带队，前往北京市平谷区政府进行京郊散煤治理的调研。北京市平谷区发改委的主任和环保局等部门人员向项目组介绍了平谷区在压减燃煤方面的工作进展，调研组重点了解了农村散煤治理政策及执行情况。

项目组于2016年2月27日由李国庆老师带队，赴天津市调研，天津市环保局的谢先举处长等相关人员接待并组织了业务综合处、水环境保护处、大气环境保护处、法制处、机动车污染防治处、应急中心、环境执法督察等多个处室负责人进行了座谈交流，详细地介绍了天津市的雾霾协同治理思路和现状，并针对雾霾治理中的难题进行了交流。

2016年3月19日上午，项目组成员受邀参加中国金融40人论坛（CF40）召开的“京津冀协同发展与金融创新”闭门研讨会，李国庆研究员参与闭门研讨会的现场圆桌讨论，做了“京津冀环境协同治理与可持续发展”的报告，对项目组的初步成果进行了简要汇报。

基于以上基本情况，项目组主持人庄贵阳研究员于2016年3月21日召开项目报告提纲研讨会，邀请了陈迎研究员、李国庆研究员、娄伟副研究员、李庆副研究员、郑艳副研究员、李萌副研究员、胡雷博士和廖茂林博士等各位专家，共同确定了报告的总体提纲和各章的参与人员，并明确了项目初稿的完成日期。

冬季燃煤供热采暖是京津冀雾霾的重要诱因之一，为深入了解京津冀在推动清洁能源供热采暖方面面临的问题与挑战，2016年6—8月份，项目组的娄伟副研究员等针对京津冀区域“可再生能源在城市采暖供热应用问题”进行了多次调研。2016年6—7月先后赴北京大唐高井热电厂、中国节能环保集团恒有源科技有限公司进行考察调研。在北京大唐高井热电厂就煤改气及冬季供暖问题与企业管理代表和职工代表座谈。在中国节能环保集团恒有源科技有限公司及北京市海淀外国语实验学校等机构，就北京市浅层地温能源开发在城市采暖供热中的作用进行专题调研。2016年8月赴河北廊坊市，重点就清洁能源在河北采暖供热应用中的情况和问题进行专题调研。调研期间，项目组听取廊坊市政府、政协、发改委能源办、建设局、热力公司、科技局、环保局等部门负责人情况介绍并进行座谈交流，项目组还赴新奥集团进行座谈和项目实地考察，了解清洁能源供热采暖技术的研发及推广情况。

为进一步了解京津冀雾霾治理的最新动态，2016年10月24—26日，项目组再次赴天津市环保局调研，了解京津冀协同发展环境治理情况。天津市环保局副局长刘洁带领多个处室负责人参与了此次交流。通过此次调研，项目组了解了天津市在京津冀雾霾联防联控中的最新举措和困难，为项目组提供了新的思路和对策建议。

2017年1月6日，中国社会科学院科研局在城环所组织召开了国情调研项目的结项会。来自中国气象局国家气候中心的巢清尘副主任、交通运输部规划研究院的黄全胜高级工程师、北京师范大学的蓝庆新教授、对外经贸大学的冷罗生教授、北京理工大学的魏一鸣教授作为评审专家与会。评审专家一致认为，项目报告对当前京津冀雾霾协同治理这个重大热点问题进行了系统而全面的研究，体现了中国社会科学院智库的研究特点和水平，为国家决策部门提供了有力的支持。专家组同时建议，项目组可以在公众参与、散煤治理、企业转型、立法执法等方面进行深化。项目组会充分吸收专家意见和建议，针对调研报告薄弱的内容，结合最新政策进展，进行了补充调研，进一步修改完善报告。

本书是在中国社科院国情调研“关于京津冀协同治理雾霾问题调研”重大项目成果的基础上形成的学术专著，是集体智慧的结晶，研究团队在调研方案设计、文献和实地调研、研讨和写作过程中付出了巨大的努力。

在专家报告和文献调研的基础上，本项目组筛选了当前困扰京津冀三地协同治理雾霾的重点问题：协同治理机制难题、能源清洁化转型难题、产业协同发展难题、建筑采暖的减排难题、交通领域的减排难题、应急预警构建难题、公众参与难题等进行分析，并借鉴国内外雾霾治理的经验，提出京津冀雾霾协同治理的实现机制和政策建议。

此国情调研项目历时两年有余，由城环所的研究人员和研究生院的研究生共同完成。调研成果不仅形成了近30万字的调研报告，还向中央政府部门提交了20篇对策建议报告，在《人民日报》《经济日报》发表文章，并接受中央电视台、《新京报》等重要媒体的采访。

各章执笔人与主要内容如下：

绪论由郑艳副研究员、博士生周伟铎和庄贵阳研究员完成。全书统稿由庄贵阳研究员、博士生周伟铎和薄凡完成，除此之外，沈维萍、王迪等做了大量的撰写辅助工作和技术支撑工作。

第一章由李萌副研究员、博士生薄凡和庄贵阳研究员完成。主要介绍京津冀协同治理雾霾的现状、成因以及京津冀雾霾协同治理的战略意义。

第二章由胡雷博士和硕士生仇莉娜完成。主要分析京津冀三地雾霾治霾的利益诉求，明确京津冀雾霾协同治理的重点领域。

第三章由李国庆研究员、博士生周伟铎和硕士生陈捷完成。从顶层规划和行动措施两方面阐述京津冀地区雾霾协同治理的工作进展，并找出雾霾协同治理的难点。

第四章由博士生李芳完成。通过剖析京津冀地区的能源消费现状，阐明了京津冀能源清洁化转型的背景、主要路径、存在的问题、战略设计和具体建议。

第五章由博士生王颖婕和廖茂林博士完成。根据京津冀产业结构与大气污染的关系、京津冀产业协同发展现存问题，提出建立京津冀产业转型的协同机制。

第六章由陈迎研究员、娄伟副研究员完成。主要分析了京津冀建筑能耗、排放与雾霾的关联性，进而指出京津冀建筑采暖的减排政策、难点及对策。

第七章由郑艳副研究员、廖茂林博士完成。论述了京津冀交通行业的能耗、排放与雾霾的关联性，探究京津冀机动车排放控制、推广电动车的前景和实现机制，最终提出京津冀交通运输体系的空间优化策略。

第八章由硕士生陈干完成。重在分析京津冀雾霾重污染应急预案的实践进展，针对京津冀预案协同存在的问题，提出京津冀三地应急预案协同的思路。

第九章由博士生周伟铎和初冬梅博士完成。主要探讨京津冀大气污染联防联控中公众参与的重要性和发展现状，进一步提出完善公众参与机制的政策建议。

第十章由博士生王颖婕、李芳及廖茂林博士完成。通过对国内外雾霾治理先进经验的案例分析，为京津冀雾霾治理提供借鉴。

第十一章由庄贵阳研究员和博士生周伟铎、薄凡完成。针对协同治理理论与雾霾治理的契合性，结合京津冀雾霾治理的现实挑战，提出京津冀雾霾协同治理的实现机制和政策建议。

参与调研和讨论的人员还有：中国社会科学院城市发展与环境研究所的朱守先副研究员、李庆副研究员等和对外经贸大学的王苒博士等学者。此外，来自中国社科院研究生院的部分学生也参与了调研和讨论，他们是城环系2014级博士生李一丹、城环系2015级博士生朱玥颖、投资系2015级硕士生周业静、投资系2015级硕士生孙飞红、数计经系2015级硕士生汪海建、财经系2015级硕士生代阳阳、世经政系2015级硕士生徐文燕、数计经系2015级硕士生崔玉、农发系2015级硕士生黄乃鑫、曹阳、财经系2015级硕士生叶祖滔等。

在此感谢参与项目调研及讨论的各位专家学者、来自中国社科院研究生院的青年学生以及京津冀三地接待调研组并座谈的各级地方官员和学者。虽然这个国情调研项目已经结束，但是京津冀雾霾协同治理依然在路上，我们城环所的各位同人会牢记使命，不负重托，继续为京津冀环境协同治理建言献策。

由于研究能力和时间有限，本书难免会有错误或疏漏之处，恳请各位读者批评指正。

庄贵阳

2017年11月

目　录

绪　论

2013 年以来，雾霾问题逐渐成为社会热点，雾霾治理被纳入中央政府的各项决议中，如何实现京津冀雾霾的协同治理成为国内外都在关注的热点。本项目组通过对京津冀地区雾霾治理进行专题调研，发现了协同治理的一些难点和关键问题，提出了相应的政策建议，以供决策参考。

一　京津冀为何要“携手治霾”

自从 2013 年《大气污染防治行动计划》发布以来，从国家到地方，相关地区的各级政府都把雾霾治理纳入年终考核目标，国家三年里已设立了 254 亿元的“大气污染防治专项资金”，地方对雾霾治理的投资已达数千亿元。2016 年的大气治理目标考核，不管是石家庄市的“利剑斩污”行动，还是太原市的“铁腕治污”行动，都是通过对重污染企业的紧急停产来确保全年环保目标的完成，采用的多是行政手段。财政部曝光的地方政府挪用大气污染防治资金的做法也反映了雾霾治理资金利用在地方的乱象。在 2016—2017 的跨年期间，我国最大范围的重污染天气正在肆虐北京、天津、河北、山西、陕西、河南等 11 省市，覆盖范围达 142 万平方公里。[①] 诸如此类现象，让民众对政府治理雾霾的能力产生怀疑。政府究竟做了什么？雾霾天气何时休？为何京津冀及其周边地区的雾霾治理成效不大？

然而，京津冀地区的雾霾又有其自身的独特性。作为中国三大城市群

---

① 《大范围雾霾今起迎最严重时段“霾区”将扩至 11 省市》，2016 年 12 月 19 日，中新网（http：//news. qq. com/a/20161219/000302. htm？ t = 1482106817053）。

之一，京津冀城市群内部的发展水平差异太大，有着“环首都贫困带”和重污染产业密集区。京津两地发展水平高，人均收入已经处于发达国家水平，对环境治理的诉求更强，而河北省则处于工业化中期阶段，还需要通过经济发展来改善居民生活水平，三地的发展诉求存在差异，协同治理面临诸多挑战。

二 对雾霾治理的科学认知及其本质

对于雾霾问题的研究与认识从学界、政府到社会公众经历了一个较长的阶段。对我国雾霾发生的原因和特点，尤其是京津冀城市群地区雾霾的成因、影响机制、治理难点和协同对策等问题也有一个渐进的认识过程。

（一）关于雾霾的成因及其影响机制

对雾霾产生原因、机理及其影响机制的研究有多重不同的视角，自然科学家多从能源排放、气候变化、环境容量、生态系统等角度进行分析，社会科学家则更关注雾霾与经济发展、城市化、区域差距、社会公平等议题的关联。概括而言，京津冀地区的雾霾问题根源于三大病因。

1. 高碳高污染的能源结构，是雾霾愈演愈烈、久治不愈的直接根源

我国的雾霾问题，根本上是以煤炭为主的能源结构所造成。《中国气候公报》统计数据揭示了由大气污染导致的全国年均灰霾日数的显著增长趋势。2014 年，由发改委能源所等 18 家机构联合开展研究的《煤炭使用对中国大气污染的贡献》报告指出，[①] 作为高污染、高碳的能源品种，煤炭在支撑中国经济高速发展的同时，以煤为主的能源结构也带来了日益严重的环境污染、公众健康和温室气体问题。报告定量估算出 2012 年全国煤炭使用对空气 PM2.5 年均浓度的贡献度约为 51% 至 61% 之间，其中，约 6 成的 PM2.5 是由煤炭直接燃烧产生的，约 4 成的 PM2.5 是伴随煤炭使用的重点行业排放的。不同省份 PM2.5 浓度受煤炭使用的影响各不相同，煤炭贡献的省际差异可能达到 20% 以上。煤炭使用对 PM2.5 浓

---

① 《〈煤炭使用对中国大气污染的贡献〉报告发布》，2014 年 10 月 21 日，21 世纪网数字报（http：//huanbao.bjx.com.cn/news/20141021/556088－2.shtml）。

度贡献较大的区域主要集中在东北、华北、华东及成渝区域，尤其是京津冀和长三角城市群等空气污染的严重区域，煤炭使用对PM2.5的贡献比重超过一半以上，其中，京津冀地区煤炭使用对PM2.5年均浓度的贡献分别为：北京44%—54%，天津50%—60%，河北52%—62%。

能源清洁化转型是京津冀协同发展的重要内容，也是根治雾霾的必然要求，然而，高污染的能源结构，使得京津冀的能源清洁化转型步履维艰。首先是煤炭清洁化利用，从预计压减燃煤的绝对量来看，河北省压减燃煤任务重于京津二市，且受影响的企业众多。由于天然气、电力的使用成本比煤炭高出很多，燃煤替代而导致河北省能源密集型企业成本上升，导致地方政府和企业减煤治霾的积极性不高。其次是燃煤替代，京津冀地区的天然气大部分都依靠外地调入，其中北京市天然气需求的100%（2014年数据），天津需求量的83%，河北省需求量的65%均需从外地调入或进口。燃气对燃煤的大量替代，加剧了京津冀地区天然气供应紧张的状态。目前的“煤改气”还存在供气缺口、多个行政管理部门工作衔接、不同能源品种的替代性等问题。最后，可再生能源的利用和推广仍然面临许多技术和制度困境，主要体现在并网发电能力不足，能源清洁化转型主要依靠政府出台政策法规来强力推动，减排硬约束以及政府补贴是企业和居民落实能源清洁化任务的双驱动，具有自动调节作用的税收体系尚未建立。

2. 以邻为壑的区域发展模式，是雾霾治理难的内在根源

北京得益于独特的历史文化政治地位，其社会经济发展受到全国之力的支持，生态资源环境保护在很大程度上依托于周边地区的贡献。然而，一方面，首都对周边地区的生态资源、人力资本、市场资源的长期汲取，导致周边地区为此付出巨大的发展代价，逐渐形成“先进城市”和“落后地区”并存的畸形区域经济。另一方面，首都人口膨胀、交通拥堵、污染加剧等“大城市病”日益严峻，未能形成与周边中小城市合理分工、功能互补的区域格局，区域内部产业结构呈现低水平、同质和产出低效等问题，严重制约了区域协同和持续发展。

首先，河北和天津是京津冀平原地区的生态屏障、城市供水水源地和风沙源重点治理区。为保护首都及其他城市的水源和防止风沙危害，国家和地方政府不断加大对这一地区资源开发和工农业生产的限制。中国社科院、北京市社科院联合发布的2006年《中国区域发展蓝皮书》指出，在首都周边存在着大面积贫困带的现象，这在世界上是极为少见的。《河北省经济发展战略研究》指出，河北省与京津接壤的6个设区市中，32个贫困县的面积达8.3万平方公里，占该地区总面积的63.3%，贫困人口272.6万。改革开放初期，环京津地区与京津二市的远郊县基本处于同等发展水平，但20多年后已形成巨大的经济落差。2001年，环京津贫困带24县的农民人均纯收入、人均GDP、县均地方财政收入仅分别为京津远郊区县的1/3、1/4和1/10。

其次，京津两个直辖市借助政策优势，人才、科技和产业能力快速提升，但是对周边地区的辐射能力和经济一体化潜力却远远不足。以GDP竞争、"土地财政"为利益导向而非"以人为本""生态优先"的城镇化模式，使得京津冀各地存在着短期经济利益和长期生态环境利益的冲突，资源、资金、政策等方面向大的中心城市集中，市场在资源配置中难以发挥决定性作用，在产业布局规划、城镇空间优化、综合交通等基础设施建设等方面存在诸多行政壁垒。[①] 应对京津冀大气污染，难点在于河北省的产业结构转型和升级，京津冀三地产业协同发展存在一些问题。然而，京津冀地区主导产业同质，优势产业布局分散。北京和天津之间有三大制造业重合，北京和河北之间有两大制造业重合，天津和河北之间有四大制造业重合。相较于长三角、珠三角而言，京津冀地区民营企业数量较少，限制了市场经济的发展，也对京津冀地区产业协同产生了制约作用。京津冀产业协同发展，需要相匹配的人才与产业，而现阶段京津冀三地人才质量和数量极度不均衡。1993年以来，伴随着北京市产业结构的调整，在京重工业企业开始大规模外迁，导致河北重工业企业迅速增长。这些企业的外迁，进一步促进了能源行业上下游企业在河北的集聚。目前，河北承接北京的高科技疏散产业还存在着人才科技和硬件基础等障碍。

3. 城市化背景下生态环境容量恶化，是雾霾治理复杂化的资源瓶颈

进入21世纪以来，雾霾治理渐渐作为一个学术问题被提出。针对我

---

① 《如何靠创新破解京津冀协同发展的困局?》，2016年2月18日（http://mp.weixin.qq.com/s?__biz=MzA4MTA1MjkzNg==&mid=405292213&idx=4&sn=22c727d5de3f2c5587c65acbb91429be）。

国雾霾的源解析表明，燃煤、机动车排放、工业污染排放、扬尘是雾霾的四个重要产生源。然而，由于我国“一煤独大”的能源结构，再加上工业化和城镇化的快速推进带来的工业污染排放和机动车数量的快速增加以及房地产市场的快速扩张，人为活动的污染排放加剧了雾霾的发生。我国雾霾是在工业化发展与机动车激增同步的情况下，污染叠加并相互作用所致，属于复合型污染，不同于20世纪伦敦（煤烟型为主）、洛杉矶（机动车为首要原因）相对单一的污染，而且已超出单个城市范围，成为大面积区域性污染。

城市化背景下，雾霾治理更加复杂化，表现为：（1）城市结构及城市群的不合理布局，是造成城市雾霾的重要原因之一。城镇化的布局、城市化的形态对交通影响很大，城市建筑物密集、机动车快速增长导致汽车尾气排放总量持续增加，超过了城市大气环境的自净能力。在新城镇化进程中，需要合理优化城市形态来缓解雾霾问题。[①]（2）城市生态环境承载力不断下降，加剧了雾霾的发生频率和影响程度。有研究指出，华北地区是中国最严重的地下水超采地域，加之人口和经济活动对于水资源的需求日益增长，供需矛盾不断加剧，京津冀地区已经成为最干旱的城市化地区之一。地下水匮乏，地面水资源和植被生态系统碎片化，地面硬化等，扰乱了区域水汽系统循环和自净化功能，加剧了城市生态环境容量的持续恶化趋势。导致气象条件的微小变化就会激发严重雾霾天气，失去了自我调节能力的城市系统脆弱性非常突出。

（二）关于雾霾问题的本质及其治理挑战

京津冀地区的雾霾成因及其治理有其自身的独特性和复杂性，但是从根本上看，雾霾是发展问题，是由首都城市功能定位、京津冀城市群集聚、产业化发展、区域发展模式中的不合理因素，以及地区气候环境和生态承载力等一系列问题共同造成的。雾霾不但影响到了京津冀地区的经济发展、产业和就业转型、能源和资源禀赋，还引发了一系列的社会公共问题，成为国内外、社会各界热议的公共危机话题，将矛头指向对发展模

---

① 《将霾列入气象灾害具有科学合理性》，2016年12月20日，中国环保在线（http：//www.hbzhan.com/news/detail/113532.html）。

式、政府治理能力及社会公平的反思。

作为发展问题，雾霾治理必然具有长期性、系统性和复杂性。一方面，作为首善之区，生态文明建设、践行五大发展理念是京津冀地区治理雾霾的战略指南，也是加强协同治理、探索机制创新的有利契机。另一方面，作为专业学者，我们在理解公众困惑的同时，必须从发展的视角，从经济学、管理学、决策者的多维视角来看待这个复杂问题。

第一，环境是公共物品，对环境的损害会降低人们的幸福感，进一步加剧社会不公和弱势群体的被剥夺感。习近平总书记多次强调，良好的生态环境是最公平的民生福祉，是人人都应享有的一项基本权利，经济体制改革、生态文明建设的最终目的都是“让人民有更多的获得感”。提供良好的公共环境服务是政府的一项基本责任。我们每个人生存，都需要清洁的水源和新鲜的空气。然而由于外部性的存在，如果缺乏恰当的制度设计，往往会出现“公地悲剧”，导致环境污染，甚至是环境公害。空气属于公共资源，由于空气的流动性，难以界定产权，而且由于排污的损害成本难以定量核算，所以很难将大气污染的外部性内部化。

第二，跨界环境治理是个国际难题。由于环境资源的流动性，本地排放的污染物往往会扩散到周边地区，产生跨界污染。然而，行政体制中属地管理的原则导致各个地方政府只负责解决自身所辖范围的环境问题，这导致环境治理的激励不足，容易出现“搭便车”心理，纵容跨界污染的存在，从而导致跨界环境问题长期难以解决。

第三，环境治理具有长期性。由于环境问题的产生涉及经济、社会、环保、法律、就业、交通、教育、医疗卫生等各个方面，环境问题的解决往往不是一蹴而就的。环境治理需要投入大量资金，而治理成本也不能只由政府来负担，需要通过相关规则来明确治污的责任主体。从英国伦敦和美国洛杉矶等发达国家雾霾治理的经验来看，雾霾治理往往需要经过几十年才能取得明显好转。因此，京津冀地区的雾霾绝不是几年时间就能消除的。

第四，雾霾具有区域性。虽然《大气污染防治行动计划》中将中国的大气污染防治分成了京津冀及其周边地区、长江三角洲地区和珠江三角洲地区三大区域，但由于三大区域的地理气候特征差异大、发展阶段和发展诉求不一，因此，雾霾治理需要采用差异化政策，避免一刀切。区域发展促进区域经济一体化，也由于区域的地理和气候特性导致污染的传播扩散及交互影响，因此雾霾治理从区域入手既具有科学性和可行性，但也具有一定的难度，因为跨行政管辖权的政策协同与部门协调等是区域性环境问题的治理难点。

第五，对雾霾问题的重视和治理与城市发展水平、治理能力、治理意愿、公众的关注和推动都有关系。2013 年以来，京津冀地区在雾霾治理上采取了一系列政策、立法和行政措施，投入了大量资金，取得了积极成效。雾霾作为一个复杂的、长期性的公共环境议题，必然受到社会各界的高度关注，雾霾的协同治理，也需要不同利益相关方的支持与推动。例如，关于雾霾被列入气象灾害引发了一些争议与讨论，关于雾霾的性质，各方观点不一。北京市政府《北京市气象灾害防治条例（草案修改二稿）》（简称《条例》）中，将“霾列入气象灾害范畴”，并将气象灾害纳入北京市突发事件应急指挥体系。这引起了公众的广泛讨论。反对人士认为，“人类活动排放的大量污染物才是这个问题的根源。雾霾的根源是污染，与自然灾害存在本质区别”，混淆雾与霾就是混淆政府与社会的不同责任，会造成相关污染责任主体“依法脱责”。而支持方则认为，霾是一种天气现象，霾的发生发展既有自然因素（适宜的气象条件），也有人为的影响（污染物），而现阶段，霾是复杂的气象条件加人为污染造成的。《条例》细化了各部门职责，将环保、气象部门以往分工合作机制上升为地方性法规予以固化，有利于推进大气污染防治工作的开展。本书认为将雾霾纳入“气象灾害”在法律层面具有一定的积极意义，有助于推动对雾霾的法律监管，提高依法治霾的制度保障，但同时也必须重视雾霾作为“气象灾害”具有“三分天灾七分人祸”的本质，必须依靠政府主导、全社会参与，做好长期应对的准备。

三 核心结论

京津冀雾霾协同治理是推动京津冀一体化发展的有利契机。然而，雾霾协同治理具有科学研究的不确定性及制度上的诸多障碍。治理雾霾应从“源”和“汇”两方面着手。从“源”上考虑，就是要减少排放，寻求京津冀能源结构和产业协同发展的优化路径，提高能源利用效率和实现减排目标。从“汇”上考虑，需要优化京津冀地区的空间布局，着力于生态环境、交通运输体系、土地利用、人口和产业分布等的空间功能优化。目前京津冀雾霾协同治理，需要加强制度保障，推进协同治理的机制创新。

（一）雾霾协同治理是实现京津冀协同发展战略的重要抓手

从京津冀地区雾霾成因分析可知，除了气候变化的影响，雾霾频繁来袭最根本的原因还是由于发展方式较为粗放落后，过于依赖资源能源消耗，忽视了资源环境容量的限制；同时，产业结构和能源结构不尽合理，很多城市“工业围城”“一钢独大”“一煤独大”现象较为普遍，导致区域生态环境质量不断恶化。只有以雾霾治理的紧迫性倒逼京津冀地区发展转型，通过区域一体化协同发展，走上绿色发展之路，当前的环境恶化趋势才能从根本上得以扭转。推进京津冀协同发展，生态环境是基础，绿色发展是方向。必须始终守住生态底线，推动经济向绿色转型，使绿色成为京津冀协同发展的底色，使京津冀成为“生态修复环境改善示范区”。

产业协同发展是京津冀协同发展的重点工作。当前，京津两地的功能定位已基本明确，即北京定位为全国政治、文化、国际交往和科技创新中心，天津定位为北方经济中心、国际港口城市、产业创新和研发转化基地，对于河北的功能定位尚未明确。未来应该做好以下工作：第一，机制健全是产业协同发展的保障。建立京津冀产业转型升级的协调机制，提高产业承接方的承接能力。建立合理的协同创新利益共享和风险共担机制，最终实现各地的互利共生，合作共赢。构建高效的协同发展平台，推进政产学研用的深度合作。第二，河北省需要加大基础设施建设，着重提升产业的加工配套能力，增强产业基础，同时制定在土地、资金和金融等方面的优惠政策，吸引北京地区产业转移。第三，在京冀产业转移过程中必须发挥政府与市场的作用，建设完善的市场制度环境，打破行政壁垒和要素壁垒，加快区域间产业资本、投资要素和商品的流动，加速产业转移。第四，河北省承接北京地区产业转移要以可持续发展为前提，合理利用人才、技术和资金的流动，实现经济发展和生态环境发展的有机结合。

交通体系协同发展有助于优化区域人财物流动、提升区域经济一体化和运行效率。为优化京津冀交通运输体系，第一，应进一步调整区域运输格局，提升铁路在中短途旅客运输中的作用，促进绿色、集约、快速、高效的区域运输结构，推动非首都区域化疏解。调整区域枢纽对外运输通道布局、构筑城际交通体系。第二，增强首都地区“圈—轴”式交通布局，京津冀区域空间发展将“围绕首都形成核心区功能优化、辐射区协同发展、梯度层次合理的大首都城市群体系”。第三，构建多中心城市交通枢纽体系，在区域多层次的铁路轨道系统建设的大背景下，北京需加强在中心城、近郊圈层同步构筑面向都市区一体化客运网络的多层次枢纽体系：中心城强化重要功能中心面向都市区的集约化运输组织和枢纽功能，近郊圈层强化重点新城面向外围地区的交通组织和枢纽功能。形成分层次的空间和交通组织，推动都市区空间有层次地拓展，引领与区域联动发展的多中心结构建立。第四，构建京津冀航空运输协同体系，大力发展多式联运，建立综合交通运输网络。高效机场体系的形成有赖于发达的地面交通网络，石家庄机场可通过发展空铁联运促进航空客货运量的快速增长。

（二）京津冀三地雾霾的成因不同，三地治霾的利益诉求不同，协同治理存在五大困难

作为我国三大城市群之一，京津冀城市群内部的发展水平差异大，利益协同难。其中，北京市雾霾协同治理的重点和难点是如何协调河北省通过产业结构调整和升级，减小外源性雾霾输入影响。北京市全年 PM2.5 的来源中，外来污染的贡献约占三分之一，本地污染排放贡献占三分之二。在本地污染贡献中，机动车排放比例最高，约占三分之一。同时，北京市存在一定的城乡差距，在郊区仍然存在取暖方式以散煤燃烧为主，这也是治理雾霾的难点和盲点。天津市雾霾受区外输入性排放影响较大，工业和扬尘排放为首要污染源，雾霾协同治理的重点和难点包括两个方面：一是协同区外周边城市的行动，共同治理雾霾排放，特别是要加强与河北省内城市的协同；二是要加强控制市内城市建设和工业生产的扬尘排放。河北省雾霾成因主要是区内的工业生产，在京津冀范围内也是主要雾霾输入地，整个南部地区，包括保定、石家庄、衡水、邢台和邯郸，是 PM2.5 浓度最高的地区，其次是中东部的廊坊、沧州和唐山，最后是北部三市张家口、承德和秦皇岛。河北省雾霾协同治理的重点是促进区内的产业升

级，并协同京津地区，控制与京津毗邻城市的大气污染排放。

有鉴于此，当前京津冀雾霾协同治理存在五大治理难点：

第一，三地环境治理政策机制构建不同步。首先，三地排污费标准不一致，河北省排污标准明显滞后。从排污费征收范围来看，京津的污染物征收范围广，而河北省则未出台针对扬尘的排污费制度。其次，京津冀三地环境治理市场机制构建进度不一致，河北省排污权交易试点2013年已经开始，北京市和天津市还未开始。在碳排放权交易市场构建方面，北京市和天津市作为首批试点城市，于2014年已经启动了碳排放权交易市场，而河北省除承德市外，其他地区的碳排放权交易市场目前仍未启动。

第二，三地控煤力度差别大。京津冀三地煤控政策力度差别大，各地重视程度不同。京津冀三地控煤标准不统一，河北省在煤炭使用标准上相对比较宽松。各地对散煤治理的重视程度不同，河北省散煤污染治理工作推进缓慢。

第三，京津冀三地政府部门联动不充分，雾霾治理易出现“搭便车”现象。雾霾协同治理的主要动机来源于自身利益的最大化，合作的双方政府希望以较少的投入换取最大的产出，因此合作者均不愿意为雾霾的治理承担较高的成本，就容易产生“搭便车”的行为，尤其是在京津冀三地的跨界区域，容易出现监管的缺失。为了实现联合执法的目标，三地政府应让渡部分的跨区域环境监管职责，建立“区域管理联合执法机构”。

第四，京津冀三地雾霾治理监管不足，无法杜绝企业违规排放动机。具体表现为以下四点：在重污染应急响应状态下，部分企业仍然违规排放；大气污染防治中的一些标准落实不严，存在超标或数据造假现象；环保执法人员数量与排污企业数量相差悬殊；法律法规的不完善，导致监管激励不足。

第五，京津冀三地环境信息公开程度不同，影响公众参与积极性。尽管目前，北京、天津已经按照法律法规要求制作并公开名录，但河北11地市仅张家口市履行法律法规要求制作并公开了名录，而河北省的污染源信息公开程度则远远落后于京津两地。河北作为京津冀地区区域大气污染联防联控治理重要环节，未能落实法律法规要求全面公开污染源信息，将不利于公众监督区域污染减排，也不利于污染企业主动进行污染减排。

（三）京津冀雾霾协同治理的重点领域

1. 京津冀地区亟须推动清洁能源在采暖供热中应用

供暖季，散烧煤供暖成为造成京津冀雾霾天的一个重要成因，治理方式主要是利用清洁能源替代燃煤进行采暖供热，其中，“煤改气”“煤改电”是主要模式。京津冀在推动煤改电、煤改气的工作中，面临的主要问题有以下几点：一是成本高。对于燃气热电联供来说，由于气价高、发电利用小时数低，以及夏季不需要供热，导致燃气热电联供难以达到合理的经济规模，制约燃气发电供热发展。二是煤改电、煤改气政策的可持续性。根据煤改电、煤改气政策，需要对农村用户给予补贴，不仅补助安装费用，对每年的气采暖、电采暖也要给予补助。同时，天然气气源也难以持续性地保障。三是行政命令下产生的应付及脱离原目标行为。如，京津冀一些区域为实现“燃煤清零”目标，把一些燃烧效率已经很高的大型燃煤锅炉也列入清理范围，这就显得有些激进。四是新型可再生能源技术安全性及可靠性问题。在京津冀区域利用可再生能源替代化石能源进行采暖供热是一个发展方向，但对很多可再生能源技术来说，由于技术刚出现不久，不仅需要的投入大，在安全性、稳定性等方面，还存在很大的不确定性。五是建筑节能改造工作的弱化。近年来，京津冀地区推动已有建筑物节能改造工作开始弱化，如在廊坊，相关工作已处于停滞状态。六是京津冀三地的协调问题。在推进“煤改气”和“煤改电”的过程中，京津冀三地之间如何协调有限的天然气资源是急需解决的问题，也是工作的难点。

推动清洁能源在京津冀采暖供热中应用的建议：一是政策制定实施方面，应冷静思考，稳步落实，避免冒进。二是以环境质量改善为目标导向，至于具体措施，更多地交由各市县政府因地制宜。三是在京津冀农村清洁能源采暖供热方面，要避免陷入政府长期补贴的困局，这就需要降低农村居民的用能成本，增加其自身造血机能。四是鼓励政府及企业积极推广多类可再生能源供热采暖技术。五是持续推进已有建筑物的节能减排改造工作。

2. 积极推广电动车、油电混合车，减小交通污染排放

随着京津冀城市群的发展，城市化带来的消费水平提升，机动车排放

导致的污染问题将日益突出。北京环科院大气所研究表明，机动车排放的污染物类型最多，也最复杂。机动车不仅直接排放 PM2.5 等一次颗粒物，还排放挥发性有机物（VOCs）、氮氧化物（NO_X）等气态污染物，是造成大气氧化性增强的重要“催化剂”。此外，机动车行驶还对道路扬尘排放起到“搅拌器”的作用。美国得克萨斯州农工大学大气化学与环境研究中心主任张人一教授，对比了中美城市的雾霾成因，指出我国雾霾主因是气态污染物，控制好交通问题是重中之重。①

京津冀地区目前解决机动车污染物排放的主要途径包括：限制机动车数量和行驶强度（限行限号），控制高排放车污染，发展公共交通、电动车和新能源汽车等。然而，与数量庞大且快速增长的机动车需求相比，机动车治理还存在理念、技术、资金和机制上的诸多困难和挑战。目前北京地区机动车保有量为 561 万辆，京津冀及周边地区机动车总数高达 6000 万辆。由于移动污染源涉及区域范围较大，统一应对存在政策和机制的难点，京津冀机动车尾气污染的跨区协作力度弱，效率不高。对此，亟须采取区域机动车污染排放联防联控措施，统一区域油品质量标准和机动车尾气排放标准，开展区域联合执法。

2016 年政府工作报告提出“大力发展和推广以电动汽车为主的新能源汽车，加快建设城市停车场和充电设施”。发展新能源汽车是我国“十三五”规划的战略新兴产业，符合绿色生产和生活方式，然而，新能源汽车还存在许多技术、成本和政策机制上的障碍，例如，购车成本高和差别电价削弱了电动车的成本优势；相关行业壁垒林立，各部门难以形成合力，政策行动难以落实；充电基础设施匮乏，市场不健全；对于经济实用型电动车缺乏标准、限制太多。

对此，应当在以下几个方面推进新能源汽车发展、削减未来交通排放不断增长的趋势：第一，加强电动车基础设施建设。按照国家发改委、国家能源局、工信部和住建部联合印发的《电动汽车充电基础设施发展指南（2015—2020）》要求，率先建设京津冀城际快速充电网络，新建住宅、大型公共建筑物、社会公共停车场建设配套车位、充电设施或预留建

① 《权威解读中国雾霾成因：与国外大不相同》，2016 年 1 月 11 日，科普中国（http://news.mydrivers.com/1/465/465724.htm）。

设安装条件。鼓励建设占地少、成本低、见效快的机械式与立体式停车充电一体化设施。第二，鼓励发展和应用混合动力汽车，参照国内外发展情况及案例，研究测算混合电动车与纯电动汽车的减排效应、市场偏好及消费者支付意愿，制定科学合理的引导和鼓励政策。第三，鼓励发展城市短途出行的微型电动汽车，推动机动车的小型化、轻量化，促进节能省地型的紧凑型城市目标的实现。

3. 提升京津冀应急预警体系的协同范围和力度

第一，预警监测与预报问题。雾霾预警监测与预报准确度仍然较低。当前我国对未来三天空气质量的预测准确度尚可接受，但对未来五天的预测就比较困难了。此外，尽管京津冀监测数据已实现信息共享与技术合作，但受制于监测点布局与数量、监测技术、预报人才质量等因素的差异，京津冀在预测能力和水平上仍有差距，这些差距将直接影响京津冀应急响应统一行动，给区域预警造成了困难。

第二，预警分级标准问题。从预警分级标准的合理性来看，当前标准至少要有五天的预测能力，在现有技术难以保证的情况下，这一标准的合理性就值得商榷。重污染空气应急实质是在人民生活便利度以及经济利益与环境改善间求得平衡；更严的分级标准在更好削峰减排的同时，也给人民群众生活、企业生产带来了较大的负面影响。从公众参与的角度来说，响应措施又与人民群众的生活息息相关，尤其是限行等强制性措施给人民生活带来了极大的不便。反观京津冀三地的应急预案制定过程，公众参与力度均较弱。

第三，预警发布与解除程序差异问题。从京津冀雾霾应急组织架构来看，在行政级别上，北京、天津应急指挥部均低于河北省领导小组。北京、天津的指挥部与河北的领导小组在行政级别上的差异决定了其决策能力的差异，最终导致很多协同决策无法在重污染空气专业指挥部层面达成，而只能回到传统政府沟通流程中去，严重影响了沟通的效率。京津冀应急组织架构导致三地预警发布与解除程序更加复杂，缺乏效率。北京、天津红色预警的发布与解除无法在指挥部层面完成，必须由指挥部上报到应急委，由应急委决策后再由应急办或人民政府统一发布与协调；河北区域预警、全省预警则需要办公室或领导小组批准后再通知各市执行。

第四，应急响应问题。京津冀应急责任分配不合理，北京市承担的应急责任过轻。在停产限产方面，河北省这个经济落后大省承担了最重的责任，天津次之，北京作为经济最强省承担的责任最轻。此外，京津冀三地应急响应启动与解除不同步。当前除“京津冀核心区”六市以及河北省内部有区域预警外，河北除唐山、保定、廊坊、沧州以外的其他城市并未与北京、天津一起达成区域预警协议。响应措施与响应启动时间仍需优化。在应急响应启动时间上，除去“京津冀核心区”六市区域预警以及河北省的区域预警以外，各个城市都是在雾霾前 24 小时发布预警信息，雾霾当天启动预警。而且，减排比例存在“一刀切”的问题。目前，除河北省出台了《河北省重污染天气操作指南》，明确了“一厂一策”的减排办法以外，北京、天津仍主要采用“一刀切”的减排办法。

第五，应急监督中社会监督缺失。京津冀三地的应急监督以当地政府工作人员抽查与定点检查为主，环保部的督查为辅，社会监督作用发挥不明显。应急管理时间短、措施多、涉及企业范围广，单靠政府力量，在较短时间内进行如此大范围的监督，难免会有漏网之鱼。

（四）雾霾治理的制度保障和国内外经验借鉴

1. 公众参与是京津冀雾霾协同治理的重要机制之一

公众参与主要体现在公众参与立法、推动环境信息公开、加强公众参与环境监督三个方面。京津冀大气污染联防联控，必须充分发挥公众参与机制的作用。具体说来：一是要通过立法完善大气污染防治公众参与机制，及时公开有关信息，发挥民众的监督作用。二是要加强宣传教育，提高民众的环保意识和参与意识。三是坚持“积极引导、大力扶持、加强管理、健康发展”的方针，发挥环保 NGO（非政府组织）的作用，鼓励 NGO 积极参与大气污染联防联控。四是应重视社区层面的公众参与，努力推广城市“可再生能源社区行动”，突破城市新能源和可再生能源使用推广“瓶颈”。

2. 积极学习国内城市及城市群地区的经验，开展网格化污染监控和源头治理

京津冀地区在雾霾治理过程中具有自己独特的问题和区域特点，但是其他地区和城市的一些好的经验可供学习参考。例如，为了使政策更具有可操作性，我国不同省市在政策设计和操作上存在一定的地区差异。例如

陕西省区分了区域预警和城市联动预警，京津冀地区尚未做到城市联动应急响应。兰州曾经是我国空气污染最为严重的地区，通过工业污染治理、机动车尾气防治、燃煤锅炉污染整治等被称为“最严治理大气污染行动”的举措，兰州大气污染治理有了显著成效，被环保部树立为相对成功的典型案例，向京津冀等污染严重地区推介。总结兰州的经验，一是靠科学管理，二是靠群众监督。用科学的手段查找源头，实施科学有效的“定格、定人、定责、定序”网格化服务管理新模式，利用信息科技手段，将兰州市划分为1482个网格，对不同形态的污染源责任到格，分类把控，源头治理。例如，2014年，兰州的优良天数达到250天。在冬季供暖期，兰州对高排放企业采取断水、断电等强制性停产措施，而对无法停产的重点企业则实施24小时驻厂监管，政府将环保放第一、生产放第二的理念，也推动了企业的环保意识与日俱增。[①] 此外，长三角、珠三角地区的空气良好天数比例达到了70%—90%，远高于京津冀地区，其中也有许多好的经验可供参考。

3. 借鉴国际城市经验，加强雾霾治理的系统化制度设计

英国在治理雾霾的几十年中积累了丰富经验，为我国治理雾霾提供了诸多有益启示。就空气污染治理的周期来看，雾霾的治理，英国人已用了近60年。英国的经验表明，雾霾治理不是一蹴而就的事情，如英国伦敦，为消除雾霾，采取了完善立法和执法，调整产业结构、推动能源消费结构转型，科学规划城市布局，倡导绿色出行、鼓励公众参与，推动技术升级，灵活引入市场机制等措施。英国治理雾霾的措施卓有成效，对京津冀及其周边地区协同治理雾霾提供了有益的启示。总体来说，政府在治霾过程中应当发挥主导作用，不但要从宏观层面做好治霾规划，包括建立法律体系并严格执法程序、合理规划城镇布局、推动产业结构升级和能源转型等；还要从微观层面完善机制，引导企业、公众协同治理雾霾，形成全面治霾的合力。

4. 开发设计城市“气候地图”，建设京津冀城市风道和绿色廊道

雾霾的产生不但受到城市人口和排放的影响，与城市气候和环境承载

---

① 《兰州“治霾”启示：靠科学和群众不靠“运动”》，《工人日报》2014年10月12日（http://politics.people.com.cn/n/2014/1012/c70731-25816055.html）。

容量也非常相关。城市气候地图（Urban Climatic Map）的设计是国内外城市环境治理的重要工具，通过对风、热量和污染物三大要素的利用与管理，能够减少人为活动热排放，创造城市风道，增加绿化和植被覆盖率，改进城市热辐射和污染物的空间分布，提升户外舒适性等。20世纪70年代以来，已有十几个国家制定了城市气候设计导则，使之成为低碳城市和减缓温室气体排放的制度保障。城市绿色廊道是兼具多功能的城市规划设计，主要体现为依托河流、山谷、道路等自然和人为廊道建成的绿色开放空间。2010年以来，广东通过借鉴国际经验在珠三角地区最早建设了城市绿道网络体系。北京正在考虑通过城市风道缓解雾霾问题，建议从长远出发，将“城市气候地图”理念和“风道”建设纳入京津冀城市群发展规划的顶层设计，成为治污减霾的中长期措施，在新型城镇建设中将“风道”建设纳入规划，避免“造城热”“大拆大建”，科学布局城市工业区、商业区、居民区，结合城市风道、绿色廊道进行城市设计和空间格局，积极保护和合理开发利用城市生态系统、气候资源，加强城市环境和风场监测，绘制实际的“城市生态环境和气候地图”，依靠生态系统方式提高城市自净能力。鉴于城市间的联动性，城市风道的建设需要在京津冀区域乃至华北及全国层面统筹考虑。

四 京津冀雾霾协同治理的机制创新

由于区域大气治理上的政府失灵和多元主体利益相关的现状，必须探索区域多元主体协同治理的路径，中央政府加强顶层设计，地方政府积极落实，市场合理配置资源，建立成本效益合理分担机制，以调动各方积极性。进一步落实“生态优先，绿色发展”理念，推动京津冀地区成为我国区域绿色转型发展的典型示范区。转变发展模式，走集约化、知识化与生态化有机结合的经济发展道路。设置绿色高压线，严守资源消耗上限、环境质量底线、生态保护红线；开征环境税、资源税，把包括资源环境在内的生态系统价值化、资本化和内部化；倡导绿色消费，坚决抑制浪费性、挥霍性、野蛮性、破坏性高消费。

创新雾霾协同治理机制，目的在于打破市场间的行政区隔，提升京津冀雾霾联防联控政策执行效果。在京津冀地区建立并完善效益协调机制，尽力化解生态效益与经济效益的矛盾。围绕产业分工和产业转移、生态环境保护与治理、资源合作开发与利用、基础设施建设与社会服务等，尽快建立区域利益共享与成本分担机制，实现京津冀三地的合作博弈；并通过加强监管与问责机制，建立并完善公众参与机制，提高参与性治理水平。

（一）跨省市的政府治理协同

1. 决策协调机制创新

大气污染（雾霾）是一种典型的跨界公共危机，其难点在于环境污染的跨界性、流动性、不确定性与行政管理需明确职责和边界属性的矛盾。京津冀协同发展的决策体系是中国应对超大城市群治理问题的一个创新机制。2014 年 8 月，中央层面成立京津冀协同发展领导小组，国务院副总理张高丽任组长。地方层面，北京市 2014 年 3 月底就已成立“区域协同发展改革领导小组”，河北省于 2014 年 7 月成立河北省推进京津冀协同发展领导小组，办公室设于廊坊市。天津市于 2014 年 9 月成立天津市京津冀协同发展领导小组。各地领导小组通过参加京津冀协同发展领导小组会议的形式来组织开展各地的协同治理具体工作。

然而，包括京、津、冀、晋、鲁、内蒙古、豫七省区市及环保部、发改委、工信部、财政部、住建部、气象局、能源局、交通运输部在内的八部门，已于 2013 年成立京津冀及周边地区大气污染防治协作小组（以下简称“协作小组”），截至 2016 年 10 月底也已经开展了七次小组会议，并通过小组会议来推动京津冀及其周边六省区市开展大气污染联防联控行动。但协作小组的组织结构并不明确，缺少小组长，而且缺少固定的办公室。大气污染防治是京津冀协同发展的突破口，建议由中央有关部门直接牵头，提高协作小组的级别，逐步将协作小组通过法定程序过渡为常设领导机构，理顺其与三地环保部门的关系。协作小组以会商机制为基础，在环保部设立办公室，建立跨区域会同其他部门的联合监察执法机制，从而实现统一监察执法，并可以加强信息互通共享。

2. 成本分担与对口帮扶的机制创新

由于区域经济发展的不平衡，区域之间的利益关系主体多元，责任收益难以明确。如何改变三地“竞争大于合作”的思维，改变“各扫门前雪”的现状，需要建立合作共赢的成本分担机制。而建立横向支付的机制亟须解决的问题是，确定收益的大小以及核定补偿成本。这需要更加科学的雾霾成因分析以及准确的地区间雾霾相互影响关系的厘定，从而才能建立科学合理的补偿机制。成本分担机制创新可以从以下两个方面入手：首先，京津冀三地政府要加大治理大气污染的财政投入力度。在中央大气污染防治专项资金的基础上，应按照各自财政收入的一定比例提取资金，用于建立京津冀大气环境保护的专项基金，由专门的领导小组机构管理和支配，通过“以奖代补”的方式，促进京津冀大气污染防治工作。其次，完善京津冀大气污染防治核心区对口帮扶机制。截至2016年9月，京津已落实8.6亿元资金，[①] 对口帮扶河北省的保定、廊坊、沧州和唐山四市开展大气治理工作。建议进一步完善对口帮扶的组织形式和帮扶内容，通过资金、技术、人力、项目等不同方式重点援冀，实现不同层面的结对支援与合作，努力确保三地同步实现污染治理目标。

（二）多部门合作的治理手段协同

在雾霾预警机制方面，2015年以来，环保部督查组多次实地调研地方政府重污染应急预案启动情况，发现的散煤燃烧问题，脱硫、除尘设备停运问题，渣土车白天运输问题，应急响应不及时等问题，反映了京津冀雾霾联防联控机制中监督与问责机制的缺失。[②] 虽然三地在2015年探索了联合预警，而且在2016年10月31日，北京市、天津市、河北省的全部城市及河南省、山东省的部分城市地区已经实现统一预警分级标准，[③] 但是预警机制仍存在政策执行不力，部门之间步调不一致等问题。

在环境管制方面，过去以GDP作为重要政绩考核标准的激励机制使得河北省环境管制比京津两地都要松，以致出现了北京的企业搬迁到河北省后排放增加、监管放宽的新问题。由于三地是同级的行政区，而目前三省市依据不同的环境保护条例，环保标准不统一。因此，必须明确即将出

---

① 《京津冀协同发展交通、生态、产业三个重点领域率先突破取得积极进展》，2016年9月2日，中华人民共和国国家发展改革委员会（http：//www. sdpc. gov. cn/fzgggz/dqjj/zhdt/201609/t20160902_ 817594. html）。

② 《环保部：督查发现京津冀多地散煤污染严重》，2015年12月9日，中国天气网（http：//www. weather. com. cn/video/2015/12/lssj/2433597. shtml）。

③ 《京津冀统一预警分级标准》，《天津日报》2016年11月2日（http：//www. jianzai. gov. cn/DRpublish/jzdt/0000000000020822. html）。

台的《京津冀协同环境保护条例》的法律性质，让该条例发挥战略引领和刚性控制作用。同时，需分阶段逐步统一区域环境准入门槛、统一排污收费标准，实现环境成本的统一，并严格落实京津冀地区已出台新增产业禁限目录、污染行业退出目录、污染企业退出奖励资金、规范污染扰民企业搬迁政策，防止污染产业跨区域转移，避免出现“污染天堂”现象，以达到京津冀区域环境质量总体改善的目标。

在执法机构方面，要建立三地统一的监督执法机构。在协作小组的领导下，三地政府应让渡跨区域部分的环境监管职责，建立“区域监察管理联合执法机构”，并与环保部监察局华北监察中心合作，承担立法、监管和执法职责，真正实现京津冀三地环境执法联动。

建立问责机制，党政同责，加强考核。按照十八届六中全会的精神，坚决防止和纠正“执行纪律宽松软”，全面从严治党，加强党支部的监督问责机制，防止环保监测数据造假、环境督察形同虚设、环保追责措施不力等有法不依、执法不严、违法不究问题。

（三）政府、市场、企业与社会多元主体治理协同

1. 发挥市场机制的优越性，降低雾霾治理成本

探索建立区域层面的低效燃煤配额交易制度，通过配额交易形式，实现煤炭总量控制目标。建立京津冀地区排污权交易制度和碳排放权交易制度，降低整个社会的减排成本。尽快开征环境保护税，同时对环保、绿色产业减免税收，发挥税收的激励作用，吸引社会闲散资金，使各个主体都参与到大气污染联防联控的行动中来。

2. 加强信息公开，推动公众决策参与的机制创新

京津冀大气污染联防联控工作的顺利有效实施需要公众的积极参与。社会公众是雾霾的直接受害者和雾霾的最终治理者之一。生产性雾霾来源的治理需要公众强有力的监督，生活性雾霾来源的治理需要公众坚持不懈的落实。目前公众参与的方式主要有三种：一是以 NGO 为主体进行宣传活动；二是政府通过宣传等方式，引导公众自觉投身环保，实践绿色生活方式；三是公众参与监督。上述三种渠道已经初步搭建了框架，但仍有待在运行中进一步细化完善，以充分调动公众积极性、自主性和创造性。目前公众的知情权正在建立，但是监督权和决策权仍然缺失。可借鉴国内外

经验，建立环境决策听证会、成立环境监督委员会、鼓励环境NGO和个体作为环境督查员等参与式的环境管理和执法方式，完善大气污染治理的公众参与机制，提高大气污染治理的科学决策水平，监督各方对政府政策的落实质量，实现公众参与机制同行政和市场治理手段的良性互动和有效补充。

3. 激活企业创新活力，提升企业的社会责任感

企业违法成本低，守法成本高是企业治污积极性不高的重要原因。作为雾霾重要产生者的企业界，目前还处于消极应付的阶段。学术界对治理成本和收益的分摊的研究和实践还仅仅限于区际政府层面，补偿仅发生在地市级政府和所属省级政府之间，仍然没有实现同级行政区划政府间的补偿；不仅难以界定补偿者、受偿者和补偿标准，更重要的是并未将企业纳入成本分担和收益共享机制主体范围之内。

应该尊重企业在污染治理上的选择权和决策权，发挥企业治污的主体作用。政府和有关部门通过建立重污染企业退出机制，对企业提供税收优惠、财政支持、信贷支持以及土地使用、供电等优惠，引导企业开展技术升级、末端治污工程、兼并重组、企业转产、搬迁等重大决策。同时要鼓励北京市更多的科技和文化资源通过在河北省建立科技合作示范基地或“科技中试中心”来向河北省转移，政府部门与企业要充分沟通，签署合作契约，并且公开信息，接受社会监督。

通过完善节能低碳认证及节能量交易制度、碳排放权交易制度和排污权交易制度等市场机制，激发企业投资建设绿色节能建筑、新能源汽车、清洁能源、高效燃煤锅炉等绿色低碳产品的积极性。进一步提高京津冀地区产品的能效水平和环保标准，倡导绿色低碳消费，扩大节能低碳产品的市场需求，提高企业投资绿色低碳产品的动力，打造绿色低碳品牌。

（四）雾霾治理研究的多学科交叉协同

雾霾及其治理是复杂的科学问题和决策问题，需要加强多学科交叉研究。

首先，产学研相结合，定量追踪不同排放源的减排成本。要通过完善高校、科研院所、军方科研机构、企业等不同单位的合作机制，促进先进雾霾治理技术的转化与应用。通过对大气污染治理成本和收益展开定量研

究，量化京津冀雾霾治理的溢出效应，设定合理的成本分担机制，实现京津冀区域合作博弈。

其次，划定雾霾治理的重点领域，加强学界和企业的联合攻关，破解重大技术难点，例如大型油气田及煤层气开发、大型先进压水堆及高温气冷堆核电站、水体污染控制与治理等领域是我国《“十三五”国家科技创新规划》中明确的国家科技重大专项，对促进我国的能源转型和提高污染治理水平具有重大的推动作用。煤炭清洁高效利用、智能电网、天地一体化信息网络、京津冀环境综合治理等是我国“科技创新 2030”中的重大项目工程，光伏、电动车、油电混合汽车等技术研发，应急指挥信息通信服务和综合防灾减灾空间信息平台建设，遥感、通信、导航综合应用示范等国家空间基础设施，这些前沿研究领域的技术突破，对改善我国生态环境现状具有重大意义，应该鼓励引导技术研发及成果转化，助力我国的能源转型升级。

再次，鼓励地方政府整合现有的科技创新技术及人才资源，联合地方企业进行成果转化。我国在 2014 年已经设立了“国家军民融合公共服务平台”，是国家层面为国务院有关部委、军队、军工单位和民口企业沟通交流的平台，准入门槛较高。我国的军工企业多在陕西、河北、山西等中西部省份，这些地方面临着传统产业去产能压力大、新兴产业发展动力不足的发展瓶颈。如河北省的钢铁、水泥、玻璃等传统行业是主要的重污染行业，面临巨大的过剩产能压缩任务，亟须提升产品的结构与档次，改善当地生态环境。地方政府可以将发展军民融合产业作为地方经济绿色转型发展的重要突破口，促进军民融合技术在地方落地生根。

最后，加强政策领域的交叉研究，尤其是京津冀地区雾霾协同治理、产业协同发展、城镇化提升等关系到生态文明建设支撑能力的战略性决策研究。针对雾霾环境监测与评估、预警和精细化管理，雾霾的健康损失、雾霾治理社会成本及效益、社会协同治理、社会经济风险等领域，需要加强自然科学和社会科学的合作研究，为区域宏观决策提供支撑。

（五）雾霾治理过程中减缓与适应举措的协同

2013 年以来，京津冀地区对雾霾等重污染天气的治理已经取得阶段性工作进展。环保部数据显示，2015 年，京津冀三地空气中 PM2.5、

PM10、二氧化硫和二氧化氮浓度分别下降 17.5%、16.8%、27.1% 和 5.1%，重污染天数明显减少。2015 年，京津冀 13 个城市平均达标天数比例为 52.4%，尽管同比提高了 9.6%，但与长三角 25 个城市 72.1% 的达标天数和珠三角 9 个城市 89.2% 的达标天数相比，仍相差甚远。截至 2016 年 12 月，京津冀三地已经实现了重污染预警标准的统一，而且三地已经开始实行联合执法、环境信息共享、环评会商、预警联动等联防联控机制。这些措施旨在从源头上、总量上和影响上逐渐减缓雾霾的影响。

然而，一方面，雾霾作为一个发展问题，具有复杂的成因，存在多方利益冲突，很难在短时期内得到解决。另一方面，随着社会公众对于雾霾问题日益关注，对于雾霾的长期健康影响日益焦虑，政府面临的压力也日渐加剧。对此，需要转变“应急”思路，加强科普宣传，在雾霾治理工作中一手抓“减缓/减排”，一手抓“预防”和“适应”，减小雾霾造成的经济和社会影响。在社会公众的积极关注和呼吁下，北京市一些部门采取了一系列雾霾应对措施，体现了相关部门对于公众关切的回应，有助于缓和社会矛盾、为雾霾治理争取社会共识。例如，2012 年全国发布首个《空气重污染应急预案》以来，北京市先后进行了 5 次修订，不断强化应急机制、响应社会需求，做出了较大改进，包括：强化各区属地责任和部门职责，增加了更多的倡议性减排措施和公众健康防护措施建议，如，“中小学、幼儿园采取弹性教学或停课等防护措施”、“企事业单位可根据空气污染情况采取错峰上下班、调休和远程办公等弹性工作方式”、“接受公众监督，公布应急分预案、公开应急措施等，保障公众的知情权、参与权”，等等。[①] 2016 年 10 月以来，北京市西城区、海淀区教委统一为公立学校投资安装空气净化器。建议在协同治理中制定雾霾防范及适应举措、加强媒体科普宣传、促进雾霾防护的科技和产品研发、积极听取社会各界的意见和建议、改进相关政策和立法，例如，在大型公共场所、交通设施，如公交车、地铁、火车，及车站、机场、医院、图书馆、影剧院、学校等空间，安装新风和空气净化系统，充分体现政府对于社会公众环境健康问题的高度重视，凝聚社会共识合力治霾。此外，目前各个地区的气

---

① 北京市人民政府关于印发《北京市空气重污染应急预案（2017 年修订）》的通知，2017 年 9 月 11 日，http：//www. bjchp. gov. cn/hbj/tabid/599/InfoID/489405/frtid/608/Default. aspx.

象局，只能给出当地有关空气质量的信息，而不能显示周边地区的空气质量的情况以及动态变化过程。建议选择京津冀区域试点，由气象部门在天气预报中发布“雾霾动态迁移图”和雾霾预报，从而推动京津冀对雾霾更有针对性的综合治理。

第一章

京津冀协同治理雾霾的现状与战略意义

一 京津冀三地社会经济发展现状

京津冀地区包括北京市、天津市以及河北省11个地级市的80多个县（市），位于东北亚环渤海心脏地带，2015年，京津冀地区国土面积约为21.6万平方公里，约占全国国土面积的2.25%（见图1-1）；常住人口总数约为11142.4万人，占我国内地总人口的7.95%；地区生产总值合计69312.9亿元人民币，[①] 占全国的10.2%。京津冀地区处于我国三个“增长极”所在区域之一，是我国北方经济规模最大、最具活力的地区，在全国的社会经济发展中具有重要地位，越来越引起中国乃至整个世界的瞩目。

2015年区域内农业、工业、服务业产业构成为5.5∶38.4∶56.1，北京、天津和河北第三产业增加值占地区生产总值的比重分别为79.8%、52.2%、40.2%，[②] 均较上年有不同幅度的提高，产业结构继续优化。就具体产业的发展看，北京金融、科技、信息等行业保持较快增长；天津航空航天、电子信息、生物医药等八大优势产业发展持续向好，优势产业增加值占全市工业的87.9%，同比增长9.4%；河北金融业增长15.9%，高于服务业平均增速4.7个百分点。统计数据显示，2015年，北京市第三产业实现增加值18302亿元，占地区生产总值的79.8%，已经进入后工

① 数据来源于《北京区域统计年鉴2016》北京、天津、河北分别为22968.6亿元、16538.2亿元和29806.1亿元，分别较2014年增长6.9%、9.3%和6.8%。

② 北京市统计局、国家统计局北京调查总队2016年3月3日公布的2015年京津冀三地经济运行情况。

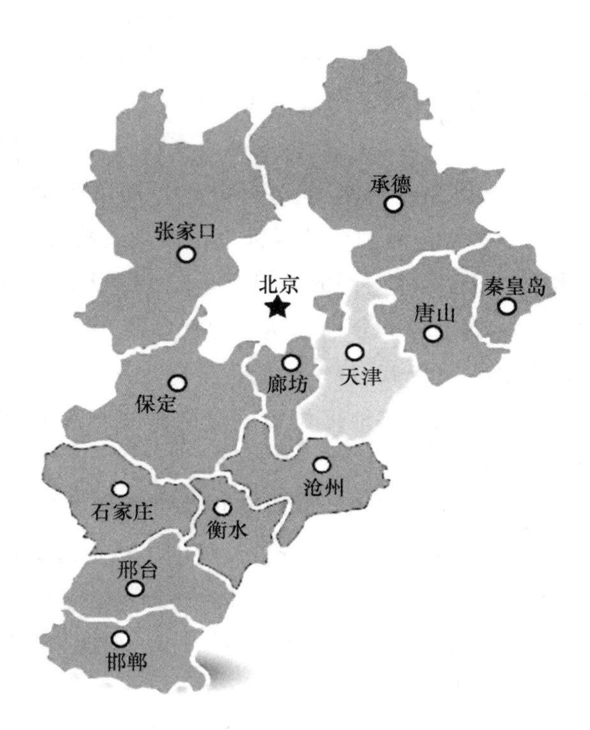

图 1－1　京津冀地区的组成

业化阶段，产业结构高端化趋势十分明显。然而河北第三产业比例远低于北京市，仍然以第二产业为主，2015 年河北省第二产业比重 48.3%，仍然处于工业化阶段中期水平，这使得三地的产业协同难度较大。

区域内总共有 35 个县级市及以上的城市，包括 2 个直辖市、1 个省会城市、10 个地级市和 22 个县级市，其中一半以上的城市是 50 万人口以下的中小城市，没有 50 万—100 万人口规模的城市，500 万—800 万人口的城市只有河北省会城市石家庄市 1 个，规模城市密度低，城市体系结构失衡。

城市空间扩展监测显示，[①] 京津冀地区 2013 年的城区总面积已经超过 3747 平方公里，城区面积平均每十年同比增长超过 50%，其中增长最快的 5 个地级以上城市市辖区为北京、天津、唐山、石家庄、秦皇岛，增长最快的 5 个县级以上城市为三河市、涿州市、迁安市、滦南县、静海

① 《京津冀地区重要地理国情监测结果发布》，2015 年 9 月 17 日，河北新闻网。

县。与之形成对比的是，区域内人口城镇化的速度相对滞后，人口城镇化差异巨大，城镇化结构不合理，城镇化强度偏弱。

根据2010年第六次全国人口普查数据，京津冀地区人口城镇化的整体水平为56.23%，比全国平均水平（49.68%）高出6.55个百分点。尽管区域内坐落着北京和天津这两个超级都市，但是其城镇化率在全国仍处于相对落后的水平，[①] 且区域内部的城镇化呈现出巨大的差异。一方面是北京和天津的人口城镇化水平分别高达85.96%和79.44%；另一方面是河北的人口城镇化水平只有43.11%，低于全国水平。这也影响到我国人口城镇化的整体进程。京津冀地区城镇人口的聚集程度较高，约66.1%的城镇人口居住在城市，其中北京、天津和石家庄市三个城市的人口之和就占到京津冀总城镇人口的54.9%。而河北省的情况是54.43%的人口居住在小城镇，100万人口以下的中小城市仅吸纳了该地区9%的城镇人口，明显低于长三角地区和珠三角地区，城镇化结构不尽合理，表明京津冀地区大城市发育不足，小城市对城镇人口的吸纳和承载能力有限，直接限制了该地区的社会经济发展。

由于“马太效应”，该地区城市间发展呈现强者更强、弱者更弱的局面，城市间人口发展能力不平衡有进一步加剧的趋势。有测算结果显示，[②] 京津冀地区人口发展能力可以分为三个层次。其中，北京、天津、石家庄三个城市人口经济活力突出、对流动人口吸引度大、劳动年龄人口充足以及医疗教育资源丰富，为第一层次；邢台、承德、邯郸、廊坊等城市在人口发展综合能力方面存在一定短板，为第二层次；张家口等城市为第三层次，人口流出现象严重、劳动力产业结构落后、医疗资源匮乏、高等教育水平有限。由于中心城市的“极化效应”，除北京、天津和石家庄之外，张家口、保定、沧州等城市，即使经济发展良好，对城镇化人口的吸引力依然不足，部分三线城市出现城镇化人口增长停滞甚至负增长。

京津冀城市群空间关系中，北京和天津吸纳资源的“黑洞效应”大于经济辐射效应，这两个超级城市在大规模聚集各种资源的同时，并没有

---

① 东部地区、长三角地区、珠三角地区和东北地区的城镇化水平分别为59.49%、65%、66%、57.19%。

② 首都经济贸易大学：《京津冀蓝皮书：京津冀发展报告（2016）》，社会科学文献出版社2016年版。

发挥增长极的作用以带动整个区域经济的发展，导致了京津冀地区城市体系的“双核极化”形态，[①] 而京津冀区域内行政区的区隔和地方保护主义阻碍了“蒂伯特选择”[②] 机制作用的发挥，多种因素共同作用在一定程度上导致河北省经济发展相对滞后。

京津冀地区资源禀赋优势明显，但承载压力也非常大，尤其是人口、交通、水资源、生态环境等方面的形势已经非常严峻，面临很大挑战。虽然总体经济实力占有优势，但人均 GDP 等方面依然存在差距。2015 年京津冀地区的人均 GDP 约为 6.4 万元，地区内部的差别很大：北京人均 GDP 为 10.6 万元，天津人均 GDP 为 10.9 万元，分别位居全国（大陆地区）的第 2 位和第 1 位，均已进入“人均 1 万美元俱乐部”，而河北的人均 GDP 则刚超过 4 万元，比全国平均水平还少 0.9 万元，[③] 居于第 20 位。

区域内重化工业基础雄厚，但是在生态环境的压力下，急需调整升级，战略性新兴产业和高端服务业都具有明显的优势。城镇化呈现加速发展态势，但是非常不平衡；区域之间的经济联系现在开始加强，但是城市之间的差距还在持续拉大。

京津冀三省市地理相连，同处一个生态单元，在自然条件上是不可分割的，同属于半干旱地区、同一大水系（即海河流域为主体的地表、地下水系网络系统），在防灾、开发资源方面也是密切相关的。且邻近不同地形地貌单元，受相同自然灾害影响的不同行政区（如沙尘、洪水影响的城市）之间存在着紧密联系的生态关系，彼此经济行为对环境的压力及破坏亦具有极强的联动效应，极易形成“生态环境—水环境—大气环境”的恶性循环模式。中心城市大量占用周边的公共生态资源与环境，造成了生态资源供给地区的生态紊乱，引发京津冀地区的整体环境问题，已经影响到京津冀一体化进程和社会经济的可持续发展。

---

① 《京津冀与长三角和珠三角的比较》，2014 年 6 月 16 日，人民网——人民文摘。

② 蒂伯特选择：不同的地方政府在提供公共服务上的竞争，是引导人口均衡化流动的有效办法。在人口流动不受限制时，居民会根据各地方政府提供的公共产品和税负的组合，来自由选择那些最能满足自己偏好的地方定居。如果某地政府提供的公共服务水平高而税负却相对较低，人们就会涌入这一地区定居和工作，如果各个地方人均享有的公共服务水平大致均等的话，人口就会均匀流动，不会出现大量人口涌入少数地区导致过度拥挤的局面。

③ 据《中华人民共和国 2015 年国民经济和社会发展统计公报》，2015 年大陆地区人均 GDP 为 49315 元。

二 京津冀地区雾霾现状与成因分析

2008年前，京津冀地区空气质量状况整体良好，[①] 优良率均在60%以上，首要污染物以可吸入颗粒物为主。空气污染指数的空间分布形势为由沿海向内陆递增，且形成了北京、石家庄和天津这三个高值中心与秦皇岛、张家口、衡水这三个低值中心。随后，京津冀地区频繁遭遇雾霾袭击，尤其秋冬季节更加严重。据中国气象局气候中心的分析统计，近十年京津冀秋冬季雾日数是减少的，而霾日则显著增加。2013年，京津冀区域13个地级及以上城市空气质量平均达标天数比例为37.5%，区域内所有城市PM2.5和PM10年平均浓度均超标，全国空气质量相对较差的前10位城市中归属河北省的占了7个（邢台、石家庄、邯郸、唐山、保定、衡水、廊坊）。[②] 蓝天白云成为区域内人民群众最殷切的期盼。2013年9月国务院发布《大气十条》行动计划，2014年2月底，"京津冀协同发展"上升到国家战略的高度，三地联手治理雾霾成为最清晰、最紧迫的目标任务。从环保部的统计数据看，京津冀治霾成果显著。2014年，京津冀区域PM2.5浓度为85.9微克/立方米，较2013年下降4%。[③] 2015年与2014年同期数据相比，整体城市空气质量已有明显提升。[④] 雾霾的预警能力有了长足的进步，各次雾霾发生、发展乃至消散的过程都可准确预报。各地也都制定了详尽的应急预案，并根据实际执行情况不断对预案的触发机制和执行细节进行优化调整。政府主动作为，协同发展最直观的初步成果就是京津冀环境空气质量开始明显改善。环保部监测数据显示，2016年上半年，北京市环境空气优良天数比例为58.8%，同比提高10.2个百分点；PM2.5浓度为64微克/立方米，同比下降17.9%，相比2013年下降37.9%；PM10浓度为88微克/立方米，同比下降19.3%，相比

---

① 美国宇航局卫星遥感影像揭示，北京地区PM2.5污染早在2006年以前已经严重。NASA: New Map Offers a Global View of Health-Sapping Air Pollution, 09/22/10, accessed on 2012/09/27, http: //www. nasa. gov/topics/earth/features/health-sapping. html。

② 环保部：《2013中国环境状况报告》，2014年3月26日。

③ 2015年全国环境保护工作会议，2015年1月15日。

④ 《2015年上半年度中国358座城市PM2.5浓度排名》，2015年7月22日，绿色和平（http: //www. greenpeace. org. cn/city-ranking – 2015 – half-year/）。

2013 年下降 31.3%。天津的雾霾形势也有所缓解，2016 年上半年，天津环境空气质量达标天数 115 天，同比增加 20 天；PM2.5、PM10、二氧化硫、一氧化碳 4 项主要污染物浓度同比分别下降了 12.5%、14.4%、37.8%和 25%。河北省 PM2.5 平均浓度同比下降幅度达 21.0%，降幅之大在全国各省市区中居于第三名。环保部的环境状况报告显示，京津冀区域空气质量有所改善，但目前京津冀地区空气污染仍严重，空气质量相对较差的前 10 位城市仍然有河北省的上述 7 个城市。

自 2013 年《大气污染防治行动计划》实施以来，执行有力、成效显著。PM2.5 浓度总体持续下降，重污染天数也明显减少，PM2.5 平均浓度下降 33%①，但冬季空气质量改善幅度并不明显。进入 2016 年秋冬以后，情况出现反复，雾霾天气再次来袭。北京市空气重污染应急指挥部办公室 10 月 2 日发布了 2016 年下半年首个空气重污染黄色预警，其后区域内主要城市根据污染程度，相继发布了“重污染天气黄色预警”。

根据环保部公布的 2016 年前三季度空气质量数字，京津冀区域 13 个城市前三季度平均优良天数比例为 60.8%，同比提高 8.4%，京津冀雾霾协同治理取得了一定进展，但 2016 年前三季度 74 个城市中空气质量排名相对较差的后 10 位中有 6 个位于河北省，京津冀地区空气质量仍有较大提升空间。

京津冀雾霾污染在时间单维度、空间单维度和时空双维度上分别表现出“雪球效应”“泄漏效应”和“警示效应”，呈现明显的“空间溢出效应”和“高排放俱乐部集聚”特征，符合库兹涅兹曲线描述的污染与经济增长均存的 U 形关系。近期京津冀地区雾霾的发生发展有四个特点。一是变化迅速。几小时之内污染物浓度会迅速攀升，24 小时就可能达到重度及以上污染级别，部分地区 PM2.5 甚至超过 500 微克/立方米。二是虽然污染程度重但持续时间有所缩短。对比曾经有过的连续 11 天的雾霾天气，2016 年各地雾霾持续时间普遍缩短，国庆期间的雾霾天气也仅持续了 3 天，优良天气与雾霾天气有短暂交替现象。三是雾霾天气在大面积发生的同时也表现出一定的局部性。如 2016 年 11 月 14 日，河北省部分城市为雾霾天气，而距离 150 公里之外的北京市空气质量则为优，局部地

---

① 吴秋余：《美丽，现代化强国新追求》，《人民日报》2017 年 10 月 24 日第 2 版。

区空气质量指数（AQI）在一段时间内甚至保持在35以内。京津冀地区大气污染指数的空间分布形势为由沿海向内陆递增，不同城市之间的空气质量状况具有显著区域性特点。[①] 四是雾霾主要发生在静稳天气，持续无风的情况下，AQI逐渐增高，一旦有风AQI则开始降低。对京津冀地区本次重污染过程的分析表明，有机组分和硝酸盐仍是本次过程中PM2.5的主要组分，工业和机动车排放是此次重污染的主要来源。但随着各地逐渐启用燃煤采暖设施，在夜间近地面的高湿环境下，硫酸盐的二次转化加剧，对PM2.5的贡献有所加大。[②]

雾霾的主要成分为大气中的细颗粒物（PM2.5），但其发生发展的原因十分复杂。并不是只要控制住包括烟尘、扬尘、秸秆燃烧烟尘、汽车尾气等PM2.5的一次性部分就能防止雾霾出现，因为雾霾主要是由PM2.5中吸湿性组分引起，是二次细颗粒物，在这个二次性部分的形成过程中，是二氧化硫、氮氧化物等污染成分推波助澜。[③] 二氧化硫和氮氧化物则主要来源于电力热力生产和工业过程（主要是燃煤），随着交通运输业的发展，机动车排放已经占到氮氧化物源的1/3。

从雾霾的形成过程看，包括霾气溶胶积累、霾雾转化和混合及减弱三个主要阶段，[④] 且空气中的颗粒物在特定的条件下会发生生化反应从而引起二次污染。雾霾的主要污染源源自人类活动，如工业污染物排放、机动车尾气、工地产生的扬尘、农田秸秆燃烧乃至日常生活中的油烟。根据北京市统计局、国家统计局北京调查总队2013年的分析，[⑤] PM2.5是京津冀首要污染物，其中燃煤、机动车和工业排放为其最主要来源。北京机动车尾气排放对大气影响最明显，天津、河北工业污染对大气影响则较突出。虽然各有数据支撑，但也有其他说法，雾霾的成因不应该这样单一。

---

① 刘燚：《京津冀地区空气质量状况及其与气象条件的关系》，硕士学位论文，湖南师范大学，2010年。

② 环保部：《工业和机动车排放是京津冀此次重污染主源》，《法制晚报》2016年11月6日。

③ 蒋大和：《为什么会灰霾》，《大学科普》2013年第3期，第85—87页。

④ 郭丽君、郭学良、方春刚、朱士超：《华北一次持续性重度雾霾天气的产生、演变与转化特征观测分析》，《中国科学：地球科学》2015年第4期。

⑤ 《京津冀大气污染源发布：燃煤、机动车和工业等为主要因素》，《北京晚报》2014年4月12日。

结合前文所指出的2016年入冬以来各地雾霾从发生到消散全过程的特点看，雾霾的形成已经不再是各种细颗粒的简单混合，而是存在着较为复杂的生化反应。

大气污染具有跨域溢出效应，特定地区的空气质量会受到毗邻地区污染排放水平的严重影响。北京市环保局发布的2014年PM2.5来源解析结果显示，在北京PM2.5的来源中，区域传输贡献约占28%至36%，本地污染排放影响占64%至72%。在遭遇特定条件下的重污染过程中，区域传输的贡献可达50%以上。相比2012年PM2.5来源解析结果中外来影响所占24.5%的比例，此次占比28%至36%，也显示出PM2.5的区域传输对北京的影响正在不断加大。由于空气的流通性，空气质量是一个跨区域问题，周边地区对北京市有影响，但北京市在京津冀区域内同时也是一个污染节点，也会影响其他区域。根据天津市环保局公布的2014年颗粒物来源解析结果，PM10来源中本地排放占85%—90%，区域传输占10%—15%；PM2.5来源中本地排放占66%—78%，区域传输占22%—34%。石家庄市环保局公布的该市2014年空气颗粒物来源解析结果显示，石家庄市PM2.5的23%至30%为外地输入，70%至77%来自石家庄本地污染；PM10来源中区域外污染传输占10%至15%，85%至90%来自石家庄本地污染。

京津冀地区雾霾多发还有地理地貌和气象方面的原因。京津冀地区三面环山，不利于污染物扩散，在静稳天气作用下污染物极易积累从而形成雾霾。静稳大气条件下，地面受均压场控制，风速较小，大气扩散条件转差，地面风场辐合①处，污染物迅速累积。有研究表明，雾霾天气的形成与厄尔尼诺现象有关。厄尔尼诺现象使北半球出现暖冬，极地冷气团向南伸展的幅度会缩小，因而我国的大风几率将减少，容易出现静稳天气，导致“雾霾”出现的频率增加、污染程度加重。② 2015年是有历史统计以来的“最强厄尔尼诺年”，华北地区大范围处于“高湿度”“低风速”

---

① 辐合是气流向中心聚集，辐散是气流向周围扩散。中间气压低，外面气压高，空气就向里运动了，叫“低空辐合”，高空与低空相反，是“高空辐散”。低压中，低空辐合和高空辐散越大，越有利于将水汽输送到高空，由于水汽凝结成水时释放的能量是气旋发展的主要能量来源，因此越有利于气旋发展，但并不代表强度。

② 《雾霾今年如此“猖獗”原因到底在哪?》，科通社，2015年12月8日。

“强逆温”的极端不利气象条件，助推了污染持续积累[1]，其影响仍在持续。数据分析表明，京津冀地区风速呈整体减少的趋势；总体降水量虽然变化不大，但是降水的日数，特别是小雨日数也呈减少趋势；通风量整体也呈减少趋势，从而减低了大气环境容量[2]，加重了雾霾治理的难度。必须指出的是，虽然受气象条件这个外部因素的影响，京津冀的雾霾天气出现了一定反复，但这并不是雾霾治理的失败，而是说明了雾霾治理任务的艰巨性，更需要长效的政策和机制确保治霾战斗的胜利。

大气污染问题的跨地域性质，决定了区域间联合治理的必要性。从主要大气污染物排放的空间分布而言，京津冀三地排放强度存在严重分异现象，北京的二氧化硫、氮氧化物和粉尘排放，无论按人均计算还是按单位GDP计算，都是全国31个省市自治区中最低的，显示出了产业结构的低排放和高效的污染排放控制水准，但河北省各项污染物的排放水平远超北京水平，形成巨大反差。尽管北京的大气污染物排放水平很低，但在大气流动的自然条件以及京津冀产业内部转移调整的发展背景下，河北省出于发展地方经济的考虑，上马和承接了北京转移的一系列的高能耗高污染项目，使得北京、天津的空气质量难以独善其身。目前，京津冀地区空气污染的府际协同治理仍在启动阶段，依然存在治理的死角，未能完全摆脱利益冲突的“囚徒困境”等流弊，[3] 促增因素和促降因素尚需时间有效发挥作用，各项措施的实际效果还有待进一步观察，也需要针对雾霾治理成果进行阶段性评价及有针对性的改进。

此外，也有城市规划和建设方面的原因，如有观点认为目前的建成区缺少城市风道设计，但质疑的声音认为风道的效果以及通风效率还需多方论证。[4]

雾霾的形成有气候方面的自然因素，但究其本质则是源自于人为因素，和工业化、城镇化都有一定的关系。其中，以煤为主的能源结构和以

---

① 《2015年北京“最严重雾霾”有多严重？影响有多大》，《新京报》2015年12月7日。

② 大气环境容量是指在一定的环境标准下某一环境单元大气所能承纳的污染物的最大允许量。其大小取决于该区域内大气环境的自净能力以及自净介质的总量。若超过了容量的阈值，大气环境就不能发挥其正常的功能或用途，生态的良性循环、人群健康及物质财产将受到损害。研究大气环境容量可为制定区域大气环境质量标准、控制和治理大气污染提供重要的依据。

③ 张强：《雾霾协同治理路径研究》，《西南石油大学学报》（社会科学版）2015年第3期。

④ 《静稳天气多5成致雾霾频发》，《新京报》2016年1月13日。

重化工为主的产业结构是造成京津冀大气污染的决定因素，高能耗、高污染排放是雾霾天气发生的根源。① 相比于长三角和珠三角地区，京津冀多数城市的支柱产业为钢铁、水泥、火电、平板玻璃、石化等高耗能产业，污染物排放总量大，单位 GDP 排放强度大，其中二氧化硫的排放强度是全国平均水平的 3.5 倍，氮氧化物排放强度是全国平均水平的 4.3 倍。根据环保部等机构测算，北京的第一污染源是机动车，第二是燃煤，天津石化行业是工业污染的主要来源，河北则是钢铁、水泥为主。河北省钢铁、火电、焦化等高耗能、高污染企业过于集中。天津、河北产业结构以工业为主，单位能耗高，两地工业综合用能比重均超过 69%，尤其是河北省，高耗能行业占比大，能耗增长快，对京津冀地区的空气质量影响较大。京津冀三地承诺到 2017 年减少煤炭消费总量 6300 万吨，河北省在压缩传统高耗能、高污染、高排放产业，并开始执行雾霾治理的“调度令”。分析显示，以煤炭为主的化石能源燃烧排放烟粉尘、二氧化硫、氮氧化物占我国空气污染物的比例分别为 70%、85% 和 67%，但是“富煤贫油少气”的能源资源禀赋特点决定了，今后相当长一段时期内，我国煤炭作为主体能源的地位难以改变，因而在环境容量进入临界状态后，在特定的气象条件下极易发生雾霾。此外，人口的快速集聚及公路交通运输强度的提升也共同促使雾霾污染加剧。

三　协同治理理论与京津冀雾霾治理的契合性

大气污染防治的公共物品性质，以及大气污染的传输性和复杂性决定了京津冀区域大气污染防治亟须三地政府通力合作，破解三地间治理成本和收益目标的不兼容性问题，改变传统的属地治理模式。协同治理具有多元化主体、自组织结构、各子系统间竞争合作以及共同制定规则等理论内涵，与雾霾治理的特性相契合，因此京津冀雾霾的有效防治应当树立系统性思维，实现联防联控、协同治理。

---

① 赵敏、黄东风等：《从区域能源消费探寻雾霾成因》，《上海节能》2015 年第 3 期。

（一）协同治理理论的内涵及其特征

协同理论的创始人赫尔曼·哈肯将协同定义为各组成部分相互之间合作而产生的集体效应或整体效应。[①] 协同理论认为系统由子系统组成，各子系统由复杂的要素组成，子系统的协同性是产生有序结构的直接原因。协同理论以自组织原理为核心，强调系统内部子系统按照某种规则，自动形成一定结构和功能。[②] 系统由非稳定状态向稳定状态的变化受两类变量的影响，一类是快变量，衰减较快，对系统的影响可忽略不计；另一类是慢变量，即序参量，代表着系统的有序程度，主宰着系统的演变过程，当多个序参量存在时，通过序参量间的合作和竞争来确定该系统的有序结构。[③]

协同治理理论以协同学为基础，在过去几十年里逐渐兴起，成为公共政策研究领域的一种非常重要的分析框架和方法工具，目前的研究重视对协同治理参与主体的分析，并关注于公共危机、区域合作以及生态环境保护等治理难题。联合国全球治理委员会认为，协同治理被定义为个人、各种公共或私人机构管理其共同事务的诸多方式的总和。通过具有法律约束力的正式制度和规则，以及各种促成协商与和解的非正式的制度安排，使相互冲突的不同利益主体得以调和并且采取联合行动。[④] 从学理上说，协同治理基本上包括治理主体多元化性、自组织、各子系统间协同竞争合作以及共同规则制定等内涵。[⑤] 协同治理的本质是在共同处理复杂社会公共事务的过程中，通过构建共同的协同创新愿景，建立信息共享网络，达成共同的制度规则，从而消除现实中存在的隔阂和冲突，弥补政府、市场和社会单一主体治理的局限性，促成相关主体的利益协同，实现多元主体的共同行动、多个子系统的结构耦合和资源共享，从根本上对公共利益产生

---

① ［德］赫尔曼·哈肯：《协同学：大自然构成的奥秘》，上海译文出版社 2005 年版。

② 王得新：《我国区域协同发展的协同学分析——兼论京津冀协同发展》，《河北经贸大学学报》2016 年第 3 期。

③ 郑季良、郑晨、陈盼：《高耗能产业群循环经济协同发展评价模型及应用研究——基于序参量视角》，《科技进步与对策》2014 年第 31 期。

④ Commission on Global Governance, *Our Global Neighbourhood: The Report of the Commission on Global Governance*, Oxford University Press, 1995.

⑤ 胡颖廉：《推进协同治理的挑战》，《学习时报》2016 年第 5 期。

协同增效的功能。[①] 协同治理理论的核心特征就是“协同”多个子系统相互合作，使系统产生出微观层次所无法实现的新的系统结构和功能。[②] 虽然组织行为体之间依然存在竞争，但为了共同的政策目标，可通过相互合作和资源整合，实现整体大于部分之和的效果。[③] 各子系统之间不是简单的分工合作，而是形成相互依存、风险共担、利益共享的合作局面，使系统从无序到有序，达到新的平衡。最终的结果是系统发生质变，产生大大超过部分之和的新功能。[④]

协同治理建立多元主体共同的协同创新意愿，达成目标共识。协同治理是正确处理好政府、市场、社会、公民等多元主体在面对共同社会问题时的相互关系、权力和作用、责任和义务的大治理，是通过寻求合理的一系列有效战略安排，使多元主体有效合作，实现社会公共问题的解决，从而获得社会最大化收益。[⑤] 协同治理将具有不同价值理念、行为模式和政策目标的参与者（多级政府、各类企业和社会组织以及社会公众等）聚合到一起进行政策协调，建立共同的协同创新愿景，而政府通常在其中发挥主导作用。在涉及多重部门关系的工作中，各主体能够以共同目标为导向，以互惠价值为基础，跨越部门或者组织边界共同协力达成集体目标。[⑥]

协同治理通过信息共享网络，为多元主体参与提供决策保障。协同治理的重要前提是各方拥有相对一致的政策目标。通过政府主导，将具有不同目标的政府、市场、社会、公民等多元参与者聚合到一起进行政策协调，建立共同的协同创新愿景，实现社会公共问题的解决。[⑦] 在多元主体

---

① 刘伟忠：《我国协同治理理论研究的现状与趋向》，《城市问题》2012 年第 5 期。

② 范如国：《复杂网络结构范型下的社会治理协同创新》，《中国社会科学》2014 年第 4 期。

③ 李汉卿：《协同治理理论探析》，《理论月刊》2014 年第 1 期。

④ 吕丽娜：《区域协同治理：地方政府合作困境化解的新思路》，《学习月刊》2012 年第 4 期。

⑤ 周学荣、汪霞：《环境污染问题的协同治理研究》，《行政管理改革》2014 年第 6 期。

⑥ Rosemary O'Leary, Catherine Gerard, Lisa Blomgren Bingham, "Introduction to the Symposium on Collaborative Public Management", *Public Administration Review*, Vol. 66, December 2006, pp. 6 - 9.

⑦ 张颖、沈幸：《关于构建我国公共危机的网络治理结构问题研究》，《中山大学研究生学刊》（社会科学版）2012 年第 1 期。

参与的协同治理网络中，分权式组织结构和非制度化传播途径会带来种种沟通困难，不同参与主体间建立的信息壁垒进一步加剧了问题严重性。通过法治保证信息公开，可以打破政府主导治理模式下政府垄断信息、信息传播缓慢和信息失真等现象。开放的治理网络，可以使多元治理主体及时有效地掌握相关的治理信息。[①] 社会公众所采集到的生态环境破坏行为的相关信息也能迅速、畅通地进入到决策系统，便于对生态环境破坏行为进行制止和阻断。

协同治理通过制度约束，保证共同目标的实现。由于责任分散和社会公平感缺失等原因，多元主体在协同治理过程中还会出现“搭便车”现象，从而造成“公地悲剧”现象。此外，如果缺乏对处于权力位置主体的监督与制约，往往会导致利益集团的利益固化。凭借自己的强势地位，利益集团利用各种手段、借口来阻挠有悖于自身利益的社会改革，从而难以实现公平和正义。因此，协同治理成败的关键在于是否具有制度或正式程序的保障，确保各类主体在协同治理中可能导致的相互冲突得以协调，保证各类主体在协同治理中的功能差异得到整合，最终实现多元参与主体的功能耦合。[②]

协同治理通过利益整合协同机制，实现多元主体的利益协调。尽管政府可以引导和激励各方将个体利益与公共利益兼容，但当所面临公共事务的复杂性高而各主体间职责又不甚清晰时，协调就变得困难重重。各参与主体依据各自目标在同一框架内开展活动，试图实现自身利益最大化，各方利益固有的竞争性以及价值理念的差异化可能使得政策目标难以达成一致。协同治理通过构建畅通稳定的利益表达机制、制度化的利益表达体系，通过对话协商、信息沟通增进全社会的利益共识。通过充分发挥市场机制的作用，建立公平稳定的利益分配体系。同时还要构架规范稳定的利益补偿机制，使利益受损群体得到合理补偿，从而实现切实有效的利益冲突调解。

协同治理理论是从系统的角度去看待经济社会的发展，通过管理理

---

① 陶国根：《协同治理：推进生态文明建设的路径选择》，《中国发展观察》2014 年第 2 期。

② 夏志强：《公共危机治理多元主体的功能耦合机制探析》，《中国行政管理》2009 年第 5 期。

念、方式、路径和机制的重要创新，达到政府、市场主体、社会组织和公众等多元主体默契配合、井然有序的自发和自组织集体行动，从而实现资源配置效用最大化和系统整体功能的提升。而针对区域协同治理系统，关键在于契合区域的发展阶段、发展特点和发展难题，找到对系统有序运行起决定性作用的序参量，以此为抓手推动机制创新，提升区域治理水平。

（二）协同治理理论与京津冀雾霾治理的契合性

京津冀雾霾协同治理是国家“十三五”的重点任务之一，被提升到国家战略的高度。为推进雾霾治理，根据《京津冀及周边地区落实大气污染防治行动计划实施细则》要求，目前京津冀三地都已结合自身大气污染源特性制定出台了各自的雾霾治理实施方案。传统的依靠地方政府各自为政的治霾方式会陷入“高投入、低回报”的困局，所以治理雾霾应当打破行政限制，建立京津冀雾霾协同治理的合作机制，使雾霾治理由属地管理走向区域协同治理。

由于空气具有流动性，大气污染物的传输是有外部性的，其危及范围包括污染源地及邻近区域，因此雾霾是局部地区污染与区域传输污染相互叠加的结果。2012 年至 2013 年，北京市 PM2.5 的来源中，外来污染的贡献约占 28% 至 36%；在一些特定的空气重污染过程中，通过区域传输进京的 PM2.5 会占到总量的 50% 以上。[①] 2012 年至 2013 年天津市 PM10 来源中区域传输占 10% 至 15%，PM2.5 来源中区域传输占 22% 至 34%。[②] 2012 年至 2013 年，河北省石家庄市 PM2.5 的 23% 至 30% 来自区域污染传输，PM10 的 10% 至 15% 来源于区域外污染传输。[③] 由于雾霾污染属于区域公共问题，具有明显的地理依赖性以及外部效应的溢出性特点，以及消费上的非排他性和非竞争性，涉及多方区域、多元目标和多重利益，因

---

① 北京市环保局：《北京市正式发布 PM2.5 来源解析研究成果》（http://www.bjepb.gov.cn/bjepb/323265/340674/-396253/index.html）。

② 天津市环境保护局（http://www.tjhb.gov.cn/news/news_headtitle/201410/t20141009_570.html）。

③ 河北省环境保护厅（http://www.hb12369.net/hjzw/hbhbzxd/dq/201409/t20140901_43629.html）。

此京津冀雾霾问题的特征与协同治理理论的特性有非常大的契合性（见图1-2）。

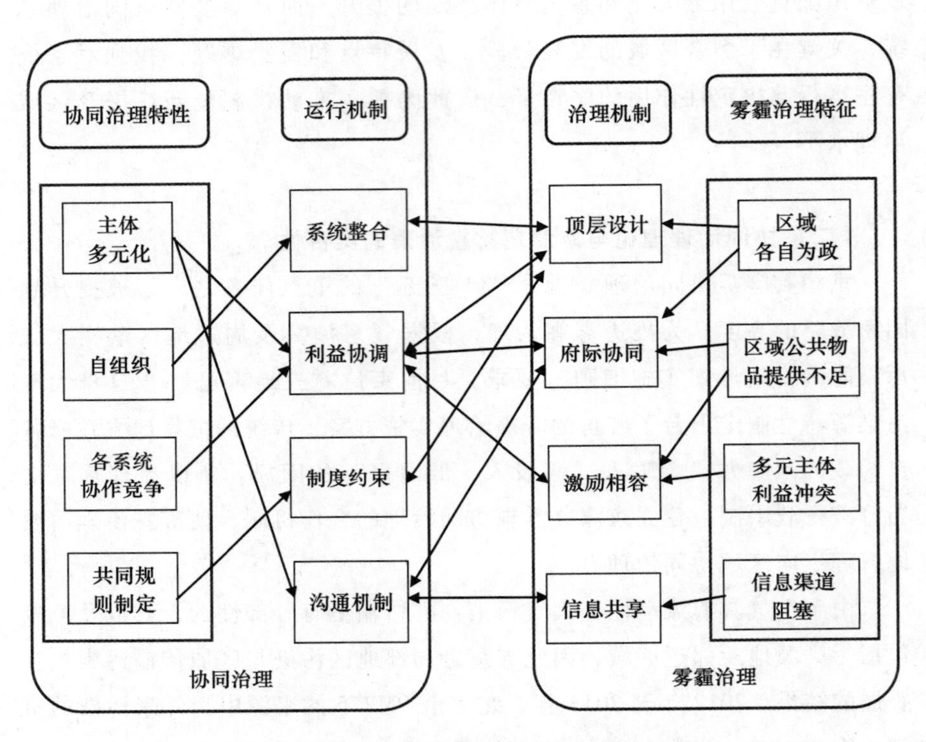

图1-2 协同治理与雾霾治理契合性示意图

首先，雾霾治理是一项复杂而庞大的系统工程，需要各子系统功能之间产生耦合，围绕一致性目标形成共同的运行准则，保证协同治理的整体效益最大化。雾霾治理系统是一个复杂、动态、开放的系统，由北京、天津、河北三个区域治理子系统组成，涉及区域生态、经济和社会可持续发展的多元目标。而协同理论是关于系统中各个子系统之间共同行动、耦合结构和资源共享的科学，用来诠释雾霾治理中各个子系统之间的协作关系十分适用。从协同理论的角度看，当前京津冀雾霾治理体系具有复杂性、开放性、远离平衡有序状态等特征，表现为京津冀地区各自为政，经济发展方式粗放，社会管理模式滞后和能源利用方式高碳化，导致生态系统功能的退化，大气污染物的排放量远远超过大气环境容量限值，造成雾霾天气频发。而雾霾治理系统若要达到有序的稳定结构，必须通过重塑序参量，实现子系统的结构再造和机制优化，确立兼顾生态、经济和社会利益的共同目标，形成共同的合作规则，保证整体系统输出危机，实现有序运行。①

其次，雾霾治理具有区域公共物品特性，容易出现激励不足问题，协同治理可以通过利益的分配与共享，实现各个子系统的协同行动。环境是公共物品，提供良好的公共环境服务是政府的一项基本责任。然而由于外部性的存在，如果缺乏恰当的制度设计，往往会出现"公地悲剧"，导致环境污染，甚至是环境公害。雾霾污染具有高渗透性和不可分割性，其危害具有多元性，已经超越了区域内任何一个单一政府组织及部门的管辖权。地方政府为了实现各种政策目的，特别是官员任期制促使它们在短期内维持地方经济的快速发展，导致地方政府不愿意为治理雾霾而投入必要的人力、物力及财力，选择消极参与的"理性行为"。此外，我国行政体制中属地管理的原则导致各个地方政府只负责解决自身所辖范围的环境问题，这导致环境治理的激励不足，容易出现"搭便车"心理，纵容跨界污染的存在，从而导致跨界环境问题长期难以解决。在解决雾霾治理区域合作困难时，通过引入治理理念来突破科层制行政思维与竞争性逐利心理，提倡合作各方自愿平等参与、达成协同共识、促进集体行动、优化绩效评估、共担合作责任、共享合作收益的协同治理模式，实现府际合作的利益协同。②

此外，雾霾治理需要信息共享，构建区域应急预警协同网络。近年来，雾霾作为一种公共危机愈来愈呈现出跨地域的特征，迫切需要建立起跨地域合作的危机治理协同机制。重污染天气的预警和应急需要协调区域内各个行政区的气象部门、交通部门、建筑部门、工业部门、地方政府、环保部门、教育部门、卫生部门及公众和社会组织，共同行动，才能达到污染物"削峰、降速"的效果。然而，当前环境管理的"属地管理"模式，使得地方政府的活动领域受到制约，缺乏跨地域的部门应急预警协同

① 王惠琴、何怡平：《协同理论视角下的雾霾治理机制及其构建》，《华北电力大学学报》（社会科学版）2014 年第 4 期。

② 孙萍、闫亭豫：《我国协同治理理论研究述评》，《理论月刊》2013 年第 3 期。

机制，导致跨地域的预警协同网络难以建立。[①] 而协同治理理论正是通过建立覆盖全面、协同共享的全社会信息网络，在社会网络各中心主体之间建立起程序化、制度化的信息交流机制，通过信息沟通与信息整合协同机制及应急预警协同网络机制，来实现协同治理目标的。

最后，雾霾治理需要多元主体参与，凝聚共识。当前我国雾霾产生的原因复杂，影响范围广泛。雾霾治理涉及能源结构和产业结构的调整、区域发展模式的转变、应急措施的落实等诸多方面，需要投入大量资金。而雾霾治理成本也不能只由政府来负担，需要通过市场机制和公众参与来实现治理成本的合理分担，通过完善法律法规来明确治污的责任主体，因而会对政府部门、企业、公众等各个主体的利益进行重新整合。所以，雾霾治理应是政府、市场和社会共同关注的复杂区域公共问题。习近平总书记多次强调，良好的生态环境是最普惠的民生福祉，是人人都应享有的一项基本权利，经济体制改革、生态文明建设的最终目的都是“让人民有更多的获得感”。而协同治理理论则倡导通过构建公众参与的“多中心治理机制”，协调多元主体的利益诉求，让公众参与与自身生活密切相关的公共政策制定，完善沟通机制，发挥公众监督等社会职能。

四 雾霾协同治理成为京津冀一体化重要抓手

京津冀合作可以追溯到 20 世纪 80 年代。2001 年吴良镛提出大北京规划，对京津冀区域经济一体化进行了理论分析。2004 年 2 月各地发展与改革委员会聚集在廊坊召开了京津冀地区经济发展战略研讨会，就一些原则问题达成了“廊坊共识”。同年 6 月，商务部和京、津、冀、晋、内蒙古、鲁、辽 7 省区市达成《环渤海区域合作框架协议》。这两件事对推进京津冀区域协作进程具有里程碑意义。2005 年国务院批复《北京城市总体规划（2004—2020 年）》，提出京津冀地区在产业发展、生态建设、环境保护、城市空间与基础设施布局等方面开展协作。2006 年，京津冀区域发展问题写入“十一五”规划，召开了京津冀区域发展合作研究联

① 石小石、白中科、殷成志：《京津冀区域大气污染防治分析》，《地方治理研究》2016 年第 3 期。

席会议，国家发改委开始编制《京津冀都市圈区域综合规划》，政府间区域发展合作研究全面启动。“十二五”规划纲要中明确提到，“推进京津冀区域经济一体化发展，打造首都经济圈，推进河北沿海地区发展”，京津冀一体化再次被提上国家战略层面的议事日程。

2014 年 2 月 26 日，习近平总书记在听取京津冀协同发展工作汇报时强调，实现京津冀协同发展是一个重大国家战略，要坚持优势互补、互利共赢、扎实推进，加快走出一条科学持续的协同发展路子。

习总书记提出，要着力加强顶层设计，抓紧编制首都经济圈一体化发展的相关规划，明确三地功能定位、产业分工、城市布局、设施配套、综合交通体系等重大课题，并从财政政策、投资政策、项目安排等方面形成具体措施。习总书记就推进京津冀协同发展提出七点要求：一是要明确三地功能定位、产业分工、城市布局、设施配套、综合交通体系等重大问题。二是要自觉打破自家“一亩三分地”的思维定式，抱成团朝着顶层设计的目标一起做。三是要理顺三地产业发展链条，形成联动机制，对接产业规划，不搞同构性、同质化发展。四是要促进城市分工协作，提高城市群一体化水平，提高其综合承载能力和内涵发展水平。五是要着力扩大生态环境保护合作，完善防护林建设、水资源保护、清洁能源使用等领域合作机制。六是要把交通一体化作为先行领域，加快构建快速、大容量、低成本的互联互通综合交通网络。七是要着力加快推进市场一体化进程，破除限制生产要素自由流动和优化配置的障碍。针对京津冀地区生态环境约束趋紧的现状，习总书记指出，要着力扩大环境容量生态空间，加强生态环境保护合作，在已经启动大气污染防治协作机制的基础上，完善防护林建设、水资源保护、水环境治理、清洁能源使用等领域合作机制。习总书记还指出当前工作的重点包括联防联控环境污染，建立一体化的准入和退出机制，实施清洁水行动，大力发展循环经济，谋划建设一批环首都国家公园和森林公园。

按照习近平总书记的要求，三省市根据各自自然资源条件和社会经济发展基础，按照协调协作的要求明确了在一体化框架中的定位。其中，北京为全国政治中心、文化中心、国际交往中心、科技创新中心；天津为全国先进制造研发基地、北方国际航运核心区、金融创新运营示范区、改革开放先行区；河北省是全国现代商贸物流重要基地、产业转型升级试验区、新型城镇化与城乡统筹示范区、京津冀生态环境支撑区。

2015 年 4 月 30 日，中央政治局会议审议通过了《京津冀协同发展规划纲要》，指出推动京津冀协同发展是一个重大国家战略，核心是有序疏解北京非首都功能，调整经济结构和空间结构，走出一条内涵集约发展的新路子，探索出一种人口经济密集地区优化开发的模式，促进区域协调发展，形成新的增长极。至此，京津冀一体化正式上升为国家战略。党的十九大报告中进一步指出“以疏解北京非首都功能为‘牛鼻子’推动京津冀协同发展”。

京津冀协同发展是以习近平同志为核心的党中央在新的历史条件下做出的重大决策部署，是 21 世纪我国三大国家战略之一，旨在打造中国东部继珠三角、长三角之后新的经济增长动力引擎，是探索中国特色解决“大城市病”的治本之路、优化国家发展区域布局和社会生产力空间结构的重要举措，对于统筹推进“五位一体”总体布局，协调推进“四个全面”战略布局，牢固树立和贯彻落实创新、协调、绿色、开放、共享的新发展理念，决胜全面建成小康社会和实现中华民族伟大复兴的中国梦，具有重大现实意义和深远历史意义。

《京津冀协同发展规划纲要》明确了京津冀地区要坚持协同发展、重点突破、深化改革、有序推进。要严控增量、疏解存量、疏堵结合调控北京市人口规模。要在京津冀交通一体化、生态环境保护、产业升级转移等重点领域率先取得突破。要大力促进创新驱动发展，增强资源能源保障能力，统筹社会事业发展，扩大对内对外开放。要加快破除体制机制障碍，推动要素市场一体化，构建京津冀协同发展的体制机制，加快公共服务一体化改革。要抓紧开展试点示范，打造若干先行先试平台。

2014 年 5 月，在京津冀及周边地区大气污染防治协作小组会议上，中共中央政治局常委、国务院副总理张高丽指出，要把治理大气污染和改善生态环境作为京津冀协同发展的重要突破口。作为我国北方重要的经济中心，京津冀在快速发展的同时，一些长期积累的矛盾也集中暴露出来，[①] 该地区是我国大气污染最严重的地区，资源环境与发展矛盾尖锐，人民群众对碧水蓝天的期待强烈。在京津冀协同发展已上升到国家战略之

① 《京津冀一体化：环境问题出路在发展转型》，《经济日报》2016 年 1 月 12 日。

前，京津冀三地因生态环境形势逼人，环保领域的三地协同已率先迈出了步伐。[①] 当前，京津冀大气协同治理已经进入全面深化的新阶段，需要三地合力攻坚，共同破解雾霾压城的窘迫局面，进而解决北京"大城市病"、区域环境资源超载、资源配置行政色彩较浓、地区发展差距悬殊等突出问题。

雾霾治理的紧迫性倒逼京津冀地区发展转型，通过区域一体化协同发展，走上绿色发展之路，从而彻底解决生态环境问题。《京津冀协同发展生态环境保护规划》首次规定了京津冀地区生态环保红线、环境质量底线和资源消耗上限，将逐步增加生态空间和改善环境质量作为经济建设和社会发展的刚性约束条件，提出取缔造纸、制革、印染、电镀等不符合国家产业政策的行业。

从前述关于京津冀地区雾霾成因分析可知，除了气候变化的影响，雾霾频繁来袭最根本的原因还是由于发展方式较为粗放落后，过度依赖资源能源消耗，忽视了资源环境容量的限制；同时，产业结构和能源结构不尽合理，很多城市"工业围城""一钢独大""一煤独大"现象较为普遍，导致区域生态环境质量不断恶化。只有加快转方式、调结构，走上绿色、低碳、循环的发展道路，当前的环境恶化趋势才能从根本上得以扭转。

要实现《京津冀协同发展生态环境保护规划》中提出的目标，即到2020年，京津冀地区主要污染物排放总量大幅削减，单位国内生产总值二氧化碳排放大幅减少，区域生态环境质量明显改善，PM2.5浓度比2013年下降40%左右，就必须立即着手实施产业结构优化，才能带动区域经济发展，减少环境污染。

要将京津冀打造成为"全新增长极"，就要在发展中解决环境问题。[②] 目前，京津冀三省市已经在大气污染防治领域启动了一批重大合作项目，实现了良好起步。2014—2015年，京津冀三地在治理机动车污染、煤炭消费总量、秸秆综合利用和禁烧、化解落后产能等多个领域加大联合治理力度，取得了一定的成效。以化解落后产能方面为例，2014—2015年，京津冀三地淘汰落后炼铁产能2107万吨，炼钢产能2130万吨，

---

① 《大气污染倒逼京津冀环保一体化先行》，《第一财经日报》2014年7月16日。

② 《京津冀协同发展冲破雾霾重围》，《中国建设报》2015年6月18日。

水泥产能5073万吨，平板玻璃产能2976万重量箱。2015年，北京加快推进不符合首都功能定位产业的退出，全年关停污染企业326户，拆并疏解商品交易市场57家。天津全年承接非首都功能项目860个，引进京冀投资1739.3亿元，增长16.5%，占全市实际利用内资的43%；河北在2015年1月至10月引进京津项目3621个，资金2748亿元。京津冀三地继续加大对高耗能、高污染企业的治理力度，建立区域大气污染联防联控机制。2015年，三地规模以上工业综合能源消费量、规模以上工业万元增加值能耗均明显下降。同时，全年三地PM2.5平均浓度下降10.4%，地区空气质量有所改善。以上统计数据显示，三地产业协同发展已经取得了实质性的进展。此外，在首都新机场、京津城际延伸线、京沈客专、京昆高速公路、京秦高速公路等一批重点项目建设带动下，2015年京津冀分别完成基础设施投资2174.5亿元、2634.2亿元和5769.8亿元，加上报批中的京津冀城际铁路网规划，京津冀三地交通领域的互联互通格局已经初步形成。

京津冀地区雾霾治理过去的投入模式一直被各界质疑，被指为在北京市有限面积范围内资金技术投入过于集中，而大气污染是不以行政区划为约束的，由于空间溢出性输入性污染物导致北京市的局部空气质量无法保证，证明那种只关注自家"一亩三分地"的治理路线是片面的。京津冀之间的经济发展水平和产业结构层次存在明显的"梯度落差"，落后区域治理大气污染的替代渠道多、政策实施空间大，以治理项目带动的财政金融资源越是投入到落后区域，其环境治理效果越显著。正是由于京津冀在治理大气污染未统筹考虑资源投入上的整体环境效益，而是采取各自把持资源和"各扫门前雪"的做法，这种源于体制障碍、制度缺陷所造成的京津冀治理大气污染缺乏长效保障机制，缺乏财政金融政策相互配合与区域配合现象，导致了京津冀治理大气污染的财政金融资源的区域错配，降低了京津冀治理大气污染的环境效益。因此，原有的配置资源方式难以实现区域环境效益最大化的目标，雾霾治理的一体化也是财政、市场等方面进行一体化改革的抓手。

雾霾协同治理也是京津冀地区推行一体化"多规合一"的重要抓手。推进京津冀协同发展，生态环境是基础，绿色发展是方向。必须始终守住生态底线，推动经济向绿色转型，使绿色成为京津冀协同发展的底色，使京津冀成为人工修复生态的标杆。[①] 京津冀地区雾霾治理的实践证明，那种仅限于大气污染协商、通报、预警、联动和常规的末端治理的防控机制无法胜任，必须建立更具实质性的深层次协作机制，加强京津冀协同发展顶层设计，推进规划编制和区域协调。《京津冀协同发展规划纲要》出台后，一些产业，如交通、环保，要优化京津冀及周边地区城际综合交通体系，推进区域性公路网、铁路网建设。这些规划的落实中因为方法、时间和尺度上的不统一会造成新的矛盾，以雾霾协同治理为突破口，建立起跨部门、跨地区的工作机制，可以为“多规合一”创造良好的前提条件。

① 赵克志：《抢抓战略机遇　勇担历史责任——深入学习贯彻习近平同志关于京津冀协同发展的重大战略思想》，《人民日报》2016 年 7 月 18 日。

第二章

京津冀雾霾协同治理的利益诉求

一　北京市雾霾治理的成效与挑战

（一）雾霾成因分析

1. 北京市大气污染现状

我国的大规模城市化进程比西方国家相对滞后，空气污染的出现以及研究也相对较晚，对雾霾的专项研究也从20世纪最后十年才逐步开始。对于北京而言，自20世纪80年代改革开放以来，北京市各级政府就认识到了大气污染问题，并相继开始了整治工作。北京雾霾的频繁发生，引起了多方关注。2012年，国家环境保护部正式在《环境空气质量标准》中增设了颗粒物（粒径≤2.5微米）的监测指标，并开始在天气预报和政府公告中提及雾霾事件。在政府和社会各界的关注下，在艰难的治霾道路上，北京市雾霾治理虽然还处在初级阶段，取得了一定的成绩，也存在着很大的不足。

根据《2015年北京市环境保护公报》，北京市污染物浓度年际变化总体呈下降趋势（见图2－1）。2015年，全市空气中细颗粒物（PM2.5）年平均浓度值为80.6微克/立方米，超过国家标准1.30倍；二氧化硫（SO_2）年平均浓度值为13.5微克/立方米，达到国家标准；二氧化氮（NO_2）年平均浓度值为50.0微克/立方米，超过国家标准0.25倍；可吸入颗粒物（PM10）年平均浓度值为101.5微克/立方米，超过国家标准0.45倍。PM2.5年平均浓度值比上年下降6.2%。PM2.5达到一级优的天数为105天，比上年增加12天；达到五级及以上重污染的天数为42天，比上年减少3天。

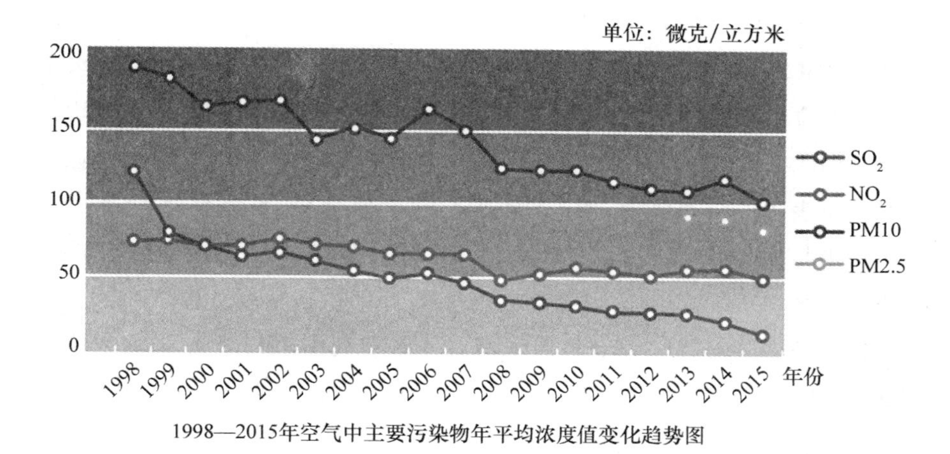

图 2－1　北京市空气中主要污染物浓度变化趋势图

资料来源：北京市环境保护局：《2015 年北京市环境状况公报》，2016 年。

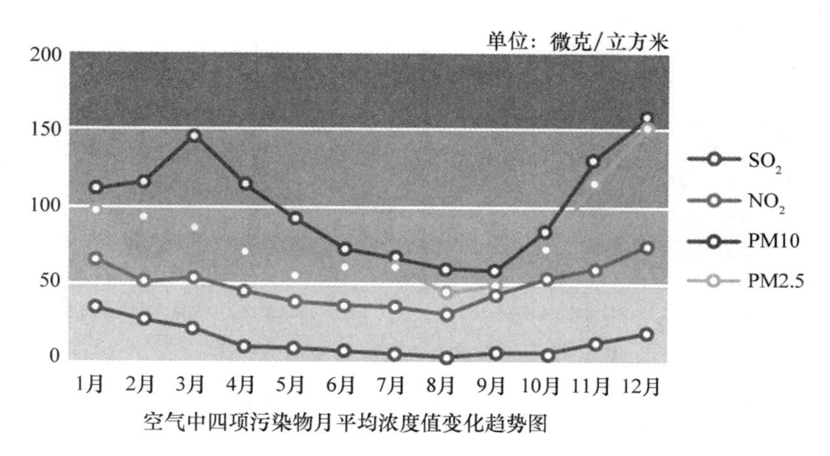

图 2－2　北京市空气中四项污染物月平均浓度变化趋势图

资料来源：北京市环境保护局：《2015 年北京市环境状况公报》，2016 年。

从月际变化看（见图 2－2），污染物浓度总体呈现夏季低、秋冬季高的态势。2015 年前 10 个月，PM2.5 平均浓度值为 69.7 微克/立方米。受极端不利气象条件影响，11 月至 12 月京津冀及周边地区空气重污染频发全市累计出现 8 次共 22 天重污染占两个月总天数的 36%，导致 PM2.5 浓度水平骤增。受春季风沙影响，3 月份可吸入颗粒物浓度水平较高。

从区域空间分布来看（见图2-3），位于北部边界的京东北和京西北区域点PM2.5年平均浓度值为54.5微克/立方米，低于全市平均水平32.4%；位于南部边界的京西南、京东南和京南区域点PM2.5年平均浓度值为104.7微克/立方米，高于全市平均水平29.9%。交通污染监控点监测结果表明，交通环境PM2.5年平均浓度值为90.5微克/立方米，高于全市平均水平12.3%；二氧化氮年平均浓度值为75.3微克/立方米，高于全市平均水平50.6%。全市空气质量南北差异显著。位于北部、西北部的生态涵养发展区好于其他区域。各区空气中PM2.5年平均浓度范围在61.0—96.4微克/立方米，均未达到国家标准。

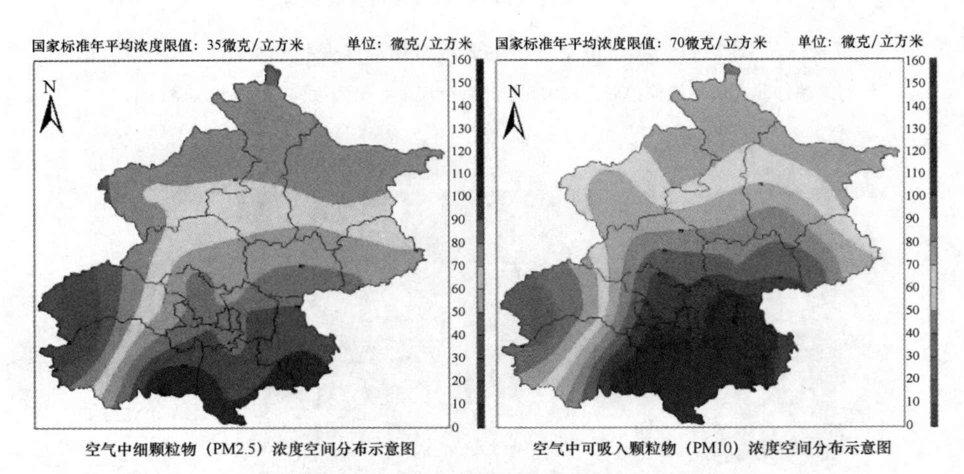

图2-3 北京市空气污染物空间分布图

资料来源：北京市环境保护局：《2015年北京市环境状况公报》，2016年。

2. 北京市主要污染物来源情况

根据北京市环保局对2012年6月至2013年12月的数据监测结果，北京市全年PM2.5的来源中，外来污染的贡献占28%—36%，本地污染排放贡献占64%—72%，在本地污染贡献中，机动车排放比例最高，达31.1%。在一些特定的空气重污染过程中，通过区域传输进京的PM2.5会占到总量的50%以上。北京地区的大气污染总体呈北优南劣分布，大体与背景地区的污染物排放特征相吻合，并且越靠近河北重工业集聚区，空气质量越差。

3. 北京市能源生产和消费情况

根据前面对京津冀地区大气污染状况的分析，北京的 PM2.5 来源主要是交通运输过程中汽车尾气以及区域传输，进一步深究其原因，乃是由于京津冀地区不同的能源结构和产业结构，以及地理环境相依决定的区域传输导致的。

从能源生产总量来看（见表 2-1），2005—2014 年，北京的能源生产总量增长了 9.56%，在京津冀地区所占比重下降了 1.45 个百分点。

表 2-1　2005—2014 年北京能源生产总量比较（单位：万吨标准煤）

年份 项目	2005	2006	2007	2008	2009	2010	2011	2012	2013	2014
总量	3511.6	3175	3361.3	3627.5	3822.4	3938.4	3691.1	3769	3560.7	3847.2
比重	26.47	24.33	24.84	27.03	26.97	22.79	21.55	20.89	23.50	25.02

资料来源：北京市统计局：《北京统计年鉴 2015》，中国统计出版社 2015 年版。

从能源生产结构来看（见图 2-4），北京市能源生产以二次能源生产为主，且在二次能源生产中以热力为主。

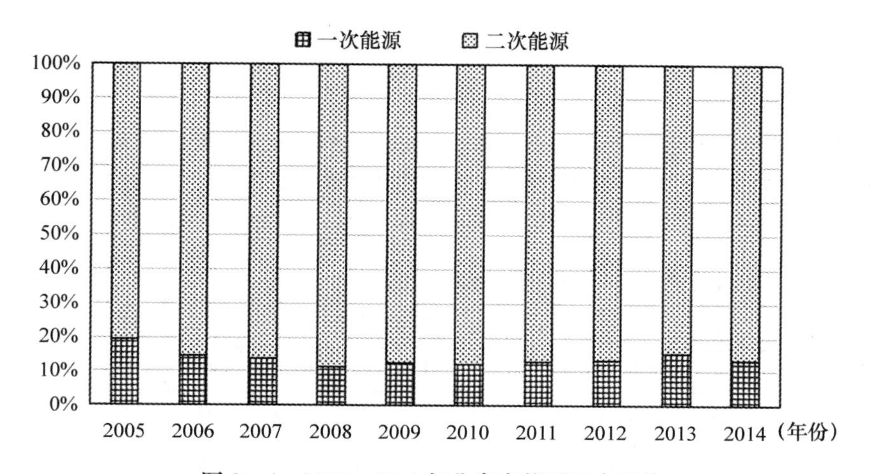

图 2-4　2005—2014 年北京市能源生产结构

资料来源：北京市统计局：《北京统计年鉴 2015》，中国统计出版社 2015 年版。

从能源消费总量来看（见表2－2），2005—2014年，北京市的能源消费总量增长了23.71%，在京津冀地区所占比重下降了3.33个百分点。

表2－2　　2005—2014年京津冀能源消费总量比较

（单位：万吨标准煤）

项目＼年份	2005	2006	2007	2008	2009	2010	2011	2012	2013	2014
总量	5521.9	5904.1	6285.0	6327.1	6570.3	6954.1	6995.4	7177.7	6723.9	6831.2
比重	18.75	18.34	18.05	17.57	17.35	17.72	16.71	16.59	15.19	15.42

资料来源：北京市统计局：《北京统计年鉴2015》，中国统计出版社2015年版。

从能源消费结构来看（见表2－3），北京市煤炭消费逐年降低，在北京市能源消费中的比重从2005年的39.7%下降到2013年的21.5%；石油和天然气消费所占比重不断提高，从2005年的18.2%和7.7%上升到2013年的25.2%和19.5%。另外，从能源消费终端来看（见图2－5），北京市以2008年为转折点，从这一年开始第二产业能源消费首次出现下降，之后除2010年有所回升（并未到达2008年之前的水平）外逐年走低；也是从这一年开始北京市第三产业能源消费开始超过第二产业能源消费。

表2－3　　2005—2013年京津冀能源消费结构　　（单位：%）

项目＼年份	2005	2006	2007	2008	2009	2010	2011	2012	2013
煤炭	39.7	37.0	34.0	31.0	29.0	27.1	24.2	22.6	21.5
石油	18.2	19.6	21.4	22.9	23.3	23.7	24.8	24.6	25.2
天然气	7.7	9.2	9.9	12.8	14.0	14.3	14.0	17.1	19.5
其他	34.4	34.2	34.7	33.3	33.7	34.9	37	35.7	33.8

注：各种能源单位根据折标准煤参考系数统一折算成万吨标准煤，其中石油包括汽油、煤油、柴油、燃料油和液化石油气。

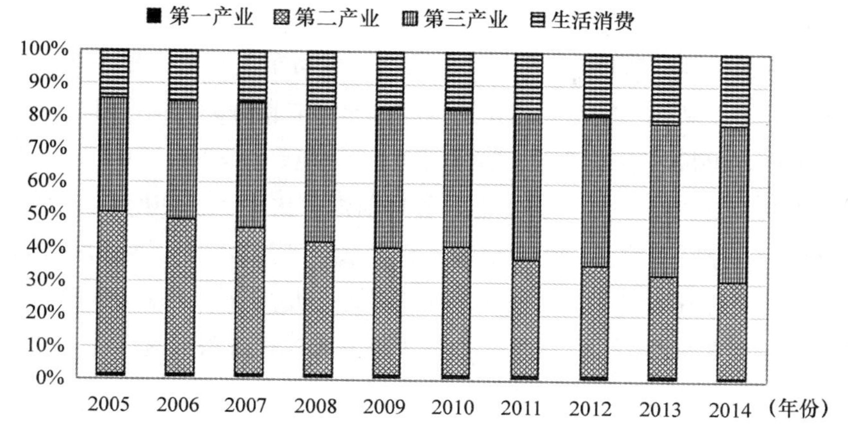

图 2－5　2005—2014 年北京市能源终端消费产业结构

资料来源：北京市统计局：《北京统计年鉴 2015》，中国统计出版社 2015 年版。

4. 北京市雾霾成因分析

根据前面的分析结果，可以从三个方面分析北京市雾霾成因。

第一，不利的地理气象条件是北京市雾霾形成的直接因素。从地形地貌来看，北京市位于华北大平原西北端，纵观北京地形，依山临海，三面环山。这一地理形势，极像一个半封闭的海湾，所以历来被称作“北京湾”。按地理位置来说，南接大平原，西临黄土高原，北接内蒙古高原，正处于三级地势阶梯交接处。北京湾内地形西北高东南低，湾内平原占三分之一，山地占三分之二。这一独特地形，不适合大气对流和互换，也不利于大气的自我净化。北京西北部、东北部都被重工业发达城市所环绕，随着气温下降，周边城市空气中的粉尘等污染颗粒极易随着冷热气流的对流而进入北京的区域，而受到海湾地貌的局限，又很难扩散出去，因而空气污染到大气层，在大气层之间产生化学反应，从而形成雾霾。

第二，本地污染物排放是主要因素。北京作为世界著名的超特大城市，其本身污染物的排放量和大气层自我净化能力的落差也是北京极易形成雾霾的重要原因。北京市的人口增长速度和增长量十分惊人，截至 2015 年末，北京常住人口已突破 2170 万人，北京也从人口排名世界第十的城市一跃进入第七。人口的巨大增长，人类活动所带来的巨大污染本身就对这座处在海湾地貌之内的城市空气自我净化、自我消化的能力形成了不能承载的挑战。2015 年 12 月底，北京的机动车保有量突破了 561 万辆大关。其中，私人机动车所占比重也越来越高。据有关部门统计，北京雾霾的形成，由机动车带来的路面扬尘、尾气排放占 20%—30%，工业的燃煤排放等占 30%—40%，干洗、餐饮油烟等占 30%—40%。而有关人士分析，北京冬季供暖锅炉脱硫设施带出水蒸气与烟气的混合物排放量也大，是冬季雾霾天气的主要推手之一。另外，北京市大力推动煤改气，但是在郊区和农村地区，以散煤为主的采暖方式这种现象大量存在，这也是当前大力治霾的一个重点和难点。

第三，区域污染物排放是间接因素。根据上面的分析，北京市空气质量呈现北低南高的特征。这与南部毗邻河北天津内的重工业城市有关系，区域外源性污染物输入性污染也是北京污染的一个重要源头。

（二）雾霾治理政策手段

空气污染问题及其造成的巨大公众健康损失，引起了社会的广泛关注，对以京津冀等地区为代表的大气污染治理，也已经成为各级政府主体主要的工作议程。公共治理理论提出政府公共主体行使公共权力主要是为了实现公共利益，有效提供公共服务和主动为公众谋福利。举例而言，为了治理大气污染，北京市政府除了将雾霾治理作为政府绩效考核指标之外，还以积极的行政手段，治理雾霾污染。近年来，相继出台了《北京市 2012—2020 年大气污染治理措施》《北京市空气重污染应急预案（试行）》《北京市 2013—2017 年清洁空气行动计划》等方案。首都雾霾发展也引起了中央的高度关注，2013 年 9 月，国务院出台《大气污染防治行动计划》提出综合措施减轻京津冀、长三角、珠三角重点区域大气污染状况，环保部随后也发布了《京津冀及周边地区落实大气污染防治行动计划实施细则》。为了实现这些计划所提出的目标，对政府在空气污染，特别是雾霾治理方面提出了严峻的现实要求。

北京市委市政府从 2013 年开始，执行《北京市 2013—2017 清洁空气行动计划》，其中一个主要目标就是使 PM2. 5 浓度 5 年要同比下降 25% 左右，在这个过程中，采取措施主要有以下几个层面。

1. 压减燃煤（减少1300万吨）

通过污染减排工程，把污染物的排放量给降下来。以2012年作为基数，北京市一年的燃煤总量是2300万吨，量非常大。燃煤性污染要根治，就是不烧煤而改用清洁能源，所以5年内要把2300万吨燃煤减到1000万吨以内，这是一个非常大的工程。

2. 控车减油（淘汰100万辆）

机动车的污染对于特大城市是普遍存在的，对北京来说，拥堵和污染也是相生相伴。因此要实行以下几个措施：第一，大力发展公共交通，包括地铁、地面交通。第二，不断完善新的机动车标准，使新增加的机动车更加清洁化。然而即使新机动车排放相对清洁，但是从数量上来说，它是增加的，所以必须有一些老旧车淘汰，北京市提出5年淘汰老旧车一百万辆的任务。

3. 工业企业治理（法规市场双管齐下）

第一，按照北京的功能定位，对于污染的、不符合首都功能定位的企业，在源头上不让它进入。第二，对于高污染企业有限期退出的目标，5年要淘汰1200家高污染企业。还有很多留在北京的企业，通过不断加大治理，使它达到更加清洁的水平。第三，法律层面，北京市制定了自己的地方法规《北京市大气污染防治条例》，现在北京市仅大气地方标准就已经达到38项，在全国各个省区市数量最多、标准最严、层次最高，同时我们不断加大执法力度。与此同时，运用经济政策，以市场来调节企业的环保行为。比如北京市在全国率先把排污费提高15倍左右，通过成本核算，企业会主动增强排放治理。

总而言之，通过综合运用经济、行政、法律、科技手段，不断地推进清洁工业行动计划的实施，使大气污染防治不断地得到深入。

（三）雾霾治理成效与挑战

北京市高度重视大气污染治理工作，连续实施了多个阶段强有力的大气污染治理措施。联合国环境规划署选取燃煤和机动车污染控制为主要领域对这些控制措施进行了评估，评估结果表明，燃煤和机动车污染治理措施对北京市空气质量改善发挥了积极的作用。北京市CO和SO_2的年均浓度已经能够稳定达到现行中国国家标准（NAAQS）规定的浓度限值4毫克/立方米和60微克/立方米，NO_2和PM10的年均浓度也已接近中国国家标准（NAAQS）规定的浓度限值40微克/立方米和70微克/立方米。然而，PM10和PM2.5要达到中国国家标准限值和世界卫生组织的指导值、获得更大的健康效益，还需付出更多的努力。

提高燃煤电厂减排效益（见图2-6）。北京电力部门年煤炭消费总量从2005年高峰时期的900万吨削减到2013年的644万吨；用于发电的天然气消费量则由2004年起步攀升至2013年的18.5亿立方米。2013年，天然气消费已占电力部门一次化石能源消费总量的35%。除了能源结构调整，北京还对燃煤电厂同步采取了严格的末端治理措施，这些措施使2013年北京电厂PM2.5、PM10、SO_2和NO_X排放量与1998年相比分别下降了1.45万吨、2.37万吨、4.50万吨和3.09万吨，削减比例分别为86%、87%、85%和64%。

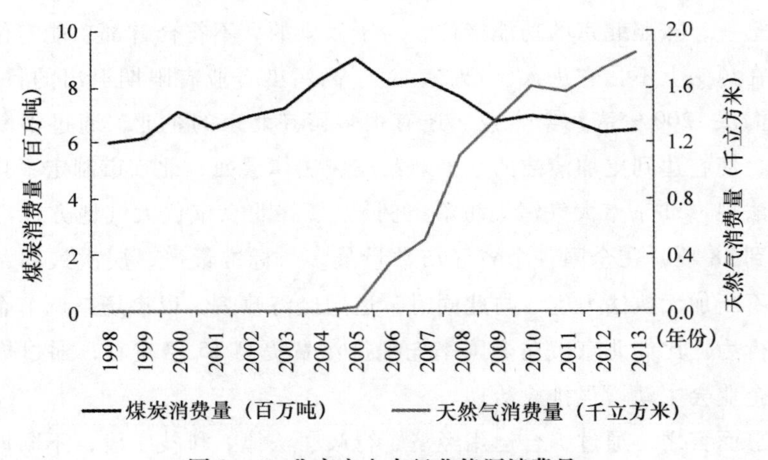

图2-6 北京市电力行业能源消费量

提高锅炉能源效率（见图2-7），1998—2013年间，北京市燃煤锅炉三个阶段的改造共减少PM2.5、PM10、SO_2、NO_X排放量1.43万吨、2.4万吨、13.6万吨和4.87万吨。

积极改造平房区居民采暖效率（见图2-8）。1998年至2013年间，北京老旧平房区集中进行了两个阶段的“煤改电”居民采暖改造工作，共减少PM2.5、PM10、SO_2和NO_X排放量630吨、870吨、2070吨和

790 吨。

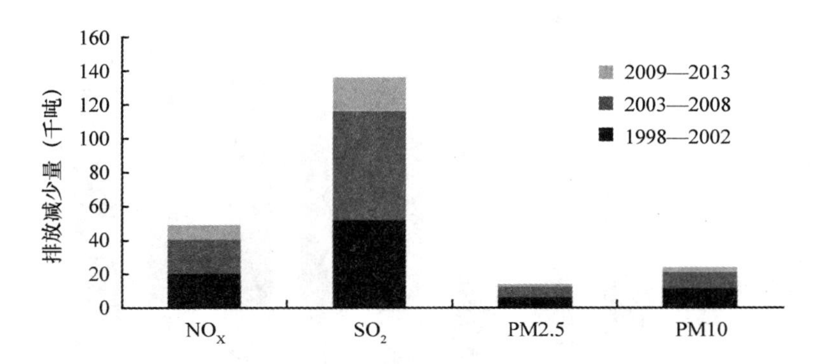

图 2－7　北京市燃煤锅炉改造的污染物减排量

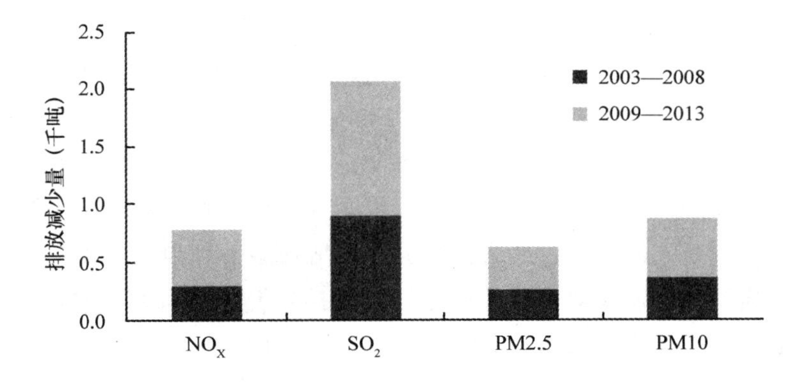

图 2－8　平房区居民改造减排效率（1998—2013）

积极改善公共交通，正大力发展以轨道交通为骨干的城市公共交通网络（见图 2－9）。城市地铁由 2000 年前仅有的 2 条地铁线路发展到 2014 年底的 18 条线路和 527 公里轨道交通里程。北京公共交通出行（包括轨道交通和地面交通）比例已经由 2000 年的 26% 增加到 2014 年底的 48%。

为了应对交通污染，积极控制机动车排放。在实施了一系列机动车排放控制措施后，北京机动车排放总量开始显著下降。与 1998 年相比，2013 年机动车排放的一氧化碳（CO）、总烃（THC）、氮氧化物（NO_X）和 PM2.5 削减了 95.0 万吨、10.3 万吨、4.31 万吨和 0.49 万吨，减排率

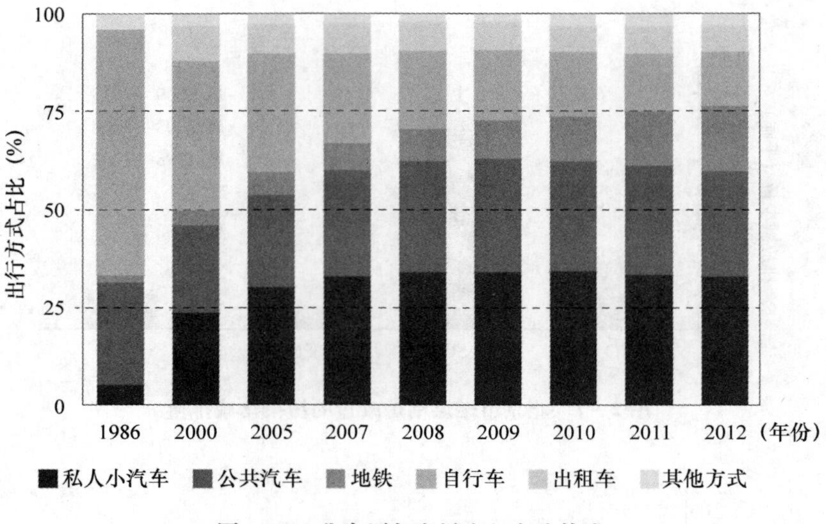

图 2－9 北京历年交通出行方式构成

分别为 76%、72%、40% 和 70%。鉴于重型柴油车实际道路行驶 NO_X 排放因子改善相对困难，NO_X 排放削减幅度略低于其他污染物。以 2012 年为例，有研究分析了改善油品质量、推广增强型 I/M 制度、推广新能源车和交通管控措施（即“尾号限行”和“摇号上牌”）的分项减排效果，结果表明，上述措施共削减 CO、THC、NO_X 和 PM2.5 排放达到 29.2 万吨、3.2 万吨、1.4 万吨和 670 吨。[①]

通过一系列的政策手段，北京市雾霾突发情况在近年来有所好转，但是与国内平均水平还是有一定差距（见图 2－10）。以 2013 年为例，北京 PM2.5 年均浓度为 89.5 微克/立方米，超出国家标准 156%。NO_2 和 PM10 则分别超标 40% 和 54%。在北京 PM2.5 来源中，区域传输贡献约占三分之一，其余来自本地排放污染源。受季节影响，区域传输的贡献可达 PM2.5 来源一半以上。本地污染源包括机动车、燃煤、工业生产和施工扬尘以及其他排放。

① 张少君：《中国典型城市机动车排放特征与控制策略研究》，博士学位论文，清华大学，2014 年。

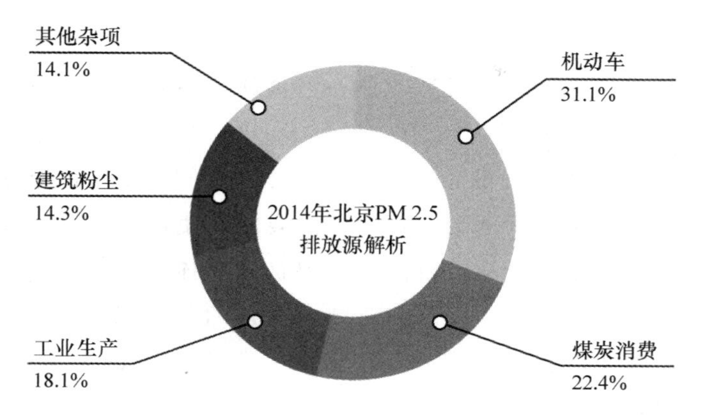

图 2－10　北京 PM2.5 源解析结果

（四）协同治理的利益诉求

虽然北京与其他地区的环保合作协同发展体系日渐完善，污染防治工作取得了一定成效，但与公众期望还有差距。由于容易操作、见效快的措施已经用过，进一步改善环境的难度越来越大，再加上外部气象环境条件的不稳定、缺乏治理经验等因素，使得目标实现很难控制。所以要关注解决重点和难点问题，尽量避免“眉毛胡子一把抓”，通过科学规划和有序推进来提高环境治理效率，尤其要积极解决区域差距大、产业协调难、市场措施少、协同创新慢等问题。

北京与其他区域的经济社会发展差距大。区域环保联防联控要与地区发展相适应，各地的环境条件、环保目标、环境治理所调动的资源和能力应该相互匹配。相比之下，河北财政实力较弱、环境管理和公共服务水平较低，公共资源配置的不均衡极大阻碍着京津冀的协同发展，这些外部条件影响着产业的合理布局，反过来又影响着经济发展和环保治理水平。如在实施环境质量目标方面，河北现有燃煤锅炉氮氧化物排放浓度限值是北京市的近 4 倍。

北京与其他省市的产业协调难。区域环保联防联控要与经济社会发展相协调，与产业协调是其中的重要一环，产业转移也是《京津冀协同发展规划纲要》提出的要率先取得突破领域，而产业结构调整影响着经济、环境、就业等诸多因素从而更具有复杂性。三地已经在有序疏解北京非首都功能这个核心和首要任务方面取得一定进展，而且河北省2015年钢铁、水泥等六大高耗能行业增加值占规模以上工业比重较2010年下降10个百分点。淘汰之后如何发展新型产业、培育新的增长点是河北省面临的问题。

大气污染联合治理的市场措施少。区域环保联防联控涉及多地区、多机构、多企业，基于国家治理框架的环境区域治理方式应该是政府、市场与社会的互动。目前，治理状态总体上是政府主导，也更偏重行政力量，对市场的调节和对社会大众的引导略显不足。污染来自日常生产和生活，能否有效建立利益相关者之间的利益协调机制，决定着长期环境治理的成败。《规划》提出建立排污权交易市场、深化资源型产品价格和税费改革是很好的探索，需要在实施过程中重点关注和不断完善。

协同创新慢。区域环保联防联控不仅要看眼前，要想从长远改善环境则需要清洁生产和洁净能源技术的进步和广泛应用。京津冀要实现协同发展，出路就是通过协同创新来开辟发展新道路，开创发展新局面。区域协同创新是一种跨地区、跨组织、跨文化的复杂的合作创新活动，是涉及产品创新、技术创新、管理创新、制度创新等多方面、多层次相互支持、联动创新的有机整体。目前，三省市区域科技创新分工尚未形成，科技资源共享不足，创新链与产业链对接融合不充分，环保技术应用的鼓励政策不到位，区域科技合作机制尚未建立。

二 天津市雾霾治理的成效与挑战

（一）雾霾成因分析

1. 天津市大气污染现状

2015年天津市环境质量进一步改善（见图2-11）。环境空气质量达标天数为220天，同比增加45天，全年PM2.5、PM10平均浓度分别同比下降15.7%和12.8%。SO_2年均浓度29微克/立方米，低于国家年平均浓度标准（60微克/立方米）；NO_2年均浓度42微克/立方米，超过国家年平均浓度标准（40微克/立方米）0.05倍；PM10年均浓度116微克/立方米，超过国家年平均浓度标准（70微克/立方米）0.66倍；PM2.5年均浓度 70 微克/立方米，超过国家年平均浓度标准（35 微克/立方米）1.00 倍；CO 24 小时平均浓度第 95 百分位数 3.1 毫克/立方米，低于 24 小时平均浓度标准（4 毫克/立方米）。自 2013 年国家实行《环境空气质量标准》（GB3095－2012）以来，主要污染物浓度均呈现下降趋势。与 2013 年相比，2015 年 SO_2、NO_2、PM10、PM2.5、CO、O_3 分别下降 50.8%、22.2%、22.7%、27.1%、16.2%、6.0%。全市大气降水 pH 值范围为 5.30—8.68，酸雨频率为 0.34%。

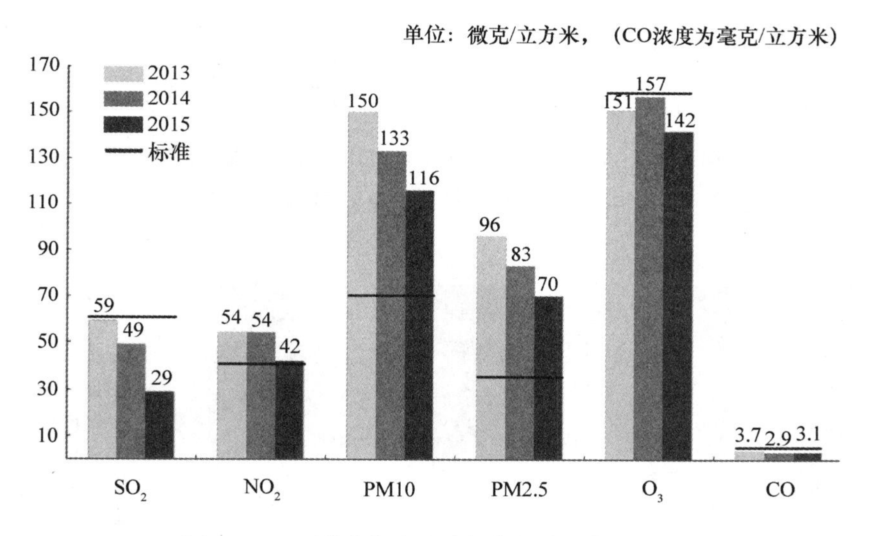

图 2－11　环境空气中六项污染物浓度变化趋势

资料来源：天津市环境保护局：《2015 天津市环境状况公报》，2016 年。

从月季变化看，各项污染物浓度随季节的不同呈现波动变化（见图 2－12）。污染物浓度均呈现冬季高，夏秋季节低的特点。受极端不利气象条件影响，冬季京津冀及周边地区重污染天气频发，PM2.5 浓度骤升。受春季风沙影响，PM10 浓度较高。

2015 年空气质量达标天数 220 天，占全年天数的 60.3%，较 2014 年增加 45 天，其中一级优的天数增加 36 天；2015 年重度以上污染共 26 天，较 2014 年减少 8 天（见图 2－13）。

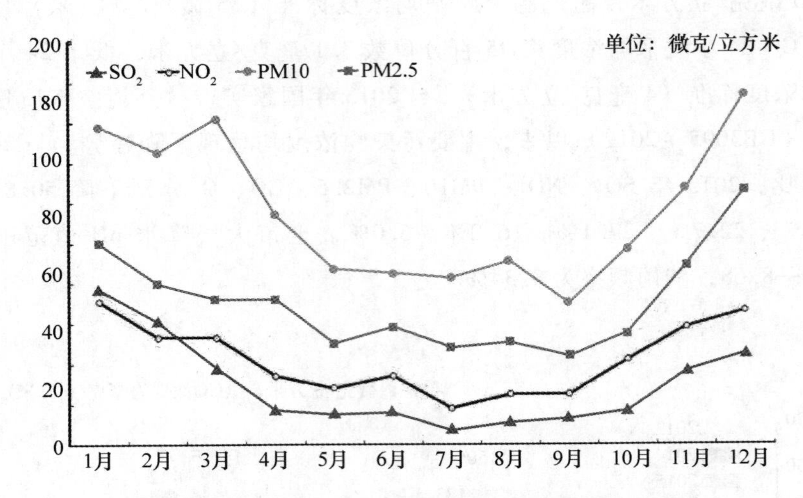

图 2 - 12　环境空气中四项污染物月平均浓度变化趋势

资料来源：天津市环境保护局：《2015 天津市环境状况公报》，2016 年。

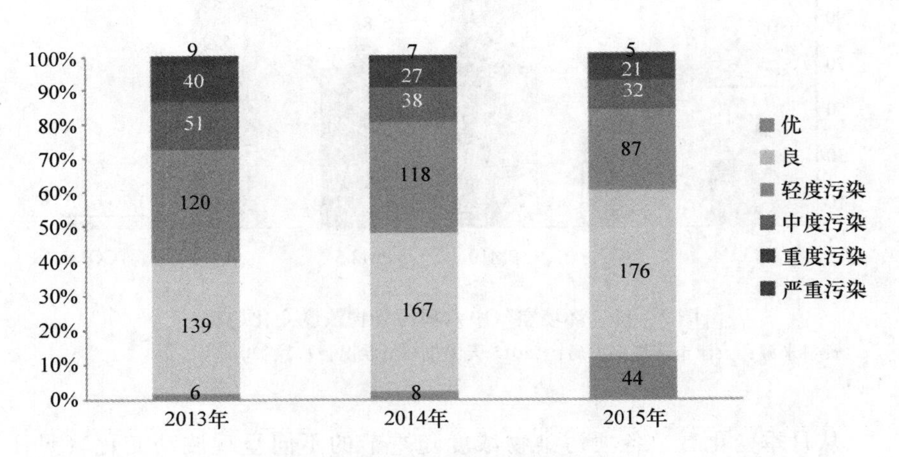

图 2 - 13　环境空气质量级别天数

资料来源：天津市环境保护局：《2015 天津市环境状况公报》，2016 年。

全市空气质量空间差异较小（见图 2 - 14）。SO_2中心城区和西南区域略重于其他区域，NO_2东南部区域略重于其他区域，PM10 两翼浓度较低，PM2.5 南部区域略重于其他区域，CO 西北区域略重于其他区域，O_3西部和中南区域略重于其他区域。

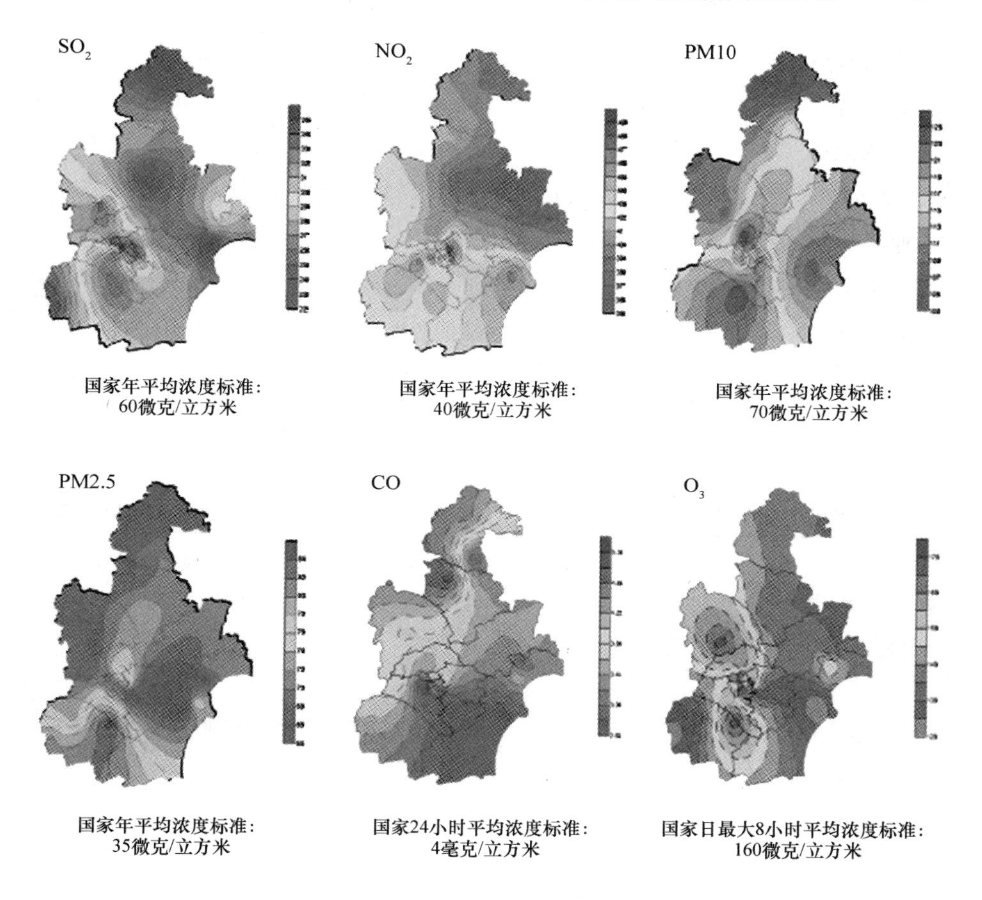

图 2－14 天津市环境空气质量区域图

资料来源：天津市环境保护局：《2015 天津市环境状况公报》，2016 年。

2. 天津市主要污染物来源情况

根据《2015 天津市环境状况公报》，天津市的 PM2.5 来源中本地排放占 66%—78%，区域传输占 22%—34%。在本地污染贡献中，扬尘、燃煤、机动车、工业生产为主要来源，分别占 30%、27%、20%、17%，餐饮、汽车修理、畜禽养殖、建筑涂装及海盐粒子等其他排放对 PM2.5 的贡献约为 6%。

3. 天津市能源生产和消费情况

根据前面对京津冀地区大气污染状况的分析，天津的PM2.5主要来源为扬尘、燃煤、机动车、工业生产，河北的PM2.5来源主要是燃煤污染、工业排放以及扬尘污染。进一步深究其原因，乃是由于京津冀地区不同的能源结构和产业结构，以及地理环境相依决定的区域传输导致的。

从能源生产总量上来看（见表 2 - 4），天津市的能源生产总量增长了 77.44%，在京津冀地区所占比重提高了 10.66 个百分点，增长非常迅速。

表 2 - 4　　　2005—2014 年京津冀能源生产总量（单位：万吨标准煤）

地区	2005	2006	2007	2008	2009	2010	2011	2012	2013	2014
总量	2663.9	2915.6	2926.5	3034.8	3471.6	5236.1	4833.4	4708.8	4634.4	4726.7
比重	20.08	22.35	21.62	22.62	24.49	30.29	28.22	26.10	30.59	30.74
合计	13265.4	13047.3	13534.3	13418	14173.9	17284.2	17126.1	18038.3	15151.5	15374.9

资料来源：北京市统计局：《北京统计年鉴 2015》，中国统计出版社 2015 年版；天津市统计局：《天津统计年鉴 2015》，中国统计出版社 2015 年版；河北省人民政府：《河北经济年鉴 2015》，中国统计出版社 2015 年版。

从能源生产结构来看（见图 2 - 15），天津市能源生产以一次能源为主，其中主要是原油。

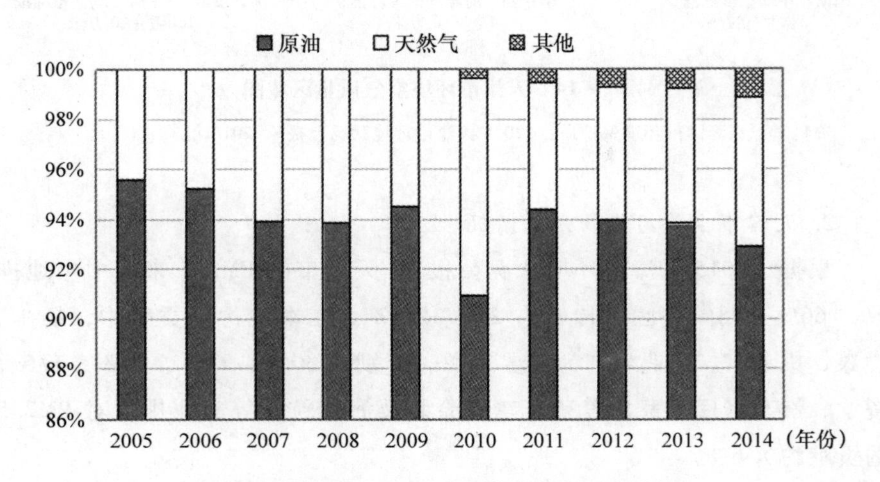

图 2 - 15　2005—2014 年天津市能源生产结构

资料来源：天津市统计局：《天津统计年鉴 2015》，中国统计出版社 2015 年版。

从能源消费总量上来看（见表2－5），2005—2014年，天津市的能源消费总量增长了99.41%，在京津冀地区所占比重提高了4.52个百分点。

表2－5　　2005—2014年京津冀能源消费总量（单位：万吨标准煤）

地区	2005	2006	2007	2008	2009	2010	2011	2012	2013	2014
总量	4084.6	4500.2	4942.8	5363.6	5874.1	6084.9	6781.4	7325.6	7881.8	8145.1
比重	13.87	13.98	14.20	14.89	15.51	15.51	16.20	16.93	17.80	18.39
合计	29442.5	32198.4	34812.9	36012.6	37863.2	39240.4	41851.8	43265.8	44270.1	44296.5

从能源消费结构来看（见表2－6），天津市煤炭和石油消费所占比重不断下降；天然气所占比重不断上升。与北京市相比，天津市的能源消费中第二产业所占比重较高，多数年份都超过70%。

表2－6　　2005—2013年京津冀能源消费结构（单位：%）

项目＼年份	2005	2006	2007	2008	2009	2010	2011	2012	2013
煤炭	66.5	60.5	56.7	52.9	50.1	55.8	54.8	51.0	47.8
石油	17.5	16.3	15.5	16.3	16.0	13.9	13.0	12.5	12.8
天然气	2.9	3.3	3.8	4.2	4.1	5.0	5.0	5.8	6.3
其他	13.1	19.9	24.0	26.6	29.8	25.3	27.2	30.7	33.1

注：各种能源单位根据折标准煤参考系数统一折算成万吨标准煤，其中石油包括汽油、煤油、柴油、燃料油和液化石油气。

4. 天津市雾霾成因分析

从月度变化来看，2014年天津市PM2.5年均浓度为103.4微克/立方米，约为二级标准的3倍。1—12月PM2.5变化趋势为下降、上升又下降，峰值出现在1月111.8微克/立方米和12月103.4微克/立方米，最低浓度为6月57.3微克/立方米，且在7月有一个微小的上升。

从季节变化来看，夏季PM2.5浓度较低，空气质量较高，PM2.5浓度降序排列为冬季 > 秋季 > 春季 > 夏季，且冬季PM2.5浓度远高于其他三个季节。PM2.5浓度随季节的变化幅度较大，这主要是由于冬季进入采暖期，天津市仍以燃煤供暖为主，这是PM2.5浓度跃升的主要原因。另外，由于冬季多逆温天气，不利于大气污染物的湍流和扩散，这在一定程度上加剧了天津地区冬季的雾霾污染程度。而夏季由于降水较多，利用雨水对于颗粒物的清除作用，能够大大降低大气中的颗粒物浓度，明显改善天津地区大气质量。

从空间格局来看，天津有16个行政区划单位，天津市各区县的PM2.5浓度变化范围较小，为79—93微克/立方米。PM2.5浓度较小的区县为滨海新区、津南区、蓟县，浓度较大的区县为静海县、北辰区。通过对比各区县的地理位置及其对应的PM2.5浓度可知，天津市的PM2.5浓度空间分布差异不明显，基本呈现均匀分布。

天津市的源解析结果显示，PM2.5来源中区域传输22%—34%，其余66%—78%来自于本地排放，其中扬尘30%，燃煤27%，机动车20%，工业生产17%，其他6%。由此可见，天津受周边污染源影响也较大，本地排放中，扬尘为首要污染源，其次为燃煤及机动车。天津市内道路、堆场、工地等是扬尘的主要源头，另外铁路、化工、电力等行业建设项目也会产生扬尘。2014年天津在控尘方面，完成423个工业企业堆场扬尘整治和1592家餐饮服务场所油烟治理。另外，为减少燃煤对雾霾的贡献，2014年天津市开展了90座供热燃煤锅炉和90座工业燃煤设施改燃或并网工作。为降低机动车尾气排放对大气的污染，天津市正着力淘汰黄标车和老旧机动车14.3万辆，并积极投运新能源汽车。

（二）雾霾治理政策手段

天津开始采取了“五、四、三、一”的措施治理大气污染，五控包括：控车、控尘、控煤、控工业污染、控新上项目污染；四种手段：法律手段、行政手段、经济手段、科技手段；三无管理：管理无死角，监测无盲区，检测无空白。

天津2015年在“五控”方面共安排548项工程任务，目前已经实际完成了566项。其中在控煤方面，已经完成147座供热和工业燃烧设施的改燃工作，2015年一年淘汰了燃煤锅炉1387台。

控车方面，采取限行限购措施，加快黄标车淘汰，目前全市已经累计淘汰黄标车20万辆。在控制工业污染方面，全市钢铁烧结企业、20万千瓦以上火电机组等已经全部完成治理，在全国领先发布实施工业企业挥发性有机物排放控制地方标准。

"四种"手段中，在采取的法律手段方面，天津在全国首次以法律形式划定生态保护红线，将全市四分之一国土面积纳入永久性保护范围。《天津市大气污染防治条例》已自2016年3月1日起实施。天津的环保、公安已经建立了联动机制，一年多来，全市共处罚企业743家，关闭企业663家。经济方面，提高排污费征收标准，2015年7月起将二氧化硫等4种污染物平均收费提高9倍。行政方面，对区县政府、市级责任部门和市国有重点排污企业治污工作进行督查和责任追究，对各区县大气环境质量连续三个月排名倒数三位的约谈区县党政主要负责人，在区县每3—5个乡、镇、街道建立一个环保基层执法机构，将两级执法体系延伸到三级。

"三无"目标方面，全市设立第四级网络5700个，共24000多人协力推动清新空气行动。2014年，天津市仅基层共发现大气污染防治问题16万多件，处置完成率96.7%。

最终，天津形成了"一套"体系，建成了美丽天津一号工程领导小组，设立了工程指挥部，下设清新空气、清水河道、清洁村庄、清洁社区、绿化美化五个分指挥部和监督考核、环保案件侦查小组。

（三）雾霾治理成效与挑战

2015年，天津市委、市政府将大气污染防治作为"美丽天津·一号工程"的首要任务和京津冀协同发展国家重大战略的重要内容，紧密围绕环境空气质量改善目标，创新治污机制、提速治理进度、分解落实责任、严格执法执纪，大气污染治理力度空前，全市环境空气质量持续改善。

2015年，天津市在大气污染防治方面重点开展了六项工作：

1. 依靠结构调整控制污染增量

针对现阶段产业结构和能源结构问题仍然是造成区域污染物排放量大的主因，进一步加快产业结构和能源结构调整步伐。2015年，关停淘汰落后污染企业222家，二产比重由2014年的49.4%进一步下降至47.1%，三产比重由2014年的49.3%上升至51.8%；在全市划定高污染燃料禁燃区，关停中心城区最后3套煤电机组、改燃关停燃煤锅炉338座634台，全年削减燃煤500万吨，全市能源结构不断优化。

2. 依靠工程措施削减污染存量

突出重点，扎实推进“五控”工程治理，一批重点工程提前完成。控煤方面，全年更换先进灶具86万套，全市116万吨散煤全部实现清洁化替代；全市22套30万千瓦及以上煤电机组中，21套达到“超净排放”标准。控尘方面，严格落实施工工地围挡、苫盖、车辆冲洗、地面硬化和土方湿法作业“五个百分之百”扬尘控制标准，中心城区和滨海新区实现道路每日机扫水洗1次以上；对全市1.8万块、131平方公里裸露地面采取绿化、硬化、苫盖等措施逐一治理；利用卫星遥感和无人机等手段强化秸秆禁烧，秸秆综合利用率提高至95%以上。控车方面，6月底提前半年全部淘汰全市29万辆黄标车，全面实施国Ⅴ机动车汽柴油和国Ⅴ机动车排放标准；建成港口岸电箱42座，天津港132台大型集装箱场桥全部完成“油改电”。控工业污染方面，全市60套石化生产装置全面完成了挥发性有机物在线检测和修复，实施重点工业企业脱硫、脱硝和挥发性有机物治理22项、钢铁联合企业烟粉尘无组织排放深度治理15项。控新建项目方面，对新、改、扩建项目所需的二氧化硫、氮氧化物、烟粉尘和挥发性有机物等污染物排放总量严格落实倍量替代。

3. 依靠区域联动防控污染传输

天津市紧密围绕区域联防联控，强化区域协同治理，削减区域间污染传输。全力做好区域空气质量保障，“9·3大阅兵”期间将保障措施启动时间提前至8月23日，并同步提高减排措施级别，圆满完成了“9·3大阅兵”空气质量保障任务，期间全市PM2.5浓度下降48.1%。深化区域空气质量联合会商，我市与京津冀及周边七省区市建立了重污染预警会商平台，开展空气质量实时联合视频会商，同步采取应急减排措施，减缓区域空气污染积累程度。强化区域协同治理，与沧州市和唐山市分别签订联防联控合作协议，支持资金4亿元，实现区域空气质量共同改善。

4. 依靠应急响应降低污染峰值

天津市将污染天气预警应急作为加快改善空气质量的重要抓手，最大程度削减不利气象条件下污染浓度峰值。在重污染天气应急方面，修订《天津市重污染天气应急预案》，降低启动门槛，加严响应措施；强化预警预报，果断启动应急措施。全年累计启动应急响应19次、共51天。在不利气象条件应对方面，逐日、逐周、逐月对全市环境空气质量分析研判，遇AQI大于150时，在重点区域、重点企业、重点工地启动“五个一”保障方案，实施限排、停工等临时应急减排措施。在针对性减排措施方面，结合不同时期污染物变化趋势特征，分析成因，采取针对性应对措施。5月份，根据夏季臭氧浓度偏高的特点，印发实施《关于加强夏季臭氧污染防治工作的紧急通知》，采取10项针对性措施，实现O_3年均浓度同比下降9.6%；9月份，针对冬季大气防治工作的严峻形势，印发实施《关于加强今冬明春大气污染防治工作的紧急通知》，明确了8个方面21条具体措施。

5. 依靠制度创新实现标本兼治

天津市不断创新体制机制，相继出台新法规、新政策、新标准、新方法，综合运用“四种”治污手段，“倒逼”治污减排。强化法规政策引领，修订实施《天津市大气污染防治条例》，并印发相关配套制度，制定发布《工业炉窑大气污染物排放标准》等4项地方标准和建筑工地、拆迁工地、堆场等6项扬尘防治技术规范。加强经济政策调节，从2015年5月起，实施扬尘排污收费制度，提高烟粉尘排污收费标准，近期还将开征挥发性有机物排污费，差别化收费，奖优罚劣；通过“以奖代补”“以奖促治”，强化大气污染防治资金支持力度。提高科技监管水平，2015年对占全市燃煤量95%以上的147家废气排放企业全部实现在线监测，对超标排放企业从严处罚；对全市建筑工地、拆迁工地和各类堆场扬尘实施视频监控全天候全覆盖，并配备监测设施实行24小时动态监测。加大行政管理力度，市委、市政府组织三个轮次的全市污染防治大检查活动；市环保局由局处级干部带队组成20个区县工作组，采取驻点的方式，确保治污措施落实到位。

6. 依靠执法执纪落实治污责任

牢牢压实治污的政府属地责任、部门监管责任和企业主体责任，铁心保护、铁面问责、铁腕治污。突出考核问责实效，市委、市政府印发实施《天津市清新空气行动考核和责任追究办法》，严格落实党政同责。强化铁腕治污震慑，分部门印发实施自由裁量权、按日计罚等20个《天津市大气污染防治条例》执法配套文件，各相关部门联合执法、密切配合，与公检法无缝衔接，持续形成严厉打击环境违法行为的高压态势。深化网格精细管理，在全市291个街镇配备873名专职网格监督员，在全市各乡镇街、工业园区和重点区域设置271个空气质量自动监测站，通过市区两级大气数据采集、传输和监控平台，建立乡镇街大气污染防治排名、考核和问责机制，将大气污染治理属地责任落实到街镇。

（四）协同治理的利益诉求

天津市长期位于全国雾霾城市排名前十。通过对天津市的大气源解析分析，结果显示：PM2.5来源中区域传输占22%—34%，其余66%—78%来自于本地排放，其中扬尘30%，燃煤27%，机动车20%，工业生产17%，其他6%。由此可见，天津受周边污染源影响也较大，本地排放中，工业和扬尘为首要污染源，其次为燃煤及机动车。

考虑到经济活动的外部性和大气污染的整体性，需要实施京津冀大气污染联防联治。通过源解析结果，天津市自区外输入的大气污染物约占整体排放的三分之一强。而且，空间技术分析结果显示，越靠近河北的区县污染越强。因此，在大气污染协同治理的框架下，为了促进天津市雾霾治理，天津市需要重点协同河北地区加强重污染天气条件下共同预警防治。

天津市大气污染排放大部分来自于区内，这与天津市定位为北方经济中心，区内产业重化倾向有关。因此，在协同治理框架下，应加强与天津、河北地区的产业协同规划，在《京津冀协同发展规划》框架下，合理调整产业结构和优化产业布局。通过明细产业进入目录，设定共同的环境标准等手段，将重污染行业逐步淘汰和关停。

为了促进大气污染治理，财税手段和技术手段是关键。天津市工业发展较快，为了促进工业清洁生产和低碳发展转型，需要投入更多的资金。可以建议京津冀共同设立清洁生产基金，推动区内的产业发展清洁生产和循环化改造。同时，需要建立技术交流机制，推动环保绿色技术的扩散。

三　河北省雾霾治理的成效与挑战

（一）雾霾成因分析

河北省地处环渤海经济带，是全国最大的城市聚集区和工业聚集地之一，人口密集、经济活动频繁。从人口方面来看，河北省人口增长速度较快，2015 年人口已达 7384 万人，比 2000 年增长近 11%，机动车保有量于 2015 年第二季度达 14315754 辆，GDP 达 29421 亿元，相比 2000 年增长 394%。经济的快速发展以及人类经济活动向城区集中，产生了大量废气，造成了当地大气环境质量的恶化，雾霾天气频发。

环境空气污染物主要包括二氧化硫、氮氧化物和可吸入颗粒物或总悬浮颗粒物，雾霾也属于空气污染现象，但是造成雾霾的主要成分是 PM2. 5，即细颗粒物。而可产生细颗粒物的途径很多，包括能源燃烧、工业生产、交通、农业生产、餐饮等。河北省雾霾现象极其严重，成因也具备自身的特殊性，其中燃煤、工业生产和扬尘是造成雾霾的主要源头。通过河北省雾霾发生的状况以及分布，我们可以客观认识河北省雾霾发生的主要成因。

通过 2014 年和 2015 年河北省 PM2. 5 浓度空间分布我们可以看出，河北省整个南部地区，包括保定、石家庄、衡水、邢台和邯郸，是 PM2. 5 浓度最高的地区，其次是中东部的廊坊、沧州和唐山，最后是北部三市张家口、承德和秦皇岛（见图 2 - 16、图 2 - 17）。这种“南高北低”的态势，恰好与河北省的重工业分布相符（见图 2 - 17）。已有的研究已经证实了这种猜测。绿色和平与联合国政府间气候变化委员会（2013）的研究指出煤炭燃烧排放是京津冀地区雾霾的最大根源，其中煤电、钢铁和水泥生产是京津冀主要的“污染”行业。

河北省的重工业主要分布在南部，而在整个河北省的产业结构中，长期存在“二、三、一”的产业机构，在第二产业中，高能耗、高污染又是河北省工业的积弊。河北省第二产业自 1978 年起就呈现起伏缓慢增长态势，从 1978 年占 GDP 的 50. 46%，2013 年的 52. 1% 到 2014 年的 51. 0%，2015 年跌破 50% 大关，为 48. 3%。其中，2014 年在工业生产中，电力、热力生产和供应业、黑色金属矿采选业、化学原料和化学制品制造业、金属制品业的产值占全省工业总产值 22. 46%，均属于细颗粒物生产大户。而河北的钢产量自 2003 年起，一直占据全国总产量的 20% 以上，2012 年更是达到 25%。

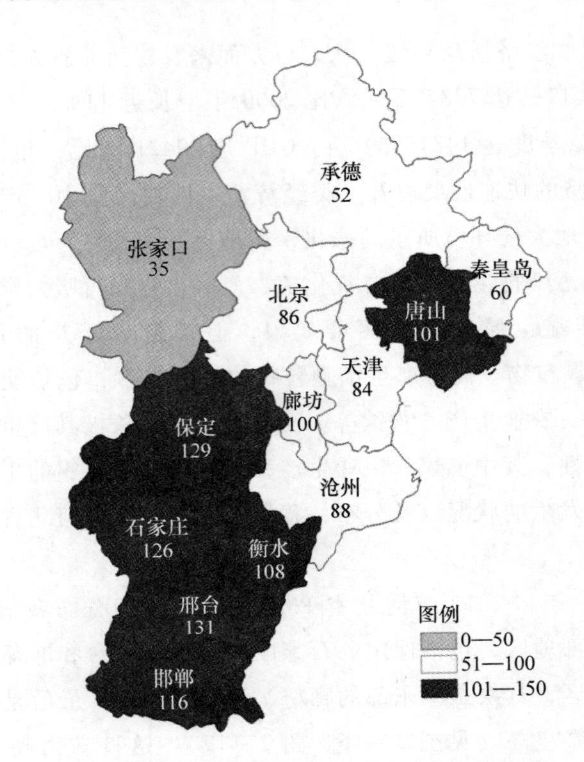

图 2-16 2014 年河北省 PM2.5 浓度空间分布

资料来源：河北省环境保护厅：《2014 河北省环境状况公报》，2015 年。

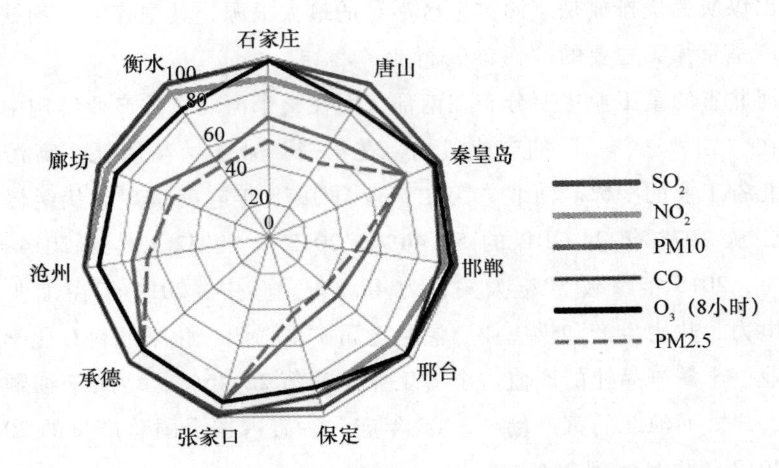

图 2-17 2015 年河北省各设区市各项污染物达标率

资料来源：河北省环境保护厅：《2015 年河北省环境状况公报》，2016 年。

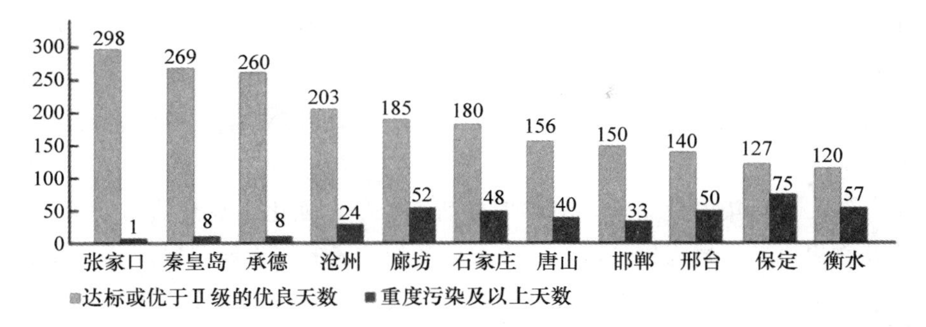

图2-18　河北省达到或优于Ⅱ级的优良天数及重度污染及以上天数

资料来源：河北省环境保护厅：《2015年河北省环境状况公报》，2016年。

河北地处温带季风气候区，依次受到夏冬季风的影响；从中国地形图上来看，河北西临太行山脉，北临阴山山脉，东临渤海，恰似一个两面靠山的盆地，这种地势使得冬季时西北方向的冬季风受阻，并且空气因冷极易下沉，得不到很好的对冲与气体交换，因而容易造成污染物积聚。但是，地形和气候因素并非可以人力轻易解决的问题，所以我们认识河北地区的雾霾成因，基于解决问题的务实思路，也是要着重从其主要成因，即工业污染中寻找突破点。

（二）治理政策和手段

河北省治理雾霾工作的主要原则和思路来自国务院的《大气污染防治行动计划》、环境保护部等六部委的《京津冀及周边地区落实大气污染防治行动计划实施细则》和河北省委、河北省人民政府《河北省大气污染防治行动计划实施方案》等。在具体工作中，坚持与顶层设计与行政手段和产业政策相结合，在领导层面，河北省进行了污染治理的责任分工，比如由环保厅负责治霾工作研判预调，由省工信厅负责推动工业聚焦区及城市集中供热区锅炉低排放治理等。而在行政政策和产业政策方面，则主要在控制颗粒物出产源头所设计的燃煤消耗、能源利用率、污染物排放等，京津冀协同治理，以及更深层次的产业结构调整上做了相当规模的工作。

第一，政策制定和责任落实以及行业监督上，完善治理雾霾的政策机制，严格落实治理责任考核监督，加快修订地方标准，严格执法，打击环境违法。根据最新的治理需要和污染水平修订标准；为治理雾霾寻求中央政策支持，比如争取超低排放标准的燃煤机组电价补贴；落实国家有关绿色信贷政策要求，引导银行业等金融机构对行业实行差别化信贷等。

第二，污染源控制上，削减煤炭消费总量，强化煤炭清洁高效利用，加快燃煤电厂、燃煤锅炉改造，发展清洁煤技术和开发替代能源等。特别是在削减煤炭消费上，京津冀及周边地区大气污染防治协作小组第六次会议审议通过的《京津冀大气污染防治强化措施（2016—2017 年）》，将河北省保定、廊坊市京昆高速以东、荣乌高速以北与京津接壤区域以及三河市、大厂回族自治县、香河县全部行政区域划定为禁煤区，要求到 2017 年 10 月底前完成除电煤、集中供热和原料用煤外燃煤“清零”。而河北省政府也相应出台了《关于加快实施保定廊坊禁煤区电代煤和气代煤的指导意见》等其他配套文件。

第三，在产业结构调整上，重点推进钢铁产业，水泥、平板玻璃等行业产能压减任务，相继制定了《河北省钢铁产业结构调整方案》《河北省水泥产业结构调整方案》和《河北省平板玻璃产业结构调整方案》；建立落后产能淘汰和过剩产能转移机制；发展节能环保产业，包括培育 50 个循环经济示范园区和 50 个示范企业等。

第四，在京津冀协同治理上，实行空气质量和重点污染源数据等信息共享和生态过渡带共建，开展廊坊、保定市与北京市，唐山、沧州市与天津市对口联动相关工作；深化京津冀技术合作，包括关键技术联合研发、区域联防联控、适用技术推广等方面，组织实施“京津冀区域大气污染联防联控技术集成与示范”国家科技支撑计划项目等。

（三）成效和挑战

经过河北省近年来的专项治理与京津冀区域协同治理，河北省总体的雾霾治理得到一定程度的改善，但也面临不少挑战，并且与北京和天津具备极强的联系，值得我们深入探讨。

由上文所知，二氧化硫、氮氧化物和可吸入颗粒物或总悬浮颗粒物是雾霾的主要成分，而河北省雾霾的成因里，核心是河北省偏重第二产业的生产结构以及高能耗高污染企业集中的工业布局，造成河北省的雾霾状况呈现“北轻南重”的态势。因此，我们主要从河北省近年来污染源头——产业结构和能耗模式的变化，空气污染物指标——空气中的二氧化硫含量、PM2.5值以及属于综合表现形态的雾霾发生情况来认识治理雾霾的成效。

从污染的源头来看河北省长期以来“第二产业—第三产业—第一产业”的产业结构一直未发生根本改变，第三产业比重上升，第二产业比重有所下降，但是仍旧很高（2015 年第二产业增加值占全年增加值比重 48.3%）。

从河北省主要的能耗企业的能源使用效率来看（见表 2－7），河北省近年来能耗效率有所提升，但是幅度不大。

表 2－7　　　河北省主要耗能工业企业单位产品能源消耗情况

指标	2010	2011	2012	2013	2014
吨原煤综合耗能（千克标准煤/吨）	7.83	7	6.82	6.99	6.92
吨水泥标准煤耗（千克/吨）	79.53	76.84	74.58	77.25	77.59
每重量箱平板玻璃综合能耗（千克标准煤/重量箱）	14.79	14.27	13.75	13.72	13.6
吨钢综合能耗（千克标准煤/吨）	562.49	571.81	571.55	558.39	549.64
火力发电标准煤耗（克标准煤/千瓦时）	314.48	310.89	308.97	306.85	300.29

资料来源：《2015 年河北经济年鉴》。

从空气污染物 SO_2 和 PM2.5 的日均值达标率来看（见图 2－19、图 2－20），根据河北省官方公布的、自 2013 年开始正式纳入环境状况公报的 PM2.5 指数来看，2013 年、2014 年、2015 年河北全省日均值达标率从 44.3% 升至 60.4%，而南部五个区市日均值达标率平均水平由 2013 年的不到 26.7% 升至约 46.7%，仍旧低于 50%，但是进步明显。可见，河北省三年来的雾霾治理取得了一定成效，PM2.5 的平均含量也大幅度降低，但是实际 PM2.5 不达标的天数仍旧很高。SO_2 的状况相对 PM2.5 表现要好，河北全省日均值达标率均在 90% 以上。

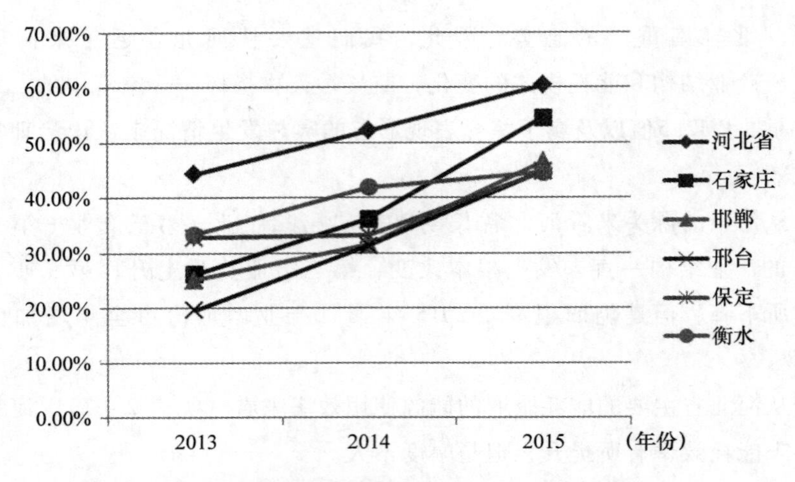

图 2-19　河北省及南部区市 PM2.5 日均值达标率

资料来源：《2013 年河北省环境状况公报》《2014 年河北省环境状况公报》《2015 年河北省环境状况公报》。

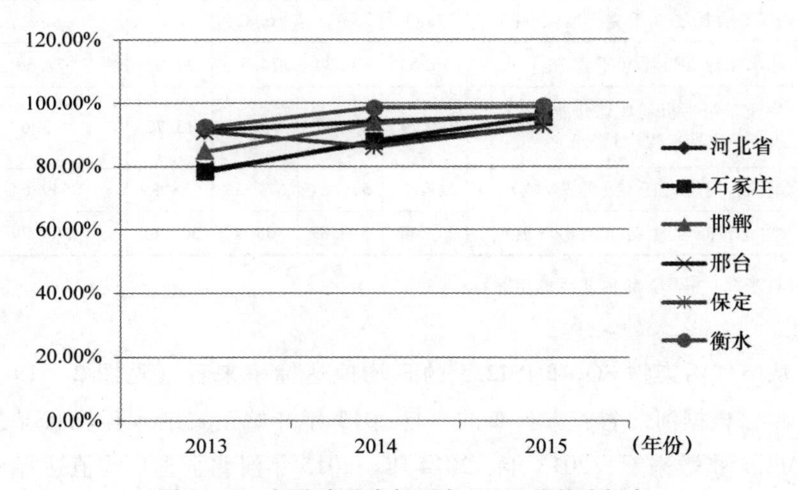

图 2-20　河北省及南部区市 SO_2 日均值达标率

资料来源：《2013 年河北省环境状况公报》《2014 年河北省环境状况公报》《2015 年河北省环境状况公报》。

雾霾治理的挑战与成效是紧密联系的，河北省的雾霾成因复杂、区域广大、产业发展历史积弊深厚、技术落后等消极因素，既是河北省在治理雾霾攻坚战中的主要敌人，也是自始至终尚未解决并将长期面临的挑战。

首先，河北省地理位置呈现西北高，东南低，三面环山的格局，不利于空气的对流和交换；同时河北省以能源矿产为主的资源禀赋支撑了长期的重工业发展历史，高能耗高污染企业长期占据大头，结构改变难；再加上河北省环抱北京和天津两大工业、人口集中地，也承接了大量的污染物转移，其雾霾治理的成效直接关乎河北省的总体治理质量。因此，河北省的雾霾分布广、程度深，因而治理任务重、难度大。

其次，河北省的经济发展在人均国内生产总值上低于全国平均水平，同时相对于其雾霾的严重程度和大范围爆发的态势，河北省的经济实力更显弱势。具体表现为河北省能够调动的财政资源少，技术升级和能耗水平降低的更新和研发投入少。

最后，河北省作为京津冀一体化中的重要一环，自20世纪90年代开始就已经逐步接受来自北京和天津的产业转移，客观上拉动了河北省的产业结构转型和工业发展，但是这种资本逐利的转移过程，重工业是主力军，转移的过程中忽视了技术升级和更新，因而也是污染的转移，此种情况下河北省的经济发展与为北京和天津提供大量的、源源不断的能源资源支持相对接，但也与环境保护形成一定的张力，此问题一直持续至今。

（四）协同治理的利益诉求

如前文所述，河北省深受雾霾之苦，并且在治理雾霾方面面临一系列的历史积弊、现实困境与能力欠缺等难题。其中，河北省与北京和天津的关系成为雾霾协同治理中的重要一环，因为京津冀的空气污染具有连带性，不受行政区划限制，同时北京和天津也与河北省重工业为主产业结构联系密切，因此从逻辑上看，河北省具备追求京津冀协同治理的利益诉求。协同治理绝不仅仅是三地共同开展雾霾治理的专项行动那么简单，涉及三方共同研究彼此的污染物来源差异、污染物共享、产业转移与升级、治理成本分担等诸多棘手的问题。因而，在三地中，经济发展稍差、财政投入相对不足、产业基础相对薄弱、技术实力积累少和污染区域广大、空间上“囊括”京津污染区域的河北省，在协同治理中，也有其特殊的利益关切点。

首先，就其污染范围和程度来说，河北省的任务更为艰巨，因而客观上治理雾霾也应该更为急切。

其次，由于河北省长期以来在产业结构上具备“服务”北京的特点，近年来也在继续疏解北京的“非首都”功能，高能耗高污染的重工业为主的模式积重难返，因而进行的结构调整就必须与京津冀框架内的功能区重新定位和统一规划相联系。

再者，河北省自身实力有限，特别是在提高能源使用效率、推动科技创新改造生产模式、发展高新技术产业、第三产业上缺乏必要的资金积累和人才、管理经验支持，而北京和天津就正好充当了外援的角色，成为河北省致力于雾霾协同治理的不二选择。

最后，在区域协同治理上，由于京津冀地区的污染具有强烈的共享和溢出特征，因此在区分污染责任、任务分担以及相应的财政支出上，河北省与北京市和天津市实际上存在一定的分歧，以往河北省承接了京津地区大量的产业转移，加重了京津冀地区的污染，而河北省也面临着如何在发展经济与环境保护上保持平衡的考验。

四 京津冀雾霾协同治理利益协调的重点

（一）北京市雾霾协同治理利益协调的重点

分析北京市雾霾成因，北京市全年PM2.5的来源中，外来污染的贡献约占三分之一，本地污染排放贡献占三分之二。在本地污染贡献中，机动车排放比例最高，约占三分之一。同时，北京市存在一定的城乡差距，在郊区仍然存在取暖方式以散煤燃烧为主，这也是治理雾霾的难点和盲点。另外，在一些特定的空气重污染过程中，通过区域传输进京的PM2.5可能会占到总量的50%以上。而且，北京地区的大气污染总体呈北优南劣分布，大体与北京地区的污染物排放特征相吻合，并且越靠近河北重工业集聚区，空气质量越差。

从北京市雾霾成因分析结果来看，在京津冀雾霾协同治理框架下，北京市作为区域输入性排放的受害者，在控制市内雾霾排放的同时，需要通过区域联防联控控制区域输入性排放。协同治理的前提就是协同各方差距不能太大，而且协同各方需要充分发挥各自的比较优势，这样才会有较好的协同结果。而北京与其他区域的经济社会发展差距大。区域环保联防联控要与地区发展相适应，各地的环境条件、环保目标、环境治理所调动的资源和能力应该相互匹配。相比之下，河北财政实力较弱、环境管理和公共服务水平较低，公共资源配置的不均衡极大阻碍着京津冀的协同发展，这些外部条件影响着产业的合理布局，反过来又影响着经济发展和环境治理水平。天津市与北京市的产业结构存在着部分重叠情况，这无疑加大了这两个地方的协同。

在京津冀雾霾协同治理过程中，北京市希望天津市和河北省能够尽快提高环境标准，减少三地之间的环境标准的差距，这样才有利于协同治理工业污染，减少雾霾的跨区域传输。同时，北京市还希望天津市和河北省能够完善京津冀产业协同治理机制，帮助其疏解部分非首都功能，降低自身工业排放，提高环境质量。此外，北京市还面临着如何提高机动车减排潜力和城郊散煤治理效果的难题。因此，北京市雾霾协同治理利益协调的重点包括三个方面：第一，尽快协调天津和河北省提高其环境标准，尽快实现环境标准的统一。第二，尽快完善京津冀地区产业协同发展的体制机制，实现北京市非首都功能的疏解。第三，尽快控制机动车的数量，同时提高新能源汽车的比重。

（二）天津市雾霾协同治理利益协调的重点

天津市的源解析结果显示，PM2.5 来源中区域传输占 22%—34%，其余 66%—78% 来自于本地排放，其中扬尘 30%，燃煤 27%，机动车 20%，工业生产 17%，其他 6%。由此可见，天津受周边污染源影响也较大，本地排放中，扬尘为首要污染源，其次为燃煤及机动车。天津市内道路、堆场、工地等是扬尘的主要源头，另外铁路、化工、电力等行业建设项目也会产生扬尘。天津市目前仍处于工业化进程的中后期，第二产业在经济增长中仍发挥着举足轻重的作用。

在京津冀雾霾协同治理过程中，天津市希望三地的协同治理行动尽可能减少对工业产业的冲击，同时天津市还希望河北省能够加大环境治理力度，降低河北省的污染物跨境传输。此外，天津市还希望能够在北京市疏解非首都功能的过程中，比河北省获得更多的优质项目和资源。最后，天津市还面临着如何降低扬尘、燃煤、机动车、工业生产等部门的污染排放的问题。因此，天津市雾霾协同治理利益协调的重点包括三个方面：第一，如何协同区外周边城市的行动，共同治理雾霾，特别是如何加强与河北省内城市的协同。第二，如何将雾霾治理的成本在北京和河北之间进行分担。第三，如何加强控制市内城市建设的扬尘排放、工业生产的污染物排放以及机动车排放。

（三）河北省雾霾协同治理利益协调的重点

在京津冀三地，河北省面临着经济发展相对落后、财政实力相对薄弱、产业结构相对单一、技术实力积累少的现实困境。此外，河北省的空气污染存在着区域分布不均衡的特征。张家口和承德市作为京津两市的生态屏障，能够为京津两市提供新鲜的空气，空气的传输具有较强的正外部性；而唐山、保定、廊坊、石家庄、邯郸、衡水、邢台等地，空气质量总体较差，空气的跨区域传输具有较强的负外部性。

在京津冀雾霾协同治理过程中，河北省希望京、津两市能够对河北省在产业结构转型升级中产生的成本进行分担，同时还希望能够补偿张家口和承德两市对京津两地的清洁空气做出的贡献。此外，河北省还希望尽快破除阻碍京津冀三地的要素自由流动的行政壁垒，使京津两地的资金、技术、人才等要素能够尽可能多地融入河北省，助推河北省产业转型升级。最后，河北省还面临着如何确保经济增长同时又降低工业企业污染物排放的难题，需要通过京津两地的产业转移和技术、资本等要素的跨区域流动来实现。因此，河北省雾霾协同治理利益协调的重点包括三个方面：第一，如何构建合理的成本分担和收益补偿机制，激励三地协同治理雾霾。第二，如何破除京津冀三地阻碍要素自由流动的行政壁垒，实现要素共享。第三，如何提高京津两地产业转移的效果，实现河北省的产业转型升级。

第三章

京津冀雾霾协同治理的工作进展及难点

一　京津冀雾霾协同治理工作进展

2013年1月，中国中东部地区发生了长时间大范围的雾霾天气，对社会造成了严重的影响。2013年9月，环境保护部联合国家发展和改革委员会、工业和信息化部、财政部、住房和城乡建设部、国家能源局等部门，发布了《京津冀及周边地区落实大气污染防治行动计划实施细则》（以下简称《实施细则》），同年，北京市、天津市、河北省及山东省、山西省、陕西省、内蒙古自治区七省市，会同发改委、环保部、财政部、建设部、交通部等八部委成立京津冀大气污染联防联控协作小组。七省市作为一个区域经济共同体，坚持“一盘棋”原则，分别制订当地“清洁空气行动计划”，统一行动，共同推进大气治理。京津冀三地协同治理大气污染机制初步形成。

（一）京津冀协同治霾的顶层规划

1.《京津冀协同发展规划纲要》是协同环保的纲领性文件

推动京津冀协同发展是党中央、国务院在新的历史条件下制定的国家重大发展战略。2015年6月中共中央、国务院印发的《京津冀协同发展规划纲要》（以下简称《规划纲要》）对京津冀的整体定位是“以首都为核心的世界级城市群、区域整体协同发展改革引领区、全国创新驱动经济增长新引擎、生态修复环境改善示范区”。《规划纲要》提出要有序疏解北京非首都功能，调整经济结构和空间结构，走出一条内涵集约发展的新路子，形成新增长极。《规划纲要》之所以把“生态修复环境改善示范区”作为京津冀地区协同发展的重要定位之一，京津冀三地持续频发的雾霾等空气污染是重要因素。这也表明，京津冀地区环境协同治理已经上升到国家战略重要组成部分的空前高度。

《规划纲要》是京津冀协同治理生态环境问题的纲领性文件，对京津冀三地的发展提出了新的定位。《规划纲要》对河北省的定位中，把“京津冀生态环境支撑区”作为与“全国现代商贸物流重要基地、产业转型升级试验区、新型城镇化与城乡统筹示范区”并列的四大定位之一。北京是全国的首都，承担着政治中心、文化中心、高科技中心和国际交往中心等城市核心功能，城市地位具有不可比拟的重要性。天津是直辖市，是重要的港口商业城市，并将承担先进制造研发基地功能。河北省环绕京津两大直辖市，为北京、天津提供水源和农副产品，更是京津冀区域的生态支撑区。

京津冀地区的生态环境遭受严重破坏，不仅表现在大气污染和水资源污染，更为严重的是地区的生态环境体系遭受了严重破坏。《规划纲要》提出了“国家公园”概念，京津冀地区将以三地结合部分的相关国家自然保护区为试点，依托这一周边丰富的自然生态和历史人文资源，整合自然保护区、风景名胜区、森林公园等各类自然保护地，共同构建环首都国家公园，在更大范围内构建科学合理的绿色生态空间结构布局。

2. 《京津冀协同发展生态环境保护规划》为协同治霾提供规划引领

2015 年 12 月，国家发改委、环境保护部联合发布了《京津冀协同发展生态环境保护规划》（以下简称《生态环境规划》），范围涉及北京市、天津市和河北省全部地区的 206 个县、市、区，提出了到 2017 年区域生态环境质量恶化趋势得到遏制，到 2020 年主要污染物排放总量大幅削减，区域生态环境质量明显改善的阶段性目标。《生态环境规划》以生态文明理念为引领，以着力扩大生态空间、改善生态环境为目标，以强化区域生态环境保护协作为保障，划定了区域资源环境生态红线，明确了体制机制改革的重点领域，同时确定了生态环境治理重点任务和重大工程，要求加大力度联防联控，在产业结构布局调整、能源结构清洁化、交通污染治理等领域开展区域协作，在更高层次上实现环境治理，逐步统一治理标准，实现区域环境的质量提升。

按照《生态环境规划》，三地共同开展大气、水、土壤污染治理。由于京津冀地区是我国空气污染最重的区域，PM2.5 污染已成为当地人民群众的“心肺之患”，是京津冀地区首要污染物。《生态环境规划》首次明确提出京津冀地区PM2.5的生态红线：到2017年，京津冀地区PM2.5年均浓度应控制在73微克/立方米左右；到2020年，京津冀地区PM2.5年均浓度比2013年下降40%左右，控制在64微克/立方米左右。大气治理是近期的重点，根据雾霾的源解析，重点推进散煤、机动车、扬尘和重点工业企业治理。建立三地重污染天气的应急工作方案，提高环境污染事件的应急处理能力，统一预警分级标准。

3.《大气污染防治行动计划》及其配套文件是京津冀雾霾协同治理的总指南

自2013年以来，京津冀三地环境协同治理的进程加快，国务院等部门相继出台了《大气污染防治行动计划》（以下简称《大气十条》）、《京津冀及周边地区2017—2018年秋冬季大气污染综合治理》（以下简称《秋冬季攻坚方案》）、《京津冀大气污染防治强化措施（2016—2017）》（以下简称《强化措施》）等文件，为三地开展大气环境治理工作提供政策引导。《大气十条》从全国的视角来分析京津冀地区、长三角地区和珠三角地区的大气污染防治措施，并为京津冀地区明确了大气污染防治的阶段性目标和重点任务；《实施细则》从京津冀及其周边6省市的视角来分析该地区大气污染防治的举措，明确了北京、天津、河北和山东、山西、内蒙古六省市的PM2.5控制指标和重点任务，为京津冀三地制定各自省市的实施方案提供了依据。而《强化措施》则是为保障京津冀三地能够在2017年保质保量地完成《大气十条》中的具体指标，而制定的强化方案，它强化了“党政同责”“一岗双责”的制度安排，并划定了京津冀大气污染防治核心区，明确了北京、天津、河北省及廊坊、保定、沧州、唐山四个核心城市的重点任务。《强化措施》要求京津冀三地提前部署“电代煤”“气代煤”工程，“散、乱、污”企业集聚群排查，禁煤区设定，挥发性有机物（VOCs）治理等工作。对传输通道城市[①]要按照要求，提

① 京津冀大气污染传输通道城市，包括北京市，天津市，河北省石家庄、唐山、廊坊、保定、沧州、衡水、邢台、邯郸市，山西省太原、阳泉、长治、晋城市，山东省济南、淄博、济宁、德州、聊城、滨州、菏泽市，河南省郑州、开封、安阳、鹤壁、新乡、焦作、濮阳市（以下简称“2+26”城市，含河北省雄安新区、辛集市、定州市，河南省巩义市、兰考县、滑县、长垣县、郑州航空港区）。

前对煤电机组进行超低排放改造，钢铁行业提标改造，排污许可证发放，工业企业生产调控措施等工作进行安排。通过制定方案细化措施，提前部署落实责任，加强调度强化考核等措施来确保完成既定空气质量改善目标。《秋冬季攻坚方案》则是针对京津冀及其周边地区秋冬季大气污染治理存在的薄弱环节，为切实做好2017—2018年秋冬大气污染防治工作，坚决打好“蓝天保卫战”而部署的行动方案。《秋冬季攻坚方案》通过强化重污染天气应对措施，确保“2+26”城市PM2.5平均浓度同比下降15%以上，重污染天数同比下降15%以上。《大气十条》及其相关配套文件，为京津冀三地雾霾协同治理的顺利开展提供了总指南，有助于雾霾治理目标如期实现。

4. 三地修订大气污染防治条例，为协同治霾提供法律约束

为增强大气污染防治行动的法律约束力，提高京津冀三地雾霾协同治理的成效，京津冀三地政府相继修订了各市的大气污染防治条例。北京市人大于2014年1月22日通过了新修订的《北京市大气污染防治条例》，于2014年3月1日起施行。天津市人大于2015年1月30日通过了新修订的《天津市大气污染防治条例》，于2015年3月1日起施行。河北省于2016年修订了《河北省大气污染防治条例》，于2016年3月1日起施行。对燃煤污染防治方面煤炭减量、禁燃区划定、煤质管理、锅炉改造、集中供热、农村清洁能源六方面进行了详细规定。

通过新修订的大气污染防治条例，三地政府分别扩大了排污费征收的污染物范围，上调了各市的排污费征收标准，并提高了违法排污的处罚力度，提出了京津冀雾霾联防联控的具体措施。其中北京市在全国首次将PM2.5浓度作为重点目标纳入立法，并赋予了执法部门直接查封排污设施的权力，有利于执法部门快速、高效打击违法行为，从根本上解决违法排污。而天津市则通过将新修订的《天津市大气污染防治条例》与我国最新实施的《环境保护法》对接，制定了《天津市大气污染防治条例行政处罚自由裁量权规范（试行）》《大气环境保护约谈暂行办法》和《大气污染源自动监测有效数据适用环境行政处罚暂行办法》3个配套文件，提高了大气污染防治的行政处罚标准，还提高了环保相关部门执纪问责的力度。《河北省大气污染防治条例》则对大气污染防治工作进行了全面规范。此外，河北省还在条例中明确提出了建立大气污染防治协调机制，定

期协商大气污染防治重大事项，按照统一规划、统一标准、统一监测、统一防治措施的要求，开展大气污染联合防治，落实大气污染防治目标责任。三地通过新修订的地方大气污染防治条例，保障了大气污染防治行动有法可依，有利于三地雾霾的协同治理。

（二）京津冀协同治霾的行动措施

空气质量改善是京津冀环境协同治理的首要内容。根据京津冀三地环保部门发布的信息，2012 年至 2013 年，北京市 PM2.5 的来源中，外来污染的贡献约占 28% 至 36%；在一些特定的空气重污染过程中，通过区域传输进京的 PM2.5 会占到总量的 50% 以上。[①] 天津市 PM10 来源中区域传输占 10% 至 15%；PM2.5 来源中区域传输占 22% 至 34%。[②] 河北省石家庄市 PM2.5 的 23% 至 30% 来自区域污染传输，PM10 的 10% 至 15% 来源于区域外污染传输。[③] 可以看出，尽管京津冀三地大气污染治理的主体责任主要在各地，但区域传输也对三地的空气质量有较大影响，这也是京津冀及其周边地区大气污染联防联控的重要依据。

2013 年以来，京津冀三地政府也在加快完善大气污染防治的制度设计，分别出台了《北京市 2013—2017 年清洁空气行动计划》《天津市清新空气行动方案》[④]《河北省大气污染防治行动计划实施方案》[⑤]《河北省建设京津冀生态环境支撑区规划（2016—2020 年）》《北京市“十三五”时期环境保护和生态环境建设规划》等地方文件，为三地根据自身情况实施大气污染防治行动提供了政策依据。总结三地的大气污染治理，可以概括为“五控”措施。

---

① 《北京市正式发布 PM2.5 来源解析研究成果》，北京市环保局（http：//www.bjepb.gov.cn/bjepb/323265/340674/396253/index.html）。

② 天津市环境保护局（http：//www.tjhb.gov.cn/news/news_headtitle/201410/t20141009_570.html）。

③ 河北省环境保护厅（http：//www.hb12369.net/hjzw/hbhbzxd/dq/201409/t20140901_43629.html）。

④ 天津市人民政府关于印发天津市清新空气行动方案的通知（http：//www.tjzfxxgk.gov.cn/tjep/ConInfoParticular.jsp？id=43059）。

⑤ 河北省大气污染防治行动计划实施方案（http：//www.hebei.gov.cn/eportal/ui？pageId=10751506&articleKey=11284047&columnId=10761139）。

1. 控制工业污染

产业结构和能源结构调整则是有效途径。2015 年 4 月审议通过的《京津冀协同发展规划纲要》规定，在生态环境保护方面，打破三地行政区域限制，推动能源生产和消费革命，促进绿色循环低碳发展，加强生态环境保护和治理，扩大区域生态空间。重点是联防联控环境污染，建立一体化的环境准入和退出机制，加强环境污染治理，实施清洁能源行动，大力发展循环经济，推进生态保护与建设。

北京市 2015 年调整退出本地污染企业 326 家。今后的工作重点在于加大三地协同治理力度。天津市在控工业污染上采取了强有力的措施，全市 60 套石化生产装置全面完成了挥发性有机物在线检测和修复，实施重点工业企业脱硫、脱硝和挥发性有机物治理 22 项，钢铁联合企业烟粉尘无组织排放深度治理 15 项。

京津冀三地协调治理大气污染最大的难点、关键点在河北省。2016 年 1 月初出台的《京津冀协同发展生态环境保护规划》对于造纸、制革、印染、电镀等不符合国家产业政策的行业提出了明确的取缔要求，而淘汰这些落后产能的主要任务集中在河北。河北省的治理难度最大的另一个原因在农村人口比例高，典型地体现在环绕北京 150 公里的河北省张家口、承德、保定三个城市中存在着 25 个国家级和省级贫困县，造成了京津冀地区一面是繁荣的超大城市，一面是连片的欠发达农村地区的失衡局面。[①] 在尚处于贫困状态的农村地区，高耗能、高污染的五小企业难以根治，从而成为生态环境污染的重要因素。

淘汰之后如何发展新型产业、培育新的增长点是河北面临的问题，天津和河北省直接承接北京的非核心功能，要承接的是第三产业，不是有污染、高耗能、低效率的第二产业，目标是要实现河北省的产业升级，促进环境质量的根本改善。

2. 控机动车排放

北京市环保局发布的北京市源解析显示，机动车尾气占比最大，北京市 PM2.5 本地源中，机动车尾气排放占到 31.3% 以上。2015 年北京淘汰

---

① 李国庆：《认清环京津贫困带成因，培养地区发展内在动力》，《凤凰周刊·城市》2012 年第 3 期。

老旧车38万余辆。

天津市在控车上已经于2015年6月提前完成了全部29万辆黄标车的淘汰，全面供应国Ⅴ汽柴油并实施国Ⅴ机动车排放标准，牵头与河北省和山东省共同开展船舶大气污染联防联控，完成岸电箱建设42座，天津港132台大型集装箱场桥“油改电”工作基本完成，完成130辆集港重型货车油改LNG任务。

河北省石家庄市削减机动车氮氧化物排放总量，依据《河北省大气污染防治行动计划实施方案》《河北省机动车氮氧化物总量减排实施方案》要求，在2015年底前淘汰全部黄标车3.5万辆，实现黄改绿，同时全面实施国Ⅴ汽柴油并实施国Ⅴ机动车排放标准。

3. 控尘

北京市的扬尘也是重要的大气污染源。北京市住房城乡建设委制定了《扬尘治理专项行动工作方案》，建设系统各单位开展扬尘治理专项行动。2015年2月，北京市政府根据《排污费征收使用管理条例》《北京市大气污染防治条例》，发布建设工程施工工地扬尘排污收费通知，实行差别化收费，施工工地扬尘管理达到优秀等级标准的，收费标准为每公斤1.5元；施工工地扬尘管理达到达标等级标准的，收费标准为每公斤3元；施工工地扬尘管理不达标的，收费标准为每公斤6元。该条例的实施有利于以经济手段治理建筑工地扬尘。

河北省住房城乡建设厅2015年印发《河北省建筑施工扬尘防治新15条标准》（简称《新15条》），进一步加强建筑施工扬尘治理工作。包括施工现场必须设置硬质围挡，混凝土硬化，配备车辆冲洗设施，土方严禁裸露，运送土方、渣土的车辆必须封闭或遮盖严密等，进一步细化对建筑施工扬尘防治标准和保证措施。除建筑扬尘之外，对矿山扬尘、道路扬尘和工厂粉尘也实施了专项治理。

天津市实施了施工工地围挡、苫盖、车辆冲洗、地面硬化和土方湿法作业“五个百分之百”控制扬尘标准，实施了中心城区和滨海新区核心区道路机扫水洗全覆盖，全面治理全市1.8万块、131平方公里裸露地面，秸秆综合利用率提高至95%以上。

4. 控煤

北京市散煤燃烧也是重要的大气污染源。2015年，北京将燃煤使用量压减至1200万吨。其中农村散煤有400万吨左右，对大气治污和农村地区居民冬季供暖质量提升发挥了重要作用。《北京市2013—2017年清洁空气行动计划重点任务分解2016年工作措施》提出，2016年全市PM2.5浓度同比将下降5%左右。北京市环保局介绍，2016年北京市将聚焦农村散煤、高排放车、城乡接合部，打响三大战役，确保PM2.5再降5%，完成全年空气质量改善目标。三大战役中改农村散煤排在首位，将加大农村优质煤替换力度，加强对销售劣质煤的打击力度。散煤改造治理措施包括加快实施调整优化农村用能结构五年行动计划，基本实现城六区和平原地区农村采暖"非煤化"。2016年要完成400个农村煤改清洁能源，到2017年北京不再有燃煤发电，到2020年全市平原地区农村采暖基本实现清洁化。北京市在"2+4"大气治理协议中与周边地区大气污染防治协作中与河北省的保定和廊坊两市合作。2015年北京加强同周边省（区、市）、中央有关部门的协作，向河北省保定、廊坊两市提供大气污染治理资金4.6亿元，用于燃煤锅炉脱硫脱硝除尘深度治理等。

天津市2015年在中心城区和周边县区建成区划定了高污染燃料禁燃区，提前一年完成了全市城乡散煤治理任务，主要措施是更换先进灶具86万套，农村地区116万吨散煤全部实现清洁化替代。全市20万套30万千瓦及以上煤电机组中，19套完成了清洁化改造，并达到燃气排放标准。改燃关停煤电机组3套，燃煤锅炉房305座。

河北省的能源结构是"一煤独大"，2015年河北通过启动燃煤发电机组超低排放升级改造、关停取缔实心黏土砖瓦窑、"拔烟囱"三个专项行动，强化燃煤源头防控。2015年开展燃煤机组超低排放升级改造、关停取缔实心黏土砖瓦窑和燃煤锅炉治理等，全省削减煤炭消费500万吨。淘汰燃煤小锅炉12009台、近3万蒸吨，建成区10蒸吨及以下燃煤锅炉已全部淘汰，烟囱林立、低空排放的局面得到彻底改观。除工业生产燃煤排放外，河北省还取缔了5吨以下燃煤锅炉，推进煤改电，集中供热，政府补贴，保障居民的能源消耗成本不提高。农村地区散煤燃烧已成为造成污染的重要因素。河北大力推广清洁高效炉具和洁净型煤，并在有条件的地区实施电能、太阳能、天然气等新能源。但是由于在农村推广煤改电、煤改太阳能等受到成本制约，大面积推广尚需扶持。河北省工商局对煤炭经营行业开展重点检查，以取缔固定经营场所内无照煤炭经营商户等多项措施加大散煤治理，2015年起建设配煤中心，推广清洁煤、低硫煤，提高燃煤质量。

值得一提的是，在《强化措施》中，提出了到2017年10月底前在京昆高速以东，荣乌高速以北，天津、保定、廊坊市与北京接壤的区县之间，建设“禁煤区”的行动目标，除原料、集中供暖和原料用煤企业外，完成燃料煤炭“清零”任务。“禁煤区”的设定，将进一步强化京津冀核心区的煤控措施。而《秋冬季攻坚方案》中，对散煤污染治理的范围，提出更高要求，明确指出“2017年10月底前，‘2+26’城市完成以电代煤、以气代煤300万户以上”[①]。《秋冬季攻坚方案》对已经列入中央财政支持的北方地区冬季清洁取暖12个试点城市（天津、石家庄、唐山、廊坊、保定、衡水、太原、济南、郑州、开封、鹤壁、新乡市），提出要加大工作力度，2017年10月底前取得实质性进展。

5. 控新上项目

长期以来，河北产业结构偏重，钢铁、电力、建材、石化、化工等高耗能高排放行业比重大，多个城市重化围城，空气质量较差。自京津冀及其周边六省市开展雾霾联防联控以来，京津冀三地在产业准入标准方面，分别提出了新的规定，防治高污染产业的转移。比如，北京市于2014年7月发布《北京市新增产业的禁止和限制目录（2014年版）》，此外为进一步疏解存量资源，北京在2014年10月发布《北京市工业污染行业、生产工艺调整退出及设备淘汰目录（2014年版）》，这是北京发布的首份针对污染行业的淘汰退出目录，其中105个污染行业工艺被列入这份“负面清单”。而河北省则在2015年发布了《河北省新增限制和淘汰类产业目录（2015年版）》，对制造业、农林牧渔、采矿业等多个行业的不同产业，进行了具体的规定，针对炼钢、炼铁、水泥、平板玻璃、炼焦等具体高污染行业，也制定了明确的产业准入管理措施。

2015年6月，工信部制定了《京津冀产业转移指导目录》，提出北京市要重点转移“信息技术、装备制造、商贸物流、教育培训、健康养老、金融后台、文化创意、体育休闲”，需要河北、天津来承接。为承接北京

① 具体目标为“北京市30万户、天津市29万良、河北省180万户、山西省39万户、山东省35万户、河南省42万户”。

产业转移，河北确定了40个承接平台，天津确定了“1+11”个承接平台，也就是总共52个承接平台，用以对接产业转移。[①] 在河北的40个重点承接平台中，按功能定位划分，综合类6个，公共事业、休闲旅游类5个，生产制造类23个，商贸物流类5个，现代农业类1个。按区域划分，环首都四市及定州市15个，沿海三市9个，冀中南四市及辛集市12个，跨区域4个。而天津主要通过行政区划分的方式，内部整合了“1+11”个承接平台。其中，1是指天津滨海新区，11是指分布在各个区县的功能承接平台，包括武清京津产业园、宁河未来科技城、宝坻京津中关村科技新城等。[②]

2016年6月，工业和信息化部会同北京市、天津市、河北省人民政府共同制定了《京津冀产业转移指南》[③]，进一步明确了京津冀三地的产业转移标准，为充分发挥三地比较优势，引导产业有序转移和承接，形成空间布局合理、产业链有机衔接、各类生产要素优化配置的发展格局提供了制度保障。

（三）京津冀协同治霾的机制保障

1. 空气重污染预警预报

为推动京津冀区域大气污染防治，落实京津冀生态环保合作协议，改善区域环境空气质量，2016年以来，天津市环保局在原先与北京市环境保护监测中心、河北省环境监测中心站在定期交换环境空气质量监测数据基础上，每天通过全国空气质量预报信息交换平台共享本市环境空气质量预报信息，率先在京津冀核心区6城市（北京、天津、唐山、沧州、廊坊、保定）试行统一的重污染天气预警分级标准，划分蓝、黄、橙、红四个等级，推进区域重污染天气预警预报。2017年8月发布的《秋冬季攻坚方案》中对“2+26”城的统一预警分级标准又进行了细化，它将预警分级标准中的空气质量指数（AQI）日均值调整为按连续24小时（可

---

① 《津冀筛选52个承接平台　对接北京八大类产业转移》，2015年7月14日，腾讯网（http://business.sohu.com/20150714/n4167130.shtml）。

② 同上。

③ 《四部门联合发布〈京津冀产业转移指南〉》，2016年6月29日，凤凰财经（http://finance.ifeng.com/a/20160629/14539450_0.shtml）。

跨自然日）均值计算；预测或监测空气质量改善到轻度污染及以下级别且将持续36小时以上时，可以解除预警；预测发生前后两次重污染过程，但间隔时间未达到解除预警条件时，应按一次过程从严启动预警。同时，空气质量监测AQI已经达到重度污染及以上级别且预测未来12小时不会有明显改善时，要根据实际情况尽早启动或升级预警级别。

2. 重大环境问题信息共享

2016年来，天津市环保局与北京市环保局、河北省环保厅深入加强环境监测合作，建立空气质量预报信息共享机制。在雾霾红色预警时期，中国环境监测总站、北京市环境保护监测中心、天津市环境监测中心每日会商空气质量，预测未来三天的空气质量。另外，京津冀三地环保部门正在建立环境信息共享平台，平台将包括三地大气、水、土壤等环境质量数据，重点污染数据、机动车超标排放数据，通过信息平台三地共享环境保护和生态建设的相关政策、技术与经验数据。环境信息共享平台的功能是发布环境保护的重大政策，发挥公众参与监督、共同治理的积极作用。在大气污染加重时，平台将及时发布重大环境预警信息，启动各地区的应急体系，统一控制和减少污染源。

3. 应急处置联动制度

实现京津冀三地的重污染天气应急预案的协同是京津冀雾霾协同治理的基本要求。自2012年起北京市率先在全国制定空气重污染应急预案，近五年来，北京已经先后出台了4个版本的重污染应急预案，其中的预警分级、应急减排措施也在不断调整。为推动京津冀区域大气污染联防联控，落实《大气污染防治行动计划》，改善区域环境空气质量，环保部联合气象局在2013年9月发布了《京津冀及周边地区重污染天气监测预警方案（试行）》，在北京市、天津市、河北省、山西省、内蒙古自治区、山东省等地区开展重污染天气监测预警试点工作。[①] 天津市自2013年启动了《天津市重污染天气应急预案》以来也先后出台了4个版本的重污染天气应急预案。河北省也于2014年11月发布了《河北省重污染天气应急预案》，并于2016年11月发布了最新的重污染天气应急预案。经过近

① 《〈京津冀及周边地区重污染天气监测预警方案〉发布》，2013年9月30日，中央政府门户网站（http：//www.gov.cn/jrzg/2013－09/30/content_ 2499041.htm）。

三年的努力，到 2016 年 11 月，京津冀三省市目前已经基本实现了重污染天气应急工作预案的协同，实现了预警分级标准的统一。

目前京津冀的应急联动机制仍不成熟。在此前环保部与应急中心、华北督察中心实施的对河北省石家庄、沧州和衡水的专项督察发现，部分企业的应急减排措施落实不到位；没有按照应急预案要求实施停产；抑尘措施不足；部分企业违法排放问题突出。[①]

4. 环评会商机制

为从规划决策的源头预防和减缓跨界不利环境影响，深入推进实施《大气污染防治行动计划》，2016 年 1 月，环保部发布了《关于开展规划环境影响评价会商的指导意见（试行）》，对环评会商的具体要求进行了说明。其中，特别针对位于京津冀区域内的主导产业包括石油、化工、有色冶炼、钢铁、水泥的国家级产业园区规划环境影响报告书和京津冀及周边地区的煤电基地规划环境影响报告书提出了应在“规划环评编制阶段进行会商”的要求。今后三地还将对于在本区域的重点行业规划、园区建设规划、重大工程项目，实施三地区域环保厅局的环评会商，综合评价建设项目对三地水环境、大气环境可能产生的影响。三地将对位于省市边界的重点建设项目共同实施环评会商，确定环评会商项目名录，共同制定环评会商管理办法。

5. 联合执法机制

三省市环保部门在建立京津、津冀环境联合执法工作制度的基础上，联合制定了《京津冀环境执法联动工作机制》，从定期会商、联动执法、联合检查、重点案件联合督查和信息共享等方面共同推进环境执法。2016 年 10 月，为督促京津冀地区各污染源点位达标排放，确保区域空气质量得到改善，按照京津冀及周边地区大气污染防治协作小组第七次会议精神，依据京津冀三地共同签署的《京津冀环境执法联动工作机制》，共同发布《京津冀今冬明春大气污染防治督导检查工作方案》，并对相关工作

① 石家庄市玉璋石膏厂在污染预警期间正常生产，厂地面积灰严重，大量原材料露天堆放，导致大量的散逸粉尘出现。石家庄晋州科创助创有限公司 2 台 25 万大卡燃煤热风炉，锅炉炉体烟气散逸明显。沧州中铁装备制造材料有限公司炉前除尘系统有明显的拖尾状况，中小企业污染问题仍然突出。石家庄市行唐县小塑料行业非常密集，部分小企业细颗粒粉碎机无除尘措施，冒黑烟现象突出，同时存在数家小塑料作坊，无任何环保设施。

进行了具体部署。

《京津冀今冬明春大气污染防治督导检查工作方案》（以下简称《方案》）明确了工作目标、保障内容、工作职责、时间安排和保障措施。按照《方案》要求，2016年11月15日至2017年3月15日期间，以"三联""四重"为主要内容实施京津冀三地联动执法，"三联"即从地域、时间和人员三方面进行联动，"四重"即以高架源污染、燃煤污染、移动源污染和重污染应急措施落实情况为联动执法重点内容。《方案》突出强调了京津冀三地开展联动执法，严厉打击涉气企业偷排偷放、超标排放、弄虚作假等环境违法行为，对查处的典型环境违法案件进行曝光，始终保持严厉打击环境违法行为的高压态势。

以北京市为例，首先是进一步加强大气污染源监管。组织全市开展"大气污染专项执法攻坚战"，始终保持严厉执法的高压态势，推动空气质量加快改善。突出"四个严"：以燃煤、燃气锅炉使用单位、商业和服务业单位为重点，严厉查处采暖锅炉使用单位大气环境违法行为；以使用燃煤锅炉的工业企业、工业园区、铸锻造企业、违法违规排污企业聚集区等为重点，严厉查处工业企业大气环境违法行为；以"三烧三尘"等面源污染为重点，联合城管等相关部门严厉查处违法违规行为并督促街道、乡镇落实监管责任；启动空气重污染预警后，执法人员全员上岗，开展执法督查，严格督促落实空气重污染应急措施；同时，加强与天津、河北的沟通协调，启动联动执法机制，推动京津冀区域空气质量共同改善。

6. 加强环境标准合作

京津冀三地由于产业类型和发展阶段不同，三地之间的地方标准之间有较大区别。按照《京津冀协同发展规划纲要》"统一三省市生态环境规划、标准、监测、执法体系"的要求，近年来，三地开展了区域环境保护标准研讨，对现有标准进行梳理，初步建立京津冀区域环保标准合作机制。《建筑类涂料与胶粘剂挥发性有机化合物含量限值标准》是首个三地环保部门制订的区域环境保护标准，在2016年11月专家审查会议上，与会专家一致同意该标准通过审查。这对有效防控京津冀区域VOCs污染、改善区域大气环境质量将起到积极作用。目前京津冀三地已建立了区域环保标准合作机制，利用"京津冀及周边地区大气污染防治联防联控信息共享平台"实现了地方标准共享。

7. 统一规划机制

2015年，十八届五中全会召开不久，京津冀三地环保部门签署了《京津冀区域环境保护率先突破合作框架协议》（以下简称《协议》），国家发改委和环保部联合发布了《京津冀协同发展生态环保规划》（以下简称《规划》）。《协议》和《规划》两份文件的出台，进一步完善了京津冀环保合作与协同发展机制。《规划》不仅提出了具体的目标和任务，还在机制上有新的突破。京津冀区域在深层次上还面临着公共资源配置不均衡，经济发展水平和财力差距过大等障碍，因此，该区域的环境保护需要京津冀政府间的协同治理，《规划》划定了京津冀地区生态保护红线、环境质量底线和资源消耗上限，提出了建设区域生态屏障、着力保障区域水安全、打好大气污染防治攻坚战、积极改善土壤和农村环境、强化资源节约和管理以及加强生态环境监管能力建设六大重点任务，通过突出协同发展主线，创新提出要建立跨区域的排污权交易市场、进一步深化资源型产品价格和税费改革，建立健全多元化投资机制，积极推行环境污染第三方治理，同时发挥政府和市场的作用。

二 京津冀雾霾协同治理的难点分析

京津冀大气污染防治形势严峻、协同治理大气雾霾困难的因素十分明显。根据2016年中央环境保护督察组反馈情况，河北省在落实环境保护党政同责、一岗双责方面重视不够，环境保护工作压力在向各级党委、政府和有关部门传导中层层衰减，存在“搭便车”心理。首先，地方政府大气污染防治专项资金配套不足。根据督察谈话中各级领导干部的反映，2013年至2015年7月间，省委原主要领导对环境保护工作不是真重视，没有真抓。2013年至2015年省级财政配套大气污染防治专项资金仅占中央财政拨款的15.5%。其次，地方政府在环保监督检查方面执法不力。省发展改革委等有关责任部门在压钢减煤、散煤治理、油品质控等方面监督检查流于形式；一些地方重发展、轻保护现象较为普遍，一些基层党委政府及有关部门环保懒政、惰政情况较为突出。最后，河北省淘汰钢铁水泥等落后产能存在不严不实情况。减煤压钢是落实《大气十条》的重要任务要求，经现场抽查，唐山市兴业工贸、鹏程实业，廊坊市新钢钢铁，邯郸市华瑞铸管4家企业的3座高炉和10台转炉，或一直未建成，或早已淘汰，或仍在生产，但仍被列入近三年淘汰清单；河北钢铁集团唐钢分公司、邯郸新兴铸管公司、武安裕华钢铁公司等违规新建或续建钢铁产能，违反国务院《关于化解产能严重过剩矛盾的指导意见》规定。

京津冀雾霾协同治理的现实挑战，可以从三地的发展基础、环保体制、控煤力度、监管问责力度、部门联动情况、信息公开程度等方面来分析。

（一）三地发展水平差距较大，难以激励相容

1. 三地地位不等，难以激励相容

《京津冀协同发展规划纲要》对京津冀三地有明确的功能定位。北京是全国的首都，承担政治中心、文化中心、高科技中心和国际交往中心等城市核心功能，城市地位具有不可比拟的重要性。天津是直辖市，是重要的港口城市、商业城市，并将承担先进制造研发基地。河北省环绕京津两大直辖市，为北京、天津提供水源和农副产品，更是京津冀区域的生态支撑区。然而现实中，三地在市场、资源和发展上都把另两方视为竞争对手，都从各自利益出发，追求行政区划内的经济绩效，竞争大于合作。三地合作基本是在省级政府主导下进行，目标主要是处理公共事务，由市场驱动的合作比较少见。此外，目前的合作多数以北京为中心，合作主体没有形成平等关系。北京市往往从国家利益的角度来对天津和河北形成政治压力，难以实现三地之间真正的平等合作，从而难以构建激励相容的合作机制。

2. 区域差距大，产业协同难

区域环保联防联控要与地区发展相适应，各地的环境条件、环保目标、环境治理所调动的资源和能力应该相互匹配。相比之下，河北财政实力较弱、环境管理和公共服务水平较低，公共资源配置的不均衡极大阻碍着京津冀的协同发展，这些外部条件影响着产业的合理布局，反过来又影响着经济发展和环境治理水平。从人均GDP来看，2015年，北京、天津人均GDP均超1.69万美元，已达到中等发达国家水平，而河北仅为0.64万美元，是京津的37.9%。从产业结构看，北京以第三产业为主，三产比重达到79.8%，已进入后工业化阶段，产业结构高端化趋势明显；而

天津、河北第二产业比重分别为46.7%和48.3%，天津处于工业化阶段后期，河北尚处于工业化阶段中期。从城镇化率来看，京津冀三地城镇化率分别为86.5%、82.6%和51.3%，河北城镇化水平不仅远低于京津两地，甚至还低于全国平均水平。区域环保联防联控要与经济社会发展相协调，与产业协调是其中的重要一环，产业转移也是《规划纲要》提出的要率先取得突破领域，而产业结构调整影响着经济、环境、就业等诸多因素而更具有复杂性。三地已经在有序疏解北京非首都功能这个核心和首要任务方面取得一定进展，但如何在淘汰过剩和落后产能之后，培育新的经济增长点是河北省面临的问题。

（二）三地环境治理政策机制不完善

1. 三地以倒逼式合作为主，缺乏协同创新的顶层设计

目前三地合作是问题倒逼式的合作，以问题导向为主，侧重于雾霾问题的末端治理，在区域财政体制、政绩考核体制、产业协作机制方面的创新较少，缺乏顶层设计。2013年，京津冀及周边地区大气污染防治协作小组成立，办公室设在北京市环保局，成员单位包括北京市、天津市、河北省、山西省、内蒙古自治区、山东省、国家发展改革委、工业和信息化部、财政部、环境保护部、住房城乡建设部、中国气象局、国家能源局。但协作小组属于非常设机构，临时性、依附性较强，权威性不够，运行中存在诸多困难和挑战。它仅仅是省部级层面的一种临时性的协商对话方式，在行政体系内部还未形成对话机制、协调共商机制，更缺乏行动上的一致性，而且现有的合作在城市规模、城镇布局、职能定位、产业分工、基础设施建设等方面缺乏必要的协调，缺乏战略性和长远性。

2. 市场措施少，协同创新慢

区域环保联防联控涉及多地区、多机构、多企业，基于国家治理框架的环境区域治理方式应该是政府、市场与社会的互动。目前，治理状态总体上是政府主导，最新出台的《协议》和《规划》中也更偏重行政力量，对市场的调节和对社会大众的引导略显不足。污染来自日常生产和生活，能否有效建立利益相关者之间的利益协调机制，决定长期环境治理的成败。《规划》提出建立排污权交易市场、深化资源型产品价格和税费改革是很好的探索，需要在实施过程中重点关注和不断完善。区域环保联防联

控不仅要看眼前，要想从长远上改善环境则需要清洁生产和洁净能源技术的进步和广泛应用。京津冀要实现协同发展，亟须通过协同创新来开辟发展新道路，开创发展新局面。尽管2016年9月，《北京市“十三五”时期加强全国科技创新中心建设规划》对京津冀三地协同创新进行了明确分工，北京将重点打造技术创新总部聚集地，天津要打造现代制造研发转化基地，河北将建设转型升级试验区等；但如何通过区域科技合作机制，搭建绿色科技资源共享平台，使创新链与产业链对接融合，从而真正实现京津冀地区的创新驱动绿色发展，仍有一系列工作要完善。

3. 三地排污费标准不一致，河北省排污费标准明显滞后

从征收标准上看，北京市排污费征收标准总体要高，河北排污费标准低。从2014年1月1日起，北京市二氧化硫排污费为每公斤10元，氮氧化物为每公斤12元。天津市从2014年7月1日起实施新的排污收费标准，二氧化硫每千克为6.30元（调整前为1.26元）；氮氧化物每千克为8.50元（调整前为0.63元）。而根据河北省发改委《关于调整排污费收费标准等有关问题的通知》，河北省自2015年1月1日起，废气中二氧化硫、氮氧化物排污费收费标准调整为每污染当量2.4元，自2020年1月1日起，废气中二氧化硫、氮氧化物排污费收费标准调整为每污染当量6元。可以看出，即便到2020年，河北省排污费的收费标准依然比北京低。

从排污费征收范围来看，京津的污染物征收范围广。从2015年3月1日起，北京市增加了对施工工地扬尘的排污费征收。而天津市从2015年5月1日起，在实行新的排污收费标准的同时，天津将实施扬尘排污收费制度，新开征施工扬尘排污费。河北省并未出台针对扬尘的排污费制度。

4. 京津冀三地环境治理市场机制构建进度不一致

京津冀三地的排污权交易市场构建进展不一致。首先，从实施时间来看，河北省排污权交易试点2013年已经开始，北京市和天津市还未开始。北京市和天津市主要通过征收排污费的方式来开展污染治理工作，而且北京市和天津市从2014年大幅提高了排污费征收标准。此外，从排污许可制度来看，北京市原计划2016年3月实施排污许可制度，用排污许可证对固定源进行精细化管理，目前尚未实施。而河北省的排污许可证仍然是只重视发证，不重视后期监管。

具体以石家庄市为例来说明。石家庄市是从2013年开始落实排污权交易制度的。主要针对新改扩项目的新增排污量实行排污权有偿使用制度，构建了排污权交易一级市场。目前石家庄可进行排污权交易的主要污染物有四种，分别是化学需氧量、氨氮、二氧化硫和氮氧化物，四种污染物的基准价格分别为：化学需氧量为每吨4000元；氨氮每吨8000元；二氧化硫每吨5000元，氮氧化物每吨6000元。根据《石家庄市人民政府办公厅关于进一步推进排污权有偿使用和交易试点工作的实施意见》，2015年7月1日前，石家庄市完成钢铁、水泥、电力、玻璃四个重点行业现有排污单位的排污权初次核定；2015年底前，钢铁、水泥、电力、玻璃四个重点行业现有排污单位实行排污权有偿使用，完成所有行业现有排污单位的排污权初次核定。

在碳排放权交易市场构建方面，北京市和天津市作为首批试点城市，于2014年已经启动了碳排放权交易市场，承德市作为河北省的先期试点，其境内的重点排放单位将完全按照平等地位参与北京市场的碳排放权交易。而河北省除承德市外，其他地区的碳排放权交易市场目前仍未启动。目前，北京市碳排放权交易市场和天津市碳排放权交易市场有较多区别。首先，纳入主体的选择标准不一致。北京市将年均二氧化碳排放在5000吨以上的企事业单位全部纳入碳排放权交易市场，而天津市则选择114家大型企业来开展碳排放权交易。其次，履约及惩罚机制不一致。2013年度天津市碳排放履约工作中有114家企业纳入，未履约企业4家，履约率为96.5%。而2014年度天津市有112家企业纳入，未履约企业1家，履约率为99.1%。北京市在2013年度的第一个履约期结束时，重点排放单位履约率为97%以上；2014年度重点排放单位履约率为100%，没有一家单位受到处罚，成为国内100%率先完成2014年度履约工作的试点。最后，碳市场的交易产品种类不同。北京市碳排放权交易市场的产品种类丰富，包括碳排放权配额、核证自愿减排量、林业碳汇项目碳减排量、节能项目产生的碳减排量，而天津市碳排放权交易市场的创新程度显著落后于北京。

5. 总量考核制度不完善，导致实际的排污量远高于理论排污量

总量考核制度的不完善滋生了排污量的私下买卖，造成实际的排污量远高于理论排污量。河北省在京津冀三地率先试点推行排污权交易，实际

上，这并不能减少排污量，反而大大增加了大气中实际的排污量。按照《河北省排污权有偿使用和交易管理暂行办法》（以下简称《排污权管理办法》），每个企业排污权的初次核定和分配要符合全省统一的技术规范和分配方法，然而由于当前排污量的统计大部分是按环评公布的数值来计算，着重于理论分析，与实际的排污量有脱节，统计出来的数据没有包含偷偷排放的污染数据和未批先建的污染数据等，这就导致排污权在初始分配环节就存在不合理和不公平的情况。另外，尽管《排污权管理办法》明确要求“交易应该在自愿、公平、有利于环境质量改善和优化环境资源配置的原则下进行”，但是如果对参与排污交易的企业排污行为监管不足，一些企业就会用“寻租”的方式，开展排污量的私下交易，从而获得更多的排污量。上述两种问题都大大增加了实际中的排污量。

（三）三地煤控政策力度差别大，各地重视程度不同

1. 京津冀三地控煤标准不统一

北京市、河北省对散煤的使用标准不一致。为落实《北京市2013—2017年清洁空气行动计划》和《北京市2013—2017年加快压减燃煤和清洁能源建设工作方案》，北京市要求用的煤质标准提升，全硫含量全部降低为0.4%，含有烟煤的型煤中灰分含量不超过30%。天津市在2014年1月1日实施的《工业和民用煤质量地方标准》（以下简称《标准》）的主要技术指标在国内处于领先水平。其中发电用煤指标中全硫含量限定为≤0.50%，灰分≤12.50%。天津市对民用煤也进行了严格的控制，全硫含量达到了≤0.4%，与北京地方标准同为国内最高。河北省在2014年9月12日和2015年1月15日发布实施河北省地方标准《工业和民用燃料煤》（DB13/2081－2014）和《洁净颗粒型煤》（DB13/2122－2014），发电用煤要求全硫≤0.8%、灰分≤20%，全硫含量限定值远大于京津两地的对应值，灰分指标远远大于《实施细则》中硫分16%的要求，可以看出河北省在煤炭使用标准上仍然比较宽松。

2. 各地对散煤治理的重视程度不同，河北省散煤污染治理工作推进缓慢

居民原煤散烧排放是火电达标排放的数倍甚至数十倍，治理原煤散烧的初始阶段应该大力推广清洁煤，淘汰落后炉具，并在有条件的地区初步

开展集中供暖和清洁能源的替代。北京市 2014 年三产比重达到 77.9%（2015 年前三季度达到 80.7%），优质清洁能源消费比重达到 80% 左右，2014 年三产和居民生活用能达到 69.4%，能耗分布呈现"面广点散"新特征。北京郊区和农村地区的散煤问题仍较严重，最新的北京农村散煤排放量显示，2015 年北京市 300 多万吨的散煤排放的 PM2.5 占全市的 15%，氮氧化物占全市的 9.4%，而排放的二氧化硫占全市的 37.4%，"改农村散煤"也成为 2016 年北京市治理大气污染的三大战役之一。[①] 截至 2015 年 10 月底，天津市比国家要求提前两年全面完成全市散煤治理任务，在实现散煤洁净化 100% 全替代的同时，天津还全力推进散煤清洁能源替代，从根本上解决散煤污染问题。

而河北省燃煤型污染特点较北京、天津更为突出，对大气环境质量影响更为严重，全省煤炭年消耗总量约 3 亿吨，其中在农村地区燃煤消费约 3700 万吨，其中农户直燃直排散烧燃煤总量约 2100 万吨，因此，河北省着重实施优质煤替代和高效节能环保燃煤炉具推广工作。根据环保部督察组 2016 年发布的对河北省的督察反馈报告，[②] 河北省 2015 年洁净型煤推广仅完成年度计划 2 成左右，全省散烧煤煤质达标情况不理想。全省应于 2015 年全面供应国Ⅳ标准车用柴油，但当年实际调配低于国Ⅳ标准的普通柴油 336 万吨，约占调配柴油销售总量的 58%。地下水压采工作未达到预期效果，地热水利用后不予回灌而直接排放问题十分普遍。烧结机扩容认定审核把关不严，邢台市内丘顺达重工机械有限公司 3 台 36 平方米烧结机被认定为 1 台 108 平方米烧结机；邯郸紫山特钢建发公司 1 台 72 平方米烧结机未经改造即被认定为 96 平方米烧结机。

（四）部门联动不充分，雾霾治理易出现"搭便车"现象

京津冀协同发展国家战略提出的重要背景之一是大气环境治理，日益恶化的环境问题已经成为京津冀发展面临的最大瓶颈和制约因素。京津冀区域在经济增长和城市化过程中生态环境问题突出，形势严峻，主要表现

---

① 数据来源：http：//news. xinhuanet. com/cocal/2016 -01/09/c_ 128610585. htm。

② 《中央环境保护督察组向河北省反馈督察情况》，2016 年 5 月 3 日，中华人民共和国环境保护部（http：//www. mep. gov. cn/gkml/hbb/qt/201605/t20160503_ 336996. htm）。

是大气污染严重，雾霾天气时有发生；人均水资源严重短缺，生态多样性系统遭受破坏，环境治理进展缓慢。上述问题发生的根本原因在于污染环境的行为具有负外部性、保护生态的努力具有正外部性，现有市场机制无法同时给予三个城市的行为主体以保护环境的动力激励。依靠行政机制的环境污染治理往往在利益分配上存在不当之处，为了优先保证本城市的经济发展，不愿意把优秀企业转移到其他省市，不愿意承担过多的治理责任，增大了治理难度。

政府自身对利益的追逐，环境治理本身具有溢出效应等因素都在某种程度上阻碍了环境污染的有效监管。这种溢出效应容易产生“搭便车”行为。协同治理的主要动机来源于自身利益的最大化，合作的双方政府希望以较少的投入换取最大的产出，因此合作者均不愿意为雾霾的治理承担较高的成本，就容易产生“搭便车”的行为，尤其是在京津冀三地的跨界区域，容易出现监管的缺失。

为了实现联合执法的目标，三地政府应让渡跨区域部分的环境监管职责，建立“区域管理联合执法机构”。只有建立协同监管的实体机构，才能有效落实相关职责。国家宜赋予这一机构垂直管理机制，与环保部监察局华北监察中心合作，承担起立法、监管和执法职责。

（五）雾霾治理监管不足，无法杜绝企业违规排放动机

目前的监管体制只能保证企业具备达标排放的能力而已，如夜间偷排（为增加产量，夜间迅速加量排放或为节省成本，夜间关闭污染治理设施）的情况如何遏制是亟待解决的问题。另外企业为应付检查，虽安装了污染治理设施，执法人员离开后依然排污。目前排污数据排放在线监控由企业承担，数据是否真实值得查证。这一系列的问题都出在环境监管体制上，具体来说，有以下四点。

1. 在重污染应急响应状态下，部分企业仍然违规排放

2015 年 11 月 27 日到 2015 年 12 月 1 日期间重度雾霾席卷京津冀地区，环保部随即做出反应，于 2015 年 11 月 27 日起派出 10 个督察组对北京、天津、河北等省市重点城市的重污染天气应急响应情况和大气污染源排放情况进行督察。督察结果显示，部分企业应急减排方案未落实，甚至一些企业为节约成本，企业具备污染治理设施却不运行（尤其是夜里偷

偷排放污染物）。加上一些企业仍在违规排放，未明确具体减排措施。天津、河北等地也存在建筑工地、管网、道路施工土石方作业不停工，水泥搅拌站未停产等问题，渣土车、重型货车道路遗撒现象时有发生。

2. 大气污染防治中的一些标准落实不严，存在超标或数据造假现象

首先，煤质超标情况仍然较多，部分售煤网点仍不规范，部分县（区）在售散煤煤质较差，集中供热站煤质管控仍待加强等。在2015年11月份对京津冀地区的煤样抽检中（不考虑挥发分指标的情况），据统计，北京市超标率为22.2%；天津市超标率为26.7%；河北省4市平均超标率为37.5%。从这些数据上来看，检查脱硫设施是否正常运行是未来监督工作的一个重要方向。其次，统计排放数据与实际中排放差距巨大，目前监控排放由企业承担，避免不了数据造假的发生，直接影响到排放标准符合环境的自我净化和扩散能力的排污量，目前大多采用的是总量考核制度，初衷是好的，可现实却背道而驰，买卖排污量的存在，大大增加了大气中的污染物排放。

3. 环保执法人员数量与排污企业数量相差悬殊，“散乱污”企业普遍存在环境问题

企业数量是环保执法人员数的成百上千倍，由于环境监测基础设施建设滞后，加上执法人员不尽责现象和企业方面也存在阻挠正常执法检查的现象，环境质量的监管难度更是雪上加霜。鉴于这种情况，环保部自2016年1月份开始向地方派驻中央环保督察组，督查地方环境问题，截至2017年8月底，已经派出四批环保督察组，范围覆盖全国各省区。此外，自2017年4月开始，环境保护部从全国抽调5600名环境执法人员，对京津冀及周边传输通道“2+26”城市开展为期一年的大气污染防治强化督察。2017年4月7日至8月31日，大气污染防治强化督察组已完成十轮次督察工作，28个督察组共检查41928家企业（单位），发现22832家企业（单位）存在环境问题，约占检查总数的54.5%。存在问题的企业中，涉嫌“散乱污”问题企业7180家，超标排放的67个，未安装污染治理设施的2480个，治污设施不正常运行的2016个，涉嫌自动监测弄虚作假的4个，挥发性有机物（VOCs）治理问题的3310个。从环保督察结果可以发现，京津冀及其周边地区环保执法人员数量不足，导致环境监管力度不够，无法保证雾霾治理政策的有效落实。

4. 法律法规的不完善，导致监管激励不足

2016年以来，环保部通过派出环境督察组，开展强化督察等形式，在不断加强重污染天气应对措施落实情况的检查，严厉打击违法排放行为。通过督察反馈的结果来看，发现京津冀地方政府在落实雾霾治理政策方面存在着诸多问题。尽管2014年《国务院办公厅关于印发大气污染防治行动计划实施情况考核办法（试行）的通知》提及，对未通过终期考核的地区，除暂停该地区所有新增大气污染物排放建设项目（民生项目与节能减排项目除外）的环境影响评价文件审批外，要加大问责力度，必要时由国务院领导同志约谈省（区、市）人民政府主要负责人。然而，首先，此通知没有具体的问责细则，其次，大气污染防治责任并没有明确纳入我国新版《大气污染防治法》等相关法律和地方政府政绩考核目标体系，对地方政府的大气污染防治工作约束较小，缺乏对地方政府治理污染的激励政策。

（六）三地环境信息公开程度不同，影响公众参与积极性

根据最新修订的《中华人民共和国环境保护法》《企业事业单位环境信息公开办法》（环保部令第31号）等相关要求，企事业单位有义务公开自身的环境信息。2015年年底，北京市环保局要求重点排污单位自2016年1月31日起，同步在北京环保公众网企业事业单位环境信息公开平台上统一发布环境信息，并鼓励公众利用依申请公开等渠道，要求企业履行信息公开义务。截至2016年4月13日，所有北京国控污染源已经实现在"北京市企业事业单位环境信息公开平台"上发布环境信息。除国控外的重点排污单位，部分通过上述平台公开了在线监测数据，尤其是非国控的20家热力企业中，14家企业已经在上述平台公布了在线监测数据。

天津市方面，2015年6月15日，天津市环保局印发了《天津市环保局关于印发2015年天津市重点排污单位名录的通知》，并在官方网站上公开了《2015年天津市重点排污单位名录》。尽管北京、天津按照法律法规要求制作并公开名录，但河北11地市仅张家口市履行法律法规要求制作并公开了名录，而河北省的污染源信息公开程度则远远落后于京津两地。河北作为京津冀地区区域大气污染联防联控治理重要环节，未能落实法律法规要求全面公开污染源信息，将不利于公众监督区域污染减排，也不利

于污染企业主动进行污染减排。

由于工业园区环境信息公开机制不成熟，造成举报不力，污染源头不明确。这给监管设置了层层障碍，老百姓居住距离工业园区较远，无法及时举报，加上肉眼看不到的二氧化硫、氮氧化物等大气污染，举证很难，公众也不会举报，比如工业园几百家企业，夜间排污，即使举报，也很难寻找排污源头。另外，京津冀地区的环保部门对污染治理的信息披露相当少，一年只有几次信息披露，而且披露的信息并不完全，对专项资金的使用信息也没有进行公示，这严重阻碍了人民行使监督权。

第四章

京津冀能源结构清洁化转型

京津冀地区，尤其是河北省长期以煤炭为主的能源消费结构，已经造成了严重的大气污染。在导致京津冀沦为雾霾重灾区的诸因素中，燃煤居首位。因此，在中央及各地政府决心根治雾霾的联合行动中，改变以煤炭为主的能源消费结构，实现能源结构清洁化转型已成为雾霾治理的一项重要内容。目前，京津冀能源结构清洁化的思路主要有两种，一种是实现传统化石能源的清洁化利用，一种是提高清洁能源使用比例。本章内容在分析京津冀能源消费结构的基础上，探讨了京津冀能源清洁化的条件、相关政策推进及能源清洁化的具体实施路径。然后，结合能源清洁化实施过程中所反映的问题，找寻京津冀能源进一步清洁化的难点，并提出改进建议。

一 京津冀能源消费现状分析

长期以来，由于功能定位和区位条件不同，北京、天津、河北的经济发展水平和产业结构呈现梯级发展趋势。这进一步导致三地经济发展与能源消耗几乎呈现一种“倒挂”状态，京津的经济发展水平相对较高、能源消耗较低，河北则与之相反；同时，产业结构的阶段性差距又导致了京津冀能源消费结构的不同步，京津的能源消费结构的多元化和清洁化趋势日趋明显，而河北的能源消费仍然难以摆脱以煤炭为主的能源消费结构。

（一）能源消费量不断上升

近十年来，京津冀地区的能源消费总量保持不断增长，然而，自

2011 年以后，消费增速整体上呈现明显下降趋势。2005—2014 年间，京津冀地区能源消费总量由 28970 万吨标准煤增长到 44296 万吨标准煤（见图 4－1），年均增速约 4.8%。其中，天津的能源消费增长最快，由 4085 万吨标煤增长到 8145 万吨标准煤，年均增速达 8.0%；河北省能源消费在京津冀能源消费中占比最大，但由于其基数比较大以及能效水平不断提升，河北省能源消费增速年均仅为 4.4%；而北京增速最慢，能源消费总量仅从 5050 万吨标煤增长到 6831 万吨标煤，年均增速仅为 3.4%。

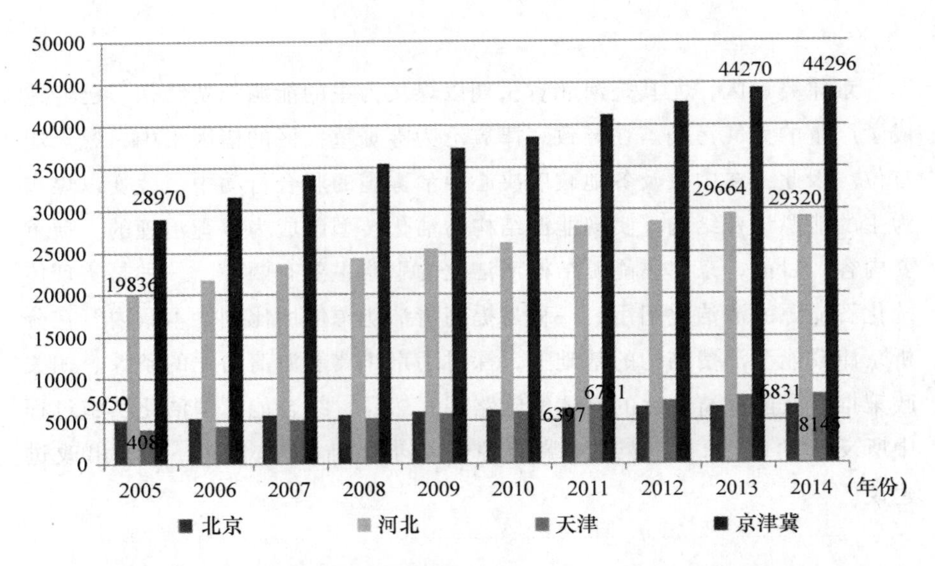

图 4－1　2005—2014 年京津冀能源消费总量　（单位：万吨标准煤）

数据来源：《中国能源统计年鉴》及各省市统计年鉴。

再从每年的能源消费增长速度来看，自 2011 年特别是 2013 年以后，京津冀各地的能源消费增速呈现明显下降趋势。由图4－2 可以看出，从 2009 年以后，河北和北京的能源消费同比增速均低于全国平均水平，并一直持续至今；而天津则受经济增长的拉动，2010—2011 年能源消费增速明显上升，且在此之后一直高于全国同期增速，2011 年天津能源消费总量达到 6781 万吨标准煤，超过北京 384 万吨标准煤，同时天津 2010—2011 年的能源消费增速高达 11.4%，北京增速仅为 0.6%，并且自 2012 年开始，北京能源消费增速呈连年下降趋势。在去产能、限排放等一系列政策规制下，河北省能源消费增速在 2014 年负增长 1.2 个百分点，在京津冀中增长率最低。但作为能源消费大省，河北省节能降耗的压力和空间都很大。

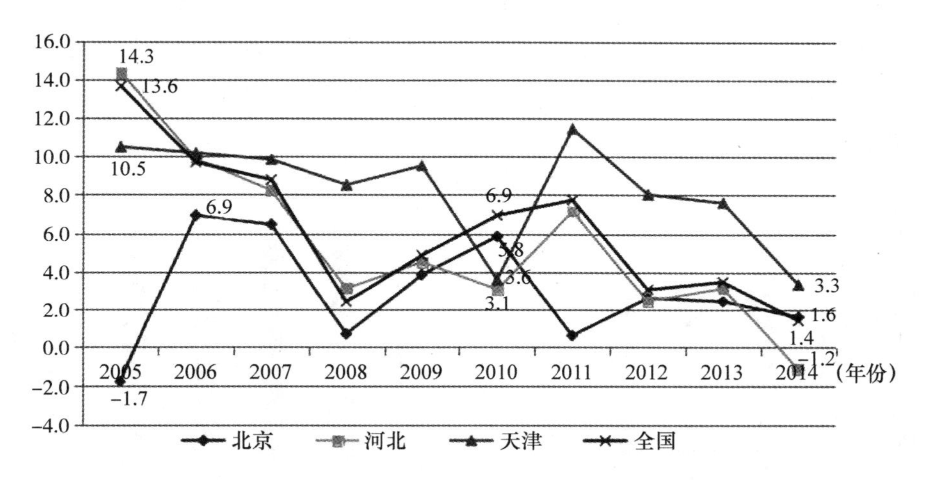

图 4-2　2005—2014 年京津冀能源消费同比增速（%）

数据来源：根据《中国能源统计年鉴》及各省市统计年鉴数据计算整理。

（二）能源消费结构差异大

从京津冀地区的整体能源消费结构来看，煤炭仍然是该地区的主要能源。尽管整个京津冀地区的煤炭消费占比从 2010 年的 74.5% 降低到 71.8%（见图 4-3），但是仍然高于同期全国煤炭消费 2 个百分点。因此，继续压减燃煤比例依然是京津冀能源结构清洁化转型的重要着力点。雾霾虽不依赖行政划界，但是其治理尚未突破行政区域管辖制约。京津冀三省市的能源消费结构差异，也进一步体现了产业发展从属于行政划界管辖的特性。

京津冀三省市的能源消费结构分布表明，京津冀地区未来压减燃煤的重点是河北省区域；而京津二市的能源消费结构已然呈现了一种多元化和清洁化趋势。尤其是北京地区，清洁能源消费比例上升较快，其天然气消费比重从 2010 年到 2014 年上升了近 7 个百分点，同时，煤炭压减力度也空前之大，使得煤炭消费比例从 2010 年的 29.6% 下降至 2014 年的 20.4%。可见，北京市显然已经走在了全国能源清洁化转型的前列。天津市也不甘落后，金融危机以来，天津市能源需求增长强劲，2010—2014五年间的能源消费结构变动不是很大，但是其电力和天然气消费比例均在增加。并且，由于天津市经济实力雄厚，未来有更大的能力推动能源清洁化转型。京津冀能源清洁化转型任务最重的地区是河北省，煤炭在河北省能源消费中占据绝对比重，2010—2014 年间仅仅下降了 1.5 个百分点，天然气和电力的消费比重虽然在增加，但是以煤炭为主导的能源消费结构调整步伐缓慢。

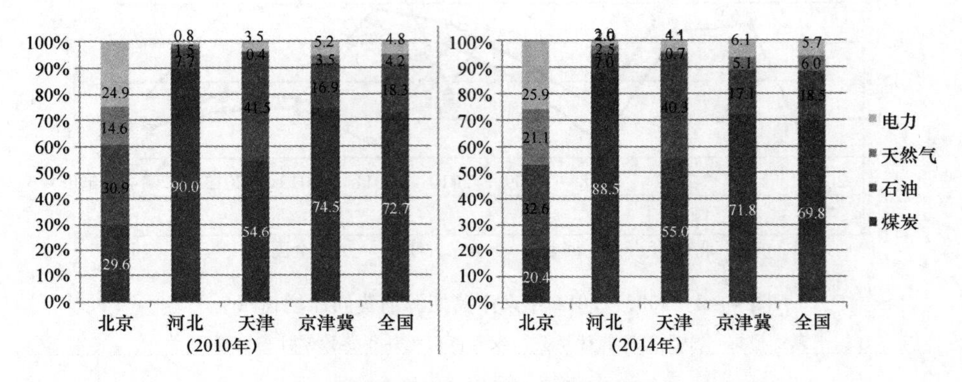

图 4-3　京津冀能源消费的主要种类及其占比（%）

数据来源：《中国能源统计年鉴》及相关省市统计年鉴。

注：天津的能源消费结构比例由笔者根据电热当量计算法对消费的主要能源品种折算后得出；北京统计数据中，消费的主要能源分类中包含“其他能源”一项，由于占比不高（2010 年占比 0.1%，2014 年占比 1.9%）且大都属于比较清洁的可再生能源，为了便于比较，将其归为电力。

（三）经济发展对能源的依赖程度不一

在国家产业结构调整、技术升级改造以及节能降耗等一系列政策的推动下，京津冀地区经济增长也持续性地由粗放型向集约型转变。这一转变在能源消费中主要体现为京津冀能源消费弹性系数和万元 GDP 能耗的不断变化。

能源消费弹性系数是反映能源消费增长速度与国民经济增长速度之间比例关系的指标，是能源消费年均增长率与国民经济增长率（通常以 GDP 增长率表示）的比值。能源消费弹性系数值越大，表示国民经济变动所引致的能源消费变动越大，也即经济发展与能源消耗关系密切；系数值越小，则表明经济发展与能源消耗之间的相关性降低。万元 GDP 能耗是指每万元 GDP 所消耗的能源量，能够直观地反映出能源利用效率。判断标准是万元 GDP 能耗值越大，表示每万元 GDP 所消耗的能源越多，能源效率越低；值越小，则反之。

从能源消费弹性系数来看，2014 年，京津冀各省市的能源消费弹性系数远远小于 1（见表 4－1），表明全国及京津冀地区的国民经济增长与能源消费增长的关系正在脱钩，反映出我国低碳型增长路径已经在逐渐显现。然而，从万元 GDP 能源消耗指标来看（见表 4－2），京津冀地区的能源效率呈现两极分化状态。近十多年里，京津二市的能耗水平均低于同期全国水平，河北省的能耗水平虽在持续下降，但却远高于同期全国水平。从 2014 年的数据来看，北京和天津的万元 GDP 能耗分别为 0.360 吨和 0.538 吨标准煤，分别比全国 0.764 吨标煤低 52.9 个和 29.6 个百分点；而河北省的万元 GDP 能耗依然高达 0.997 吨标准煤，高出全国水平 30.5 个百分点。由此可以看出，京津冀三地的节能减排基础存在巨大差异，京津二市能耗水平低，经济发展对能源消耗较少，因此，减排压力相对较小；而河北省能耗水平偏高，经济发展会消耗相对较多的能源并产生大量排放，因此，节能和减排压力都比较大。

表 4－1　2005—2014 年京津冀能源消费弹性系数

年份	北京	天津	河北	全国
2005	0.61	0.27	0.74	1.19
2006	0.53	0.72	0.61	0.76
2007	0.45	0.64	0.24	0.61
2008	0.07	0.51	0.45	0.31
2009	0.38	0.55	0.31	0.53
2010	0.57	0.92	0.59	0.69
2011	0.07	0.70	0.22	0.77
2012	0.34	0.58	0.33	0.51
2013	0.32	0.61	－0.14	0.48
2014	0.22	0.33	－15.38	0.29

数据来源：根据各省市统计年鉴计算整理。

表4-2 2005—2014京津冀万元地区生产总值(GDP)能耗(吨标准煤)及其下降率

年份	北京		天津		河北		全国	
	能耗	下降率	能耗	下降率	能耗	下降率	能耗	下降率
2005	0.902	4.17	0.950	24.02	1.981	3.18	1.369	16.73
2006	0.686	5.37	0.915	3.68	1.900	4.07	1.302	4.89
2007	0.637	7.02	0.856	6.42	1.733	8.80	1.223	6.07
2008	0.588	7.74	0.797	6.91	1.519	12.36	1.173	4.09
2009	0.554	5.76	0.746	6.39	1.475	2.91	1.138	2.98
2010	0.532	4.04	0.737	1.17	1.285	12.89	0.882	22.50
2011	0.419	6.95	0.631	14.36	1.145	10.86	0.863	2.15
2012	0.399	4.75	0.599	5.12	1.082	5.49	0.834	3.36
2013	0.380	4.88	0.573	4.41	1.043	3.64	0.803	3.72
2014	0.360	5.29	0.538	6.04	0.997	4.45	0.764	4.86

数据来源：根据各省市统计年鉴计算整理。

(四)能源自给率低

京津冀地区能源储藏以煤炭为主，油气资源相对匮乏，大部分能源需求要靠外部输送来满足。并且，随着环保力度的加大，京津冀地区的煤炭生产和消费均受到抑制。在不断增长的能源需求下，京津冀地区的能源自给率低的矛盾会越来越突出。根据《中国能源统计年鉴》中能源平衡表的情况来看(见表4-3)，北京地区只生产少量的煤炭、电力及其他能源，远不能满足能源消费需求，石油和天然气百分百依靠外地调入，99%的电力和74%煤炭也需外地支援(见图4-4)。天津以油品加工为主，除了满足本地需要外还有余量用于支援其他省份和出口；但是100%的煤炭和约100%天然气也需从外地调入。相对而言，河北省能源产量较大，但是由于其能源消费量过高，各类能源的半数以上依赖外部能源输入。

表4-3 2014年京津冀能源生产与消费情况

项目		油品合计(万吨)	天然气(亿立方米)	液化天然气(万吨)	电力(亿千瓦时)	其他能源(万吨标煤)
北京	能源生产	0.0	0.0	0.0	9.8	54.7
	能源消费	1538.2	113.7	0.1	933.4	71.3

续表

项目		油品合计（万吨）	天然气（亿立方米）	液化天然气（万吨）	电力（亿千瓦时）	其他能源（万吨标煤）
天津	能源生产	3074.8	21.2	0.0	6.3	33.0
	能源消费	1615.3	45.1	2.9	823.9	115.4
河北	能源生产	592.3	17.5	0.0	186.2	0.0
	能源消费	1423.1	54.3	12.9	3314.1	263.3

数据来源：国家统计局能源统计司编《中国能源统计年鉴 2015》，中国统计出版社 2015 年版。

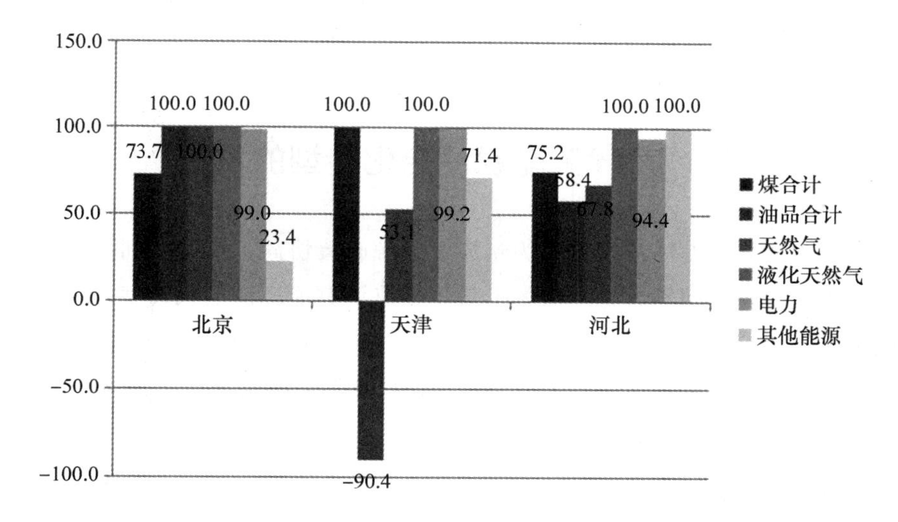

图 4－4　2014 年京津冀能源供给缺口比率（%）

数据来源：根据《中国能源统计年鉴 2015》数据计算整理。

从表 4－4 可以看出，京津冀地区的煤炭、石油、天然气消费主要从外省调入来满足，进口能源虽然满足了一定的需求，但是对供给缺口的弥补量有限。特别是天然气（非液化的），目前基本上全部是省际调入，这就导致京津冀能源消费受限于能源运输。相比于煤炭跨省运输的历史，我国油气资源跨省管输通道建设发展相对滞后。在京津冀能源结构清洁化转型的要求下，京津冀地区的油气管网建设亟待完善。

表 4-4 2014 年京津冀能源输入情况

地区	项目	煤合计（万吨）	油品合计（万吨）	天然气（亿立方米）	液化天然气（万吨）	电力（亿千瓦时）	其他能源（万吨标煤）
北京	外省调入量	1725.8	1170.6	113.7	0.1	573.4	—
	进口量	—	789.2	—	—	—	—
天津	外省调入量	4564.0	4056.5	37.9	2.0	198.6	81.9
	进口量	1812.0	1241.7	—	—	—	—
河北	外省调入量	22467.9	1364.0	37.8	—	835.0	—
	进口量	1134.6	6.7	—	5.6	—	—

数据来源：国家统计局能源统计司编《中国能源统计年鉴 2015》，中国统计出版社 2015 年版。

二 京津冀能源清洁化转型的背景

京津冀协同发展战略布局为京津冀能源政策协同提供了有利条件，在气候变化与环境问题日益严峻的形势下，京津冀能源清洁化转型已经成为该地区可持续发展的必然要求。京津冀能源清洁化转型的政策、技术、资金条件逐渐成熟，加之人民群众对“APEC 蓝”“阅兵蓝”的期盼，成为京津冀能源清洁化转型的驱动因素。

（一）能源清洁化转型的驱动因素

1. 京津冀协同发展战略为京津冀能源政策协同奠定基础

京津冀协同发展战略的部署与实施，为京津冀能源政策协同奠定了基础。雾霾协同治理是京津冀协同发展的重要内容之一，为了改善京津冀地区的大气污染状况，京津冀已经提出了一系列方案，推动三省市环境协同治理。比如，2014 年 7 月北京市发改委提出，京津冀三地将全面加强生态环境合作，成立京津冀及周边地区节能低碳环保产业联盟，并促进 200 亿人民币合作意向。同时，还提出将建立环境监测数据及空气质量预警信息共享机制，制定大气联防联控工作方案。京津两市于 2014 年 8 月在京签署《贯彻落实京津冀协同发展重大国家战略推进实施重点工作协议》。根据协议，京津二市将率先统一实施机动车燃油国Ⅴ标准，加快新能源车推广应用。在推进清洁能源利用方面，京津将共同实施压减燃煤措施，进一步加大洁净煤技术、太阳能、风能利用程度，开发利用清洁能源。北京支持天津在内蒙古能源化工综合基地项目以及通道建设，加强双方天然气保障供应合作，共同争取国家加大对两市的天然气、外送电等清洁能源保障。2016 年 3 月，河北省公布了《京津冀生态环境支撑区规划》，明确将河北划分为“五大分区”，即坝上高原生态防护区，燕山—太行山生态涵养区，京津保中心区生态过渡带，海岸海域生态防护区，低平原生态修复区。“五大分区”将为京津发展提供天然的生态屏障，是京津冀环境一体化建设的重要阶段性成果。京津冀协同发展战略的推进，将为京津冀能源清洁化转型奠定制度环境和政策基础。

2. 京津冀三省市具有引领能源清洁化转型的资金和技术优势

无论是传统化石能源的清洁化利用还是增加新能源的利用比例，都离不开资金和技术支持。京津二市同时兼具引领能源清洁化转型的资金和技术优势，河北省的资金优势虽不比京津，但也拥有较为先进的可再生能源技术优势。首先，从收入水平来看，京津的人均 GDP 已经达到发达国家水平，拥有较强的资金实力，同时因为收入水平较高，居民对环境质量也有较高的要求。2014 年北京实现 GDP 总额 21330.8 亿元人民币，人均 GDP 达 99995 元人民币；同期，天津实现 GDP 总额 15726.9 亿元人民币，人均 GDP 达 105231 元。京津两市的人均 GDP 水平几乎是河北省的 3 倍。随着天津市打造金融创新运营示范区的功能定位的提出，京津的金融优势也将为能源清洁化转型提供资金支持。其次，在能源清洁化的技术支持方面，京津冀三地各具优势。北京地区拥有众多研究院、高校、大型能源企业以及以中关村为技术创新龙头的高科技产业园区，为北京市可再生能源的前沿技术、基础研究及人才培养奠定了基础。目前，北京市在可再生能源技术研发、产品检测认证方面走在前列。天津则在产业创新机构和人才资源方面全国领先，天津的中国电子科技集团第十八所、南开大学、天津大学均在新能源领域有所造诣，培养出了大批人才并研发出众多成果。天津滨海高新技术开发区是天津新能源产业的引擎，吸引了以龙头企业为主导，配套企业为基础的产业集群。河北省已形成以保定“中国电谷”为中心的新能源产业基地，重点发展风电产业、太阳能光伏产业；张家口地区的风电开发保持全国领先地位。[1] 因此，京津冀的资金和技术优势将在京津冀能源清洁化转型过程中互为补充，若能充分协同，河北省丰富的可再生能源资源将是京津二市资金和技术结合的理想的试验田。

3. 持续性雾霾天气增加了能源清洁化转型的紧迫性

雾霾并非近年才出现的大气污染现象，每年秋冬季节，我国中东部省份都会出现雾霾天气。2013 年 1—2 月份，由于全国大范围的持续雾霾天气创下了 1961 年以来的最高水平，全国平均雾霾天数达 35.9 天，比 2012 年增加了 18.3 天。[2] 雾霾、PM2.5 便成为社会各界讨论的热词。而在我国，提及雾霾二字，人们都会联想到京津冀地区的雾霾，特别是河北作为雾霾的重灾区，对整个京津冀地区造成严重影响。雾霾源解析将雾霾的主要来源指向煤炭燃烧、机动车尾气和扬尘等。压低燃煤比例，实现能源清洁化也因此成为雾霾治理的重要举措之一。2016 年 10 月，晚秋刚至，京津冀地区便已出现第一次严重的持续多日的雾霾天气。同年 10 月，一项由以色列、中国和美国学者共同完成的研究发现，雾霾导致中国人均寿命南高北低，北方居民人均寿命缩短幅度超过 5.5 年，中国已经为环境恶化付出巨大代价。在雾霾再次重度来袭、持续不散的情形下，能源清洁化转型迫在眉睫。中央及京津冀各省市继续着雾霾治理的“攻坚战”。

4. 气候变化为能源清洁化施加了倒逼机制

2015 年年底，巴黎气候变化大会达成《巴黎协定》，一致同意把全球平均气温较工业化前水平升高控制在 2 摄氏度之内。为了实现这一目标，必须改变传统的化石能源为主的能源消费结构，增加非化石能源消费。2016 年 9 月，全国人大常委会批准了《巴黎协定》，标志着中国对国际社会正式做出官方承诺，即到 2020 年，非化石能源占一次能源消费比例达到 15%，到 2030 年左右达到 20% 左右。这一承诺为包含京津冀在内的能源结构清洁化转型施加了倒逼机制，各省市都必须按时按规定实现碳减排任务目标和能源结构调整。能源结构的清洁化转型对解决雾霾具有协同效应，在应对气候变化的承诺下，京津冀能源结构及其雾霾治理效果将相得

---

① 林燕梅等：《京津冀可再生能源区域一体化发展战略研究》，《太阳能》2016 年第 2 期，第 8—11 页。

② 中国环保部：《2013 中国环境状况公报》。

益彰。

2016年11月1—2日，“第三届中国煤炭消费总量控制与能源转型国际研讨会”发布的《中国“十三五”煤炭消费总量控制规划研究报告（2016—2020）》显示，我国煤炭消费产生的二氧化碳占能源活动的二氧化碳排放量的80%左右，占温室气体排放的64%以上。[①] 为了实现我国的温室气体减排和升温控制承诺，“中国煤控”课题组预测，必须将我国煤炭消费占比由2015年的64%削减到2020年的55%以下。而对于京津冀目前煤炭消费占比高达近72%的现状，京津冀仍然面临着艰巨的减煤任务。

（二）能源清洁化的政策推进

2013年以后，中央及京津冀各省市针对雾霾来源的各个产业领域，密集出台各项政策规划，力推京津冀能源清洁化发展。京津冀地区纷纷从不同领域、不同层次出台能源清洁化政策，能源清洁化政策的协同程度也不断提高。当前的能源清洁化转型以指导性的行政规划和政府补贴为主，引导性的税收激励政策仍处于酝酿阶段。

1. 政府出台各项能源清洁化的目标规划

政府规划具有较强的指导性，能够有效指导市场主体的行为。以煤炭为主的能源消费结构所导致的气候环境问题存在负外部性，市场机制失灵，难以有效实现最优控制。并且，大气污染的跨界传输性要求各地区打破行政边界限制，实行雾霾的联防联控。从协同治理雾霾的要求来看，京津冀三地也必须协同推进能源清洁化转型。

事实上，北京市为了减少冬季燃煤污染，早于2001年就开始出台政策推行“煤改电”试点，但是对于雾霾跨界污染的京津冀来说，力度远远不够，且推行存在诸多阻力。直到2013年，国务院发布《大气污染防治行动计划》，明确提出加快调整能源结构，增加清洁能源供应。并规定，到2017年煤炭占能源消费总量降低到65%以下。京津冀、长三角、珠三角等区域力争实现煤炭消费总量负增长，通过逐步提高接受外输电比

---

① 2016中国煤炭消费总量控制和能源转型国际研讨会（http://www.china5e.com/subject/show_1024.html）。

例、增加天然气供应、加大非化石能源利用强度等措施替代燃煤，而能源清洁化也成为雾霾治理的第一道攻关。政府部门开始密集制定并出台各项规划，指导全国特别是几大重点工业区的能源清洁化。2014年11月19日，国务院通过《能源发展战略行动计划（2014—2020年）》，进一步规定削减京津冀鲁、长三角和珠三角等区域煤炭消费总量。加大高耗能产业落后产能淘汰力度，扩大外来电、天然气及非化石能源供应规模，耗煤项目实现煤炭减量替代。到2020年，京津冀鲁四省市煤炭消费比2012年净削减1亿吨，长三角和珠三角地区煤炭消费总量负增长。2015年1月14日，国家发改委等部门印发《重点地区煤炭消费减量替代管理暂行办法》，提出到2017年，京津冀鲁4省市累计煤炭消费量减少8300万吨。此外，还专门成立京津冀大气污染防治协作小组，负责编制《京津冀及周边地区大气污染防治中长期规划》。京津冀大气污染治理的顶层规划不断完善。2015年，京津冀区域内建立了重点地区大气污染防治结对合作工作机制，北京市与廊坊市、保定市，天津市与唐山市、沧州市分别对接，重点在资金、技术方面支持河北四市。随后，北京市安排约4.6亿元资金，支持廊坊市和保定市的大气污染治理（各约2.3亿元），主要用于削减燃煤。①

与此同时，京津冀各省市也将能源清洁化纳入各自的五年发展规划当中，响应中央推进包含能源结构清洁化在内的雾霾联防联控相关规划。比如，《北京市“十三五”时期重大基础设施发展规划》指出，“十三五”时期要加快推进农村地区“减煤换煤”和清洁能源替代，煤炭消费总量控制在900万吨以内，2017年城六区和南部平原地区基本实现无煤化。加快推动可再生能源开发利用，推广太阳能、地热能等在重点领域行业、重点区域的规模化开发利用，新建建筑优先使用可再生能源，新增电源建设以可再生能源为主。优质能源消费比例力争提高到90%，可再生能源比重达到8%左右。天津市“十三五”时期也将加快能源结构调整，严格控制能源消费总量，煤炭占一次能源消费总量比重降到50%以下。多渠道增加天然气供应，加大燃气管道、应急储配等设施建设力度，不断提高

① 《京津冀将淘汰10蒸吨以下燃煤小锅炉》（http：//news.163.com/16/0521/01/BNI8N34G00014AED.html）。

清洁能源比重。加强区域能源合作，实施渤化内蒙古能源化工综合基地等项目，推进特高压输电通道建设，外购电比例达到三分之一以上。鼓励发展分布式能源，加强太阳能、地热能、风能、生物质能开发利用，非化石能源比重超过4%。河北省“十三五”规划也明确指出将从加快煤炭清洁高效利用、推进清洁能源开发使用两个维度推进能源清洁化。煤炭消费总量在实现2017年比2012年减少煤炭消费量4000万吨的基础上，2020年煤炭消费量比2017年进一步下降。到2020年，天然气消费比重达到11%、比2015年提高7.2个百分点；加大非化石能源利用强度，非化石能源占一次能源消费比重达到10%、提高5个百分点。随着能源清洁化进程的不断推进，各省市及地方不断出台细化方案，落实能源结构调整的各项指标，以此，保证能源清洁化转型的进度和效果。

2. 保障性的财政补贴政策

除了指导性的政府规划外，中央及各省市还分别出台了一系列财政补贴政策，以减小能源清洁化转型的阻力，保证各项政策顺利落实。

目前各地政府的补贴主要针对煤替代、机动车燃油替代和可再生能源开发利用方向。以煤替代为例，目前主要有“煤改电”和“煤改气”两项措施，在补贴机制的设计上，则依据地方政府的财力而有所差别。比如，在“煤改电”中，2014年开始，北京市在2002年《北京市锅炉改造补助资金管理办法》的基础上，将郊区县燃煤锅炉补助标准统一增加到每蒸吨13万元；对“煤改电”居民也提供了多种配套政策，包括电价补贴和采暖设备补贴，甚至是政府出资进行房屋保温改善。随着2015年4月《关于完善北京农村地区“煤改电”、“煤改气”相关政策意见》的出台，北京市已经实现了全市峰谷电价补贴政策统一，农村地区“煤改电”居民可与城区居民享受一样的补贴，供热季低谷时段每度电只需1毛钱。而河北省由于政府财力有限，且压减燃煤任务重（根据《重点地区煤炭消费减量替代管理暂行办法》规定，2017年河北省相比2012年削减4000万吨，北京为1300万吨，而天津只有1000万吨），补贴力度则相对较小，且多为一次性采暖设备补贴。比如，保定市2015年对中心城区公共建筑分散燃煤锅炉、生产经营性分散燃煤锅炉、居民分散燃煤锅炉，按标准要求改造为蓄热式电锅炉的，以拆除改造后的吨位为依据，以13万元/吨的标准给予一次性资金补助；对于城中心三环以内城中村居民由燃煤锅炉改造为以蓄热式电散热器采暖的，每户按3000元标准给予电网改造资金补助。这些补助均为一次性补贴，能够有效控制政府的财务负担。但是，有限的补贴并不足以弥补“煤改电”的成本和相对较高的电力使用成本。除了“煤改电”补贴外，“煤改气”补贴也在多地落实实施。此外，还有针对机动车燃油向燃气、电能及混合动力发展的各项补贴。

在可再生能源领域，各省市针对自身的资源条件，对光伏发电、风电等清洁能源也实施了多种补贴。这些补贴虽都有助于能源清洁化转型，但是，却加重了政府债务负担，并且随着可再生能源建设规模的扩张，补贴缺口越来越大。数据显示，截至2015年底，可再生能源补贴资金缺口累计约410亿元，其中光伏发电180亿元。[①] 另外，因补贴政策而导致的过度或盲目投资行为也已造成诸多不良后果，2015年1—11月份，我国“弃风”“弃光”等现象空前加剧。特别是甘肃、新疆以及黑龙江等地，“弃风”“弃光”问题十分突出。风电场平均弃风率已接近50%，极端情况下一些风电场的弃风率高达80%。[②] 因此，如何设计可持续的补贴政策和政府有序退出机制，是补贴设计者应当慎重考虑的问题。

3. 税收引导与激励政策

在目前公认的京津冀地区雾霾源解析中，机动车尾气和燃煤已经成为雾霾的主要发生源，而传统化石能源的使用则是罪魁祸首，因此，能源清洁化转型有助于从源头上抑制雾霾的产生。为了形成能源清洁化转型的长效机制，2013年以来，国家在相关税收政策的调整上注重以大气减排为指导方针，[③] 采用税收限制性措施与激励性措施并重的方式引导能源结构的调整。限制性措施主要针对产生污染的能源使用行为，比如2014年国家发布《关于提高成品油消费税的通知》和《关于进一步提高成品油消费税的通知》，通过提高成品油消费税来限制排放量大的汽车数量。通过增加化石燃料使用者的经济成本，来抑制化石燃料的消费。激励性措施主

① 《光伏补贴资金缺口巨大　融资渠道走向多元化》（http://www.china-nengyuan.com/news/98732.html）。

② 陆澜清：《从雾霾浅谈弃光弃风现象》，2015年12月29日，前瞻产业研究院（http://www.qianzhan.com/analyst/detail/329/151229-27f7303d.html）。

③ 周景坤：《我国雾霾防治税收政策的发展演进过程研究》，《当代经济管理》2016年第9期，第65—71页。

要为鼓励清洁能源的投资和使用而设，比如2014年发布《关于免征新能源汽车车辆购置税的公告》，通过免征新能源汽车车辆购置税来促进民众购买新能源汽车。从长远来看，税收能为能源结构的转型设立一种自动调节机制，降低了政府直接干预的成本，是比较理想的政策调节手段。然而，目前我国关于雾霾防治、能源结构转型的税制建设尚处于酝酿阶段，并未形成体系化的税收体系，税收作用优势的发挥还有待时日。

综合现阶段京津冀地区政府制定和实施的能源清洁化相关政策来看，目前京津冀地区能源清洁化主要由各级政府出台指导性文件、规定能源消耗指标的方式推进，同时辅之以相应的财政补贴。但是，补贴力度在各省市参差不齐。京津的补贴力度相对大于河北省。相比于政府直接干预，税收政策具有间接的调控作用，但是其作用的有效发挥，还有待于我国能源清洁化相关的税收政策不断完善。政府政策是现阶段京津冀能源清洁化转型的主要推动力量，在能源清洁化转型的初期阶段不可或缺。然而，税收政策的制定和完善，更可能成为引导能源清洁化转型的长效机制。

三　京津冀能源清洁化转型的主要路径

在国家下大决心整治雾霾问题的背景之下，京津冀地区的能源清洁化转型也驶入了加速轨道。北京和天津对燃煤增量和存量增长实行严格控制，河北省也大力削减燃煤比例。伴随着燃煤比例的下降，天然气、可再生能源等相对清洁的能源日益受到京津冀能源消费的青睐。具体来看，京津冀能源清洁化转型主要包含煤炭清洁化利用、煤替代以及可再生能源利用与推广三大路径。

（一）煤炭清洁化利用

尽管京津冀地区煤炭消费占比不断下降，然而，基于经济稳定发展和能源安全的需要，我国以煤炭为主的能源消费格局短期内难以改变，京津冀地区亦是如此。因此，煤炭的清洁化利用也是我国能源清洁化的重要内容。

京津冀煤炭清洁化利用的主要思路有两个方面，一方面是从煤炭自身的转化入手，通过化学或者物理加工实现煤炭的清洁化。另一方面是通过对燃煤炉具的升级改造，实现煤炭的高效清洁燃烧。

在煤炭自身的清洁化中，化学加工主要是依靠技术创新，通过各种高精尖技术把煤干馏、气化和液化或实现对煤炭资源的充分挖掘（比如煤层气开采）。这种途径下，对技术和资金要求较高，只有实力雄厚的大型煤炭企业，比如神华、中煤等集团企业有能力投入研发和生产。在京津冀治理雾霾的紧迫任务下，煤炭的化学加工短期内难以实现大规模利用。物理加工主要改变煤炭的物理形态或成分，提高煤炭的燃尽率，同时降低排放。比如煤粉加工和型煤加工等。物理加工投入小，工艺相对简单，适合短期内推广应用。目前，京津冀地区的煤炭清洁化以型煤替代散煤为主。在北京的城中村、城乡接合部以及河北、天津的农村地区，由于电网待升级、燃气管网设施不完善、居民收入较低等原因，型煤替代是在这些地区推行能源清洁化的最佳选择。京津冀地区都在推进建立洁净煤生产—流通—供应网络，通过行政规范、财政补贴、与民沟通的方式，推进煤炭综合化、洁净化、低碳化使用。2014 年 6 月，国家能源局宣布，与京津冀三省市及相关能源企业签订《散煤清洁化治理协议》，力争到 2017 年底，京津冀基本建立以县（区）为单位的全密闭配煤中心、覆盖所有乡镇村的洁净煤供应网络，优质低硫散煤、洁净型煤在民用燃煤中的使用比例达 90% 以上。

燃煤炉具的改造升级是实现煤炭清洁化利用的另一条思路，主要是从供暖、供热燃煤炉具和发电燃煤机组的更新升级入手，通过强化燃煤锅炉淘汰和升级改造工程，提高燃煤锅炉能源利用效率、降低大气污染物的排放。北京市计划在“十三五”期间，五环路以内基本取消燃煤锅炉，因此，对燃煤锅炉的改造升级主要针对五环路以外地区；天津市规定 35 蒸吨以上供热及工业燃煤锅炉达到国家新建燃气锅炉排放标准。河北省在燃煤锅炉的标准方面相对宽泛，其“十三五”规划指出，设区市和省直管县（市）城市建成区禁止新建燃煤锅炉，其他地区不得新建 10 蒸吨/时及以下的燃煤锅炉。加快设区市城市建成区 35 蒸吨/时及以下燃煤锅炉淘汰进程，积极推广大型煤粉高效锅炉、“微煤雾化”锅炉及其他高效节能环保锅炉，提高燃煤锅炉能源利用效率。在煤电机组的升级改造方面，河北省和天津市都力争在“十三五”期间，完成煤电节能升级和超低排放改造。略有不同的是，河北省为保障能源供应，将继续合理布局建设大型高效燃煤机组，加快发展以背压式机组和燃气机组为主的热电联产，全面完成煤电节能升级和超低排放改造，强化区域内电源支撑，到2020年实现电力装机容量达到9800万千瓦、发电量3485亿千瓦时。天津市则主要通过推广清洁煤燃烧技术，主力电厂燃煤机组达到超低排放水平。天津市和北京市都将扩大外部电力输入比例，以缓解本地的能源需求和环境问题。

（二）煤替代

煤替代的目的是通过压减燃煤比例，同时增加其他品种能源的消费，实现能源消费结构的彻底转变。在与雾霾治理目标相协同的条件下，京津冀煤炭清洁化转型要求在降低煤炭消费比例的同时，必须增加电力、天然气以及可再生能源的使用比例，也即通过"煤改电""煤改气"、可再生能源的利用与推广实现整个能源结构的多元化以及清洁化。目前，在京津冀主推的煤替代方案是"煤改电"和"煤改气"。

相对于散户燃煤，"煤改电"可以通过资源的重新组合配置，增进全社会的环保福利。具体来看：第一，"煤改电"将燃煤集中于电厂燃烧，有利于提高燃烧效率，并实现脱硫脱硝的低排放。根据长江学者特聘教授、华北电力大学经济与管理学院院长牛东晓的分析，直燃煤排放远大于电煤排放，每千克煤炭直接燃烧排放的二氧化硫、烟尘分别为其用于发电的4倍、8倍。当前我国大气主要污染物中，约80%的二氧化硫、60%的氮氧化物、50%的细颗粒物来源于煤炭燃烧，其中近一半源自直燃煤。近20多年来，我国燃煤发电技术水平不断提高，单位发电量烟尘、二氧化硫等主要大气污染物排放量逐年下降。中国电力企业联合会秘书长王志轩认为，燃煤电厂对环境的影响将进一步减少。[①] 第二，中国燃煤电厂已经具备领先世界的装机规模和技术优势，"煤改电"可通过电网升级和加密在较短期内实现，受地理因素影响较小，可行性强。通过"西电东送"工程，建设特高压，可以统筹利用东西部的环境容量，优化配置全国环境资源。相比较东中部地区密集的火电厂分布格局，我国西部、北部地区环

---

① 《建设特高压是转移污染还是助力清洁能源?》，2014年4月11日，北极星电力网新闻中心（http://news.bjx.com.cn/html/20140411/503118－3.shtml）。

境利用空间比较大，在环境可承载范围内通过集约化开发，建设一定规模的燃煤电厂，再通过特高压输送到东中部地区是完全可行的。第三，“煤改电”促使煤炭的集中燃烧以及燃煤电厂的满载运营，可以促进煤炭企业和燃煤电厂实现规模经济，从而进一步降低成本和加大清洁技术投入。因此，长期内，“煤改电”工程在全国范围内可以大有作为。2013年，北京已完成城市核心区20多万户平房“煤改电”工程，完成城六区燃煤锅炉清洁能源改造1.7万台。2014年2月，天津市首家“以电代煤”项目也已经送电成功。而河北省廊坊市也在2013年启动了“煤改电”项目。国家电网公司组织国网北京、天津、冀北、河北电力研究所编制了《京津冀2016—2017年重点区域“煤改电”实施方案》，提出将在2016年和2017年改造2455个村93.6万户居民和418家工业及公共事业单位燃煤锅炉窑炉，京津冀各地已经实施或完成方案编制工作。

相对于煤炭，天然气燃烧过程中的碳排放量较低，比较清洁，是替代煤炭的理想能源品种。随着国家“一带一路”建设的推进，与沿线油气供应国的合作将扩大中国天然气的来源；同时美国页岩气革命成功，也将增加对世界市场页岩气的供应。气源充沛是京津冀“煤改气”工程推进的基础条件，若能获得稳定供应，京津冀地区的能源清洁化程度将得到彻底改善。随着各地对环保要求的提升，“煤改气”已经成为京津冀雾霾治理的重要着力点。大型燃煤发电厂的“煤改气”是北京市削减燃煤的“主战场”，《北京市2013—2017年加快压减燃煤和清洁能源建设工作方案》通知中指出，到2017年，全市燃煤总量比2012年削减1300万吨。为实现该目标，北京市将着手建设四大燃气热电中心，全面关停燃煤电厂。河北“煤改气”工程实施力度相对比较大，2015年3月20日，河北省办公厅发布《关于印发河北省燃煤锅炉治理实施方案通知》指出，河北省预计2017年底前淘汰燃煤锅炉11071台，力争天然气供应规模达到160亿立方米以上。2015年3月，天津市针对治理大气污染推出“津八条”，其中重点提出整改燃煤锅炉和电厂“煤改气”，大力推广天然气的使用。其中，供热方面，天津市中心范围内所有供热锅炉全部改为燃气，不再烧煤，2015年内全部改完。发电方面，天津2016年60%烧煤的发电厂要达到烧燃气的标准，并且2016年4月份把天津陈塘庄发电厂关停。[1]

然而，天然气的成本远高于煤炭，并且京津冀天然气几乎全部依靠外部输入，“煤改气”工程受限于天然气管网的联通能力。随着天然气使用比例的增加，京津冀能源对外依存度将不断提升，供应稳定将成为该地区应对能源安全的重要关切。

（三）可再生能源利用与推广

可再生能源是未来能源的发展趋势，欧洲的丹麦、德国、英国等国的可再生能源利用已经证明，可再生能源有能力实现对传统化石能源的全面替代。京津冀地区有丰富的可再生资源，特别是太阳能和风能条件优越。北京的太阳能年日照时数在2600—3000小时，属于太阳能资源较丰富地区；风能资源主要分布在西北部和西部山区，特别是山区隘口，如官厅水库库区和山顶（如灵山），风速较大，具有一定的风能资源开发潜力。天津太阳能资源属于Ⅲ类地区，年总日照小时数为2613小时。天津风能资源主要集中在滨海新区塘沽、汉沽、大港等沿海区域，其海岸线周边均具备建设大型风电场的条件。河北省太阳能资源丰富，在全国位列第9位，太阳年总日照小时数平均可达2200—3200小时，大部分地区属于资源丰富地区，尤其是张家口地区太阳能资源较为丰富。河北省风能资源丰富地区主要分布在尚义、张北及秦皇岛、唐山、沧州沿海一线。

目前京津冀可再生能源的开发和利用以光伏发电和风电为主，生物质能和地热能也得到较快发展。北京市2015年可再生能源电力装机累计达到47万千瓦，其中光伏装机16.5万千瓦，风电装机20万千瓦，生物质发电10万千瓦，外调绿电45万千瓦。加上可再生能源供热量，北京地区可再生能源利用量占总能源消费比例达到6.6%。天津的可再生能源开发模式主要以生态城概念建设光伏电站，截至2014年底累计装机规模达10万千瓦，其中7万千瓦为分布式光伏。天津“十三五”规划指出，将继续鼓励发展分布式能源，加强太阳能、地热能、风能、生物质能开发利用，非化石能源比重超过4%。由于地域广阔和可再生资源丰富，河北省

---

[1] 《京津冀“煤改气”困难犹在》，《中国能源报》2015年5月28日（http://news.xinhuanet.com/energy/2015-05/28/c_1115432057.htm）。

的可再生能源开发明显优于京津二市，光伏和风电装机规模增长迅速，特别是风电的发展已在全国名列前茅。2015 年底，风电并网容量达 1022 万千瓦，位列全国第四位。2015 年底，全省可再生能源利用总量由 2010 年的 400 万吨标准煤增长到 1000 万吨标准煤左右，可再生能源消费总量占一次能源消费比重由 2.4% 提高到 5%，较“十一五”末翻了一番。其中，可再生能源发电量占全社会用电量比重达到 6.7%。

从当前京津冀能源结构调整所取得的阶段性成果来看，京津冀各地政府推动能源清洁化的决心坚定，行动积极，并且已经取得了较大成效。京津冀目前实现能源清洁化的总体思路是以减煤换煤为中心，围绕减煤换煤做功课。减煤无疑是指降低煤炭消费比例，换煤的思路则可以发散思维，可以以优质煤替代，也可以以电力、天然气、可再生能源等相对清洁的能源直接替代。然而，也应看到，由于煤炭资源使用的惯性以及煤炭的低成本优势——相同热值的煤炭资源价格仅仅是汽油、柴油的九分之一，燃煤发电成本是太阳能、风能发电的一半，是核电成本的三分之一，煤炭必然长期在京津冀地区（主要是河北省）的能源构成中占据主导地位。因此，短期内京津冀能源清洁化转型应当兼顾河北地区发展的权利和能力，以煤炭清洁化来促进河北能源清洁化转型的平稳过渡。在京津地区则根据电网输电能力和气源保障能力，加大减煤力度。由于天然气对外依存度偏高，可再生能源有可能成为未来京津冀地区最有潜力的替代能源，鉴于目前在能源消费占比依然偏低的现状，京津冀地区应当着力改善可再生能源市场准入环境，扩大可再生能源并网能力。

四 京津冀能源清洁化存在的问题

能源清洁化转型是京津冀协同发展的重要内容，也是根治雾霾的必然要求。在京津冀协同发展战略的推进下，以及雾霾持续笼罩的挑战中，京津冀地区推进能源清洁化的力度渐增不减，各级政府对能源消费端产生的污染正走向“零容忍”。京津冀地区的能源清洁化行动正如火如荼地开展，但也暴露出诸多问题，如若得不到妥善处理，这些问题将制约京津冀能源清洁化的实现。

（一）以政府推动为主，缺乏长效的自动调节机制

目前京津冀能源清洁化转型主要依靠政府出台政策法规强力推动，减排硬约束以及政府补贴是企业和居民落实能源清洁化任务的双驱动，具有自动调节作用的税收体系尚未建立。而纵观欧美等发达国家大气治理成功的经验，税收引导和激励对于引导企业和居民的行为必不可少。我国目前并没有针对环境和气候变化的成体系的税收法规，以费代税现象普遍存在。企业或居民多出于获取一次性的补贴而履行政府的清洁化政策，长效的行为引导机制不足，这在很大程度上归因于税收体系及其与污染相关的监测体系的缺失。这导致了较高的道德成本，受能源消费观念和环保意识差异的影响，部分企业和居民自愿进行能源清洁化的动力不足，因此，尽管有强制性的减排约束，但若监管不到位，将仍会存在不落实相关清洁化政策甚至逃避监管的行为。比如，虽然北京地区实施了京津冀地区最严格的控煤标准，但在 2016 年 10 月 15 日华北环保督察中心派出督察组对北京市海淀、丰台、门头沟、通州、房山、大兴等重污染天气响应情况开展专项督察时发现，截至 2016 年 10 月 16 日上午 10 时，焚烧及散煤污染仍有发生。这说明，单纯的减排硬约束只是遏制但不能杜绝污染行为。

另外，补贴也存在着诸多问题。一方面，目前的补贴目录多以肯定清单的形式做出规定，即直接列明补贴项目标的、补贴期间及补贴标准。比如，河北省对于光伏电站的补贴规定为“对屋顶分布式光伏发电项目（不包括金太阳示范工程）按照全电量进行电价补贴，补贴标准为每千瓦时 0.2 元，由省电网企业在转付国家补贴时一并结算。2015 年 10 月 1 日之前投产的项目，补贴时间自 2015 年 10 月 1 日到 2018 年 9 月 30 日；对 2015 年 10 月 1 日至 2017 年底以前建成投产的项目，自投产之日起补贴 3 年。对余量上网电量由省电网企业按照当地燃煤机组标杆上网电价结算，并随标杆上网电价的调整相应调整”。这种肯定清单的补贴规定，有利于促进相关项目的迅速发展，但对于清单外的创新项目，难以获得补贴激励。另一方面，随着补贴项目建设规模的迅速扩张，政府面临着越来越大的补贴缺口，债务负担加重，难以实现可持续发展。事实上，截至 2015 年底，中国可再生能源补贴资金缺口累计约 410 亿元，其中光伏发电已达到 180 亿元，这与我国光伏装机容量迅速扩张呈正相关关系。

（二）河北省压减燃煤的任务重、困难大

河北省继续压减燃煤比例面临着两大方面困难。一方面，从预计压减燃煤的绝对量来看，河北省压减燃煤任务重于京津二市，且受影响企业众多。根据《重点地区煤炭消费减量替代管理暂行办法》规定，2017 年河北省相比 2012 年削减 4000 万吨，北京为 1300 万吨，而天津只有 1000 万吨。其中，河北省 63% 的煤炭削减量都压给了钢铁大市——唐山，这进一步加剧了削减煤炭指标的艰难程度。河北省压减燃煤目前主要是靠淘汰落后产能、关停不达标企业形式实现。比如，《河北省燃煤锅炉治理实施方案通知》预计 2017 年底前，河北省将淘汰燃煤锅炉 11071 台，可见河北省的淘汰力度之大。随着燃煤压减工作的逐步推进，淘汰、关停工作所涉及的利益群体越来越多，如何做好被淘汰企业的员工安置或再就业，将成为政府必须考虑的民生和社会稳定问题。

另一方面，由于天然气、电力的使用成本比煤炭高出很多，煤替代而导致河北省能源密集型企业成本上升，也将给减煤换煤工作带来阻力。在我国，煤价、气价和电价之间的差距较大，对企业投入成本影响较大。尽管天然气价格近年来也随油价呈下跌趋势，但是，按照下跌后的价格计算，中国的天然气价格仍比煤炭贵 3—4 倍；相应地，天然气发电价格为燃煤发电价格的 2 倍左右（天然气发电上网电价在 0.8 元/千瓦时左右，燃煤电厂污染物排放达到天然气发电水平时，电价约为 0.4 元/千瓦时左右）。[①]《河北省燃煤锅炉治理实施方案通知》预计 2017 年底前力争天然气供应规模达到 160 亿立方米以上。这为河北省的企业和居民用户增添了一笔很大的开支。

此外，在京津冀协同发展战略布局下，京津尤其是北京的一些相对高耗能产业向河北地区转移，必将增加河北的能源消耗量。同时，河北省还将继续充当对京津的后方补给角色，为京津输送一部分电力。而这些能耗和污染成本均计入河北省辖区内，对于河北省来说，是一种负担，也显失公平。在京津冀三地关系中，河北省环绕京津，既是京津重要的生态屏

---

① 朱成章：《天然气比煤炭贵是个大问题》，《中国能源报》2015 年 4 月 27 日（http://news.bjx.com.cn/html/20150427/612275.shtml）。

障，又是京津最重要的经济腹地，在多年的发展中，河北省实际上付出了经济和生态的双重成本。[①] 首先，北京、天津和河北环境污染治理投资额占 GDP 比重 1.31%，天津市为 1.55%，而河北省为 2.54%；其次，2012 年三地的人均 GDP 分别为 99995 元、105231 元和 39984 元，可见经济发展水平相对较低的河北省承担了较其他两地更重的生态治理任务。

（三）天然气对外依存度高且需求增量难预测

我国的能源赋存属于典型的“富煤、贫油、少气”结构，天然气产量较低，且严重依赖进口。根据国际能源署（IEA）的统计，2015 年天然气对外依存度达到 20%；到 2035 年，将会达到 40%。京津冀地区的天然气大部分都依靠外地调入，其中北京市天然气需求的 100%（2014 年数据），天津需求量的 83%，河北省需求量的 65% 均需从外地调入或进口。京津冀地区燃煤锅炉向燃气锅炉的置换，导致该区域用气量大增，必将进一步加大天然气对外依存度。据有关资料显示，到 2017 年，京津冀及周边地区将全面淘汰燃煤小锅炉，改用天然气。北京市要求，从 2013 年开始到 2017 年，将全面实现电力生产燃气化，到 2016 年基本完成全市规模以上工业企业锅炉“煤改气”。天津市要求 2013 年对城区供热燃煤锅炉“煤改气”“清零”。[②] 燃气对燃煤的大量替代，加剧了京津冀地区天然气供应紧张的状态。2012 年入冬到 2013 年入冬时节，我国天然气供应缺口从 40 亿立方米左右增加到 100 亿立方米。为保证民用天然气供应，各地不得不压减工业用气。其中，沧州大化 2013 年 11 月 12 日就被列入暂停天然气供应行列，严重影响了企业的正常生产运营。

除了因高依存度所导致的供气稳定问题外，在“煤改气”的过程中，还存在供气缺口（主要是天然气需求增量）难以及时准确测度的问题。因为“煤改气”过程中，涉及诸多行政管理部门的衔接和不同能源品种之间的替代。根据参与《大气污染防治行动计划》的清华大学环境学院院长贺克斌教授介绍，燃气锅炉替代燃煤锅炉需要的气量由各城市来计

---

① 陈欢：《治霾新思路：区域性大气生态补偿——以北京雾霾治理为例》，《法制博览》2015 年第 30 期，第 278—279 页。

② 《“煤改气”面临百亿天然气缺口 大气治理遭遇困境》，2013 年 11 月 15 日，中国行业研究网（http://www.chinairn.com/news/20131115/111945585.html）。

算。而在各城市中，燃煤锅炉改造涉及发改、环保、住建、燃气公司、供热办和锅炉企业等多家单位的衔接。衔接不到位，就很难及时获取天然气需求数据。比如，保定市2013年改造了108台锅炉，保定市发改委却无法第一时间告知多少煤炉改成了燃气，因为工业生产的锅炉数据在工信局，居民用锅炉则在保定市公用事业局。[①] 与此同时，市区的“煤改气”还要通盘考虑城市集中供热能力、地热资源状况、燃气管网铺设及气源情况等诸多因素。在现有的管理体制及技术条件下，“煤改气”所导致的天然气增量很难准确测度。因此，在未来几年内，天然气需求数据的测度及所需的管网建设将是“煤改气”工程所必须落实的保障工作。

（四）可再生能源发展的困境

可再生能源面临的困境主要体现在并网发电能力不足而导致的一系列问题上。这一问题是全国可再生能源发展面临的共同问题，而京津冀地区则是全国的一个缩影。中国对可再生能源的投入以及可再生能源发电装机容量均位居世界前列，但是可再生能源发电量却落后于其他国家。2016年6月1日，“21世纪可再生能源政策网络”指出，截至2015年年末，我国可再生能源发电（不含水电）装机容量约为199吉瓦，居世界首位，美国（122吉瓦）和德国（92吉瓦）分列二、三位。目前，中国已经在风电、水电和太阳能发电装机容量方面均列世界首位。[②] 然而，中国的可再生能源发电量却不及美国和德国。以风电为例，2015年美国的风电并网容量仅为中国的58%，但是风力发电量却超过我国。原因之一就是由于政策鼓励而引发的大规模装机，导致可再生能源电力并网困难，我国存在严重的“弃风”“弃光”现象。保尔森基金会2016年7月份发布报告《风光无“限”——助力京津冀可再生能源的领军之旅》指出，2015年，我国弃风率高达15%，2015年的前三季度弃光率达到11%。从2011年到2015年，我国弃风限电导致的电费损失累计约510亿元人民币，因此多消耗了原本可以避免的4.3亿吨原煤。

---

① 《“煤改气”糊涂账　发改委一月三道严令》，《南方周末（广州）》2013年12月12日（http：//www.infzm.com/content/96629）。

② 《2015年全球可再生能源发电装机容量创新高》，2016年6月3日，中国自动化网（http：//www.ca800.com/news/d_1nujs5gbc5u81.html）。

在京津冀地区，也存在类似全国的情况。2015 年河北省风电并网量达到 10 吉瓦，光伏发电并网量 2.4 吉瓦，但与此同时，河北省弃风率约 10%，虽然稍低于全国平均水平，但仍远高于国际标准。[①] 如前所述，河北省张家口地区有丰富的太阳能和风能资源，国家在张家口地区建立可再生能源示范区，大大促进了该地区可再生能源的发展。2015 年底，张家口的风电和光伏发电容量达到 8 吉瓦，并计划到 2030 年增长到 50 吉瓦。这个数字要比中国、德国和美国三个国家以外所有国家当前的装机总量还高。然而，问题在于，张家口本地电力需求仅有 1.85 吉瓦，外送能力仅 5.5 吉瓦。北京距离张家口仅 200 公里，但目前仍然无法使用张家口的清洁电力。电力消纳渠道不畅导致张家口 2014 年的弃风率已高达 30%。[②] 京津电力大规模依靠外送与河北省可再生能源电力外送困难存在严重矛盾。这种矛盾与京津冀地区电网一体化联通能力不足有很大关系。

由以上分析可知，京津冀地区的能源清洁化依然面临着诸多问题，政府在能源结构调整中的角色固然重要，但是，直接干预会导致一系列深层次问题。政府过多的直接干预，不但会抑制经济发展活力，也加重了政府债务负担，还会导致民众的抵制心理。调研过程中，部分民众显然对政府强制换煤而导致的不便产生了抱怨。因此，如何让政府在此次能源转型革命中功成身退是未来政策制定者必须考虑的问题。河北省在京津冀的能源清洁化过程中负担着相对沉重的任务，这与其负担能力形成截然反差，京津冀如何在一体化中互补与协调，对于降低河北省的转型成本至关重要。“煤改电”“煤改气”也要考虑各地的环境承载能力和气源的稳定供应，电网、天然气管网耗资巨大、建设周期长，因此，科学预测电力尤其是天然气需求增量，将成为“煤改气”的重要工作。此外，我国可再生能源的开发已经取得了良好进展，但是其利用又受到现有的能源体制的诸多束缚，突破可再生能源电力入网困境将成为可再生能源健康发展的关键。

---

① 详见保尔森基金会 2016 年 7 月发布的报告《风光无“限”——助力京津冀可再生能源的领军之旅》。

② 《京津冀是中国可再生能源发展困境的缩影》，2016 年 7 月 12 日，中国投资咨询网（http：//www.ocn.com.cn/chanjing/201607/igohr12141639.shtml）。

五 推动“京津冀节能减排一体化”

煤炭清洁化利用、煤替代、可再生能源开发与利用是从能源供给侧实现京津冀能源清洁化转型的三条主要路径，而节能减排则从能源消费侧为京津冀能源清洁化转型施加了硬约束。在一定程度上，能源清洁化与节能减排相互促进，互为因果。在京津冀雾霾协同治理的大环境下，京津冀节能减排一体化不但有助于推进京津冀能源清洁化和打造京津冀雾霾防治的统一市场机制，更将助力于京津冀协同发展的长远大计。

（一）推动“京津冀节能减排市场一体化”，为全国节能减排市场一体化积累经验

在“十三五”期间，碳排放权交易、节能量交易、合同能源管理和排污权交易等市场机制将逐步成为中国节能减排的重要手段。要推动京津冀节能减排的一体化，节能减排市场机制的一体化是必然选择。

从理论上讲，绝大部分节能减排市场手段将逐步实现全国的一体化，如，我国在2017年启动全国碳市场。但由于区域的差异及地方保护，对于很多节能减排市场措施来说，短期内，不仅实现全国的一体化面临诸多挑战，在京津冀区域实现一体化也面临较大的压力。

以节能量交易为例。实现节能量交易，需要完善节能目标的上限规定、配额分配、节能量的认证等一系列的工作。由于京津冀三地能耗强度有很大的不同，节能标准统一有很大的难度，特别是在河北省处于能耗总量大、能耗效率低、经济不发达诸多不利因素并存的状态下，如果统一相关标准，无论指标是高或是低，河北省都将处于不利位置。

对于碳排放权交易来说，也面临同样的问题。2011年，国家确定了七个碳交易试点，北京、天津碳交易市场分别在2013年11月28日和12月26日启动。但京津碳交易市场成立以来，交易额很小，基本 处于“鸡肋”状态，主要原因在于配额总量设置的难度较大，另外摸准排放数据也面临较大的挑战。如果要实现京津冀碳交易市场的一体化，将面临管理、配额分配、后期惩罚等所有环节的进展及标准统一问题。目前，在碳交易过程中，北京和天津两地纳入交易企业的选择标准、盘查标准

都不一样，而河北不是试点地区，盘查数据的确定等很多基础工作还没确定，与京津统一的难度更大。另外，如果统一标准，河北省可能陷入既落后又需要购买碳配额的窘境。但如果不统一标准，又违背市场公平竞争的原则。

尽管推动京津冀节能减排市场机制的一体化面临很大的难度，但从发展的角度来看，又势在必行。并且，以京津冀一体化为契机，积极探索碳交易等节能减排市场机制的一体化路径，进而辐射华北五省市，有利于为全国节能减排市场机制的一体化做示范。

为推动京津冀节能减排市场机制的一体化，建议加强以下几个方面的政策建设：

一是由中央相关部门出面完善节能减排市场机制。从中央的角度来看，打破各地在节能减排方面的不同诉求及地方保护的有力杠杆就是市场手段，既能避开各地难以解决的行政争议，也具有扎实的法律基础。对于京津冀来说也是如此，由于三地存在利益冲突，相互之间很难通过沟通协调形成统一的方案，只有中央相关机构的积极参与，制定统一的节能减排市场机制，才能推动京津冀形成统一的节能减排市场。制定统一的节能减排市场机制的重点是完善相关标准、方案及惩罚机制，并加大落实力度。在京津冀节能减排标准方面，一些研究者建议降低河北的标准，这是不可取的，因为，推动节能减排市场的一体化关键是标准的一体化，实现市场公平竞争。但可以通过项目及资金倾斜等措施支持河北的企业。如，在碳交易市场一体化方面，建议在京津冀率先完善并实行免费与拍卖相结合的碳排放量配额分配机制。

在碳排放量配额分配方面，应按照各行业的平均碳排放水平计算并分配免费配额，其余的进行拍卖。这样既鼓励了能效较高的企业，也给能效较低的企业带来节能减排压力。同时，为降低河北企业承担的压力，中央的各类节能减排资金及项目中的京津冀份额部分应向河北倾斜。京津冀三地也应建立专门的节能减排基金，加大对河北企业节能减排工作的支持力度。

二是国家有关部门已出台或即将出台的有助于节能减排市场一体化的政策法规、税收措施等，在京津冀先行先试，继而再推向全国统一市场。建议在实施节能量交易机制的同时，也在京津冀试行绿色能源购买机制。

节能量交易同化石能消费总量控制指标及分配密切相关，该制度有利于鼓励企业进行节能，但同时，出于发展空间的考虑，也应给发展速度较快的企业更多的选择。在目前设计的制度框架下，对于那些因发展较快导致能耗需求总量增加的企业来说，未来要么需要购买能耗指标，要么自主开发利用新能源。但这都面临挑战，因为，能耗指标富裕的企业可能奇货可居，或者漫天要价，给真正需要能耗指标的企业带来较大的成本压力，同时，企业也可能没有空间来开发利用新能源。在这种背景下，应借机实施原本搁浅的绿色电力等绿色能源的购买机制，既给企业更多的选择，形成多元市场竞争机制，也有利于推动新能源的开发利用。企业用于购买绿色能源且多出传统能源部分的资金可作为新能源发展基金。

三是建立统一的监督核查机制。无论是对节能量交易，或是碳交易来说，完善的监督机制、数据统计机制都是重要的基础。为避免企业在节能减排监测或数据统计方面造假，京津冀应逐步建立统一的监测平台及执法机制，统一的数据核查机制，以利于形成公平的市场竞争环境。

（二）打造“京津冀新能源城市群”，协同开发利用新能源，推动区域能源替代

京津冀城市群包括北京、天津，以及河北的石家庄、张家口、秦皇岛、唐山、保定、廊坊、邢台、邯郸、衡水、沧州、承德共 13 个城市，区域面积占全国的 2.3%，人口占全国的 7.23%。打造“京津冀新能源城市群”是推动京津冀开发利用新能源，推动京津冀节能减排一体化的需要。

从能源供给侧的角度来看，新能源开发主要包括电力、热力、燃料三大领域，通过打造“京津冀新能源城市群”，有利于发挥三地各城市的可再生能源优势，实现资源互补。比如，在可再生能源电力方面，可发挥张家口、承德的风电优势，发挥天津海上风电的优势。从交通、建筑与工业等能源需求侧的角度来看，也需要推动三地的一体化。比如，在推动新能源汽车方面，需要三地协同建设充电桩等基础设施。

同时，三地也有协同建立新能源城市群的基础。目前，京津冀三地的绝大部分城市都在建设不同类型的新能源城市。在可再生能源建筑应用城市示范方面，财政部、住房和城乡建设部在 2010 年推出的第一批可再生

能源建筑应用示范城市中，北京、天津、唐山等城市就位列其中。

在新能源示范城市建设方面，2012年5月，国家能源局正式启动新能源示范城的申报。北京市的昌平区，河北省的承德市、邢台市、张家口市都属于第一批示范城市。在新能源应用示范产业园区中，天津市的中新天津生态城，河北省的北戴河新区也都属于示范产业园区。实际上，在国家能源局正式推出新能源示范城市之前，京津冀的一些城市已开始行动，如，2008年1月，国家科技部认定保定市为“太阳能综合应用科技示范城市”。

在新能源汽车推广示范城市或区域建设方面，财政部、科技部、工业和信息化部、发展改革委分别于2013年11月、2014年1月发布了两批新能源汽车推广应用城市（群）名单。其中，北京市、天津市，以及河北省的石家庄（含辛集）、唐山、邯郸、保定（含定州）、邢台、廊坊、衡水、沧州、承德、张家口都属于新能源汽车推广示范城市。

从以上各类新能源示范城市建设实践可以看出，除秦皇岛外，京津冀三地的各城市都分别属于多种类型的新能源示范城市，具有打造“京津冀新能源城市群”的基础与条件。

为打造“京津冀新能源城市群”，建议加强以下几个方面的政策建设：

一是顶层政策设计过程中，通盘考虑京津冀城市群。相关中央部门在推动各类新能源示范城市建设过程中，把京津冀城市群作为一个整体看待，通盘进行定位与布局。并增强京津冀现有的各类新能源示范城市之间的关联度，如，统一京津冀地区各类新能源城市建设方面的标准、政策措施等要素，推动协同发展。

二是制定“京津冀新能源城市群发展规划”。整合三地的各类新能源城市规划及新能源发展规划等相关规划，制定统一的京津冀新能源城市群建设规划。既能发挥各城市的优势，也能避免盲目建设、重复建设。

三是从新能源交通一体化着手，逐步推动新能源电力、新能源建筑、新能源供热等领域的一体化。充电桩不足是制约电动汽车推广的重要因素，京津冀应首先统一规划建设三地的充电桩，特别是高速公路充电桩的建设。为新能源其他领域的一体化提供规划、政策、标准等方面的经验借鉴。

（三）以发展“京津冀总部经济”为抓手，推动区域产业结构升级，提高能源利用效率

产业结构调整是目前中国推动节能减排工作的主要手段之一，而发展区域总部经济有利于同时推动三地的产业结构调整工作，并发挥总部型企业在节能减排方面的“领跑者”作用。

北京市的总部经济是目前国内发展最好的，具有较大的发展潜力。在节能减排方面，北京市目前已初步完成低层次的产业结构调整——关停并转高污染、高能耗的企业，下一阶段是要进行高层次的产业结构调整——转移质量较高的总部型企业的生产制造部分，以及部分企业总部。这既是北京市“疏解北京非首都功能”的需要，也是深化北京市节能减排工作的需要。

而河北省目前尚处在产业结构调整的初级阶段，需要关停并转大量高污染、高能耗的企业，这将带来失业率上升、产业空心化等问题。承接北京市转移的能效较高的总部型企业的生产制造环节及部分企业总部，有利于推动河北省产业结构调整工作的平稳进行。对于天津市来说，也是如此，不过，天津市有条件吸引更多的北京市转移的企业总部。

为推动京津冀产业结构调整，建议从以下几个方面加强区域总部经济建设：

一是借助国家“疏解北京非首都功能”的政策契机，发展“京津冀总部经济”。

在发展总部经济方面，北京市具有得天独厚的优势。因为，对于总部型企业来说，把企业总部放在北京，就使企业站在了较高的平台，也有利于企业吸引人才、资金。这也是为什么河北省的一些企业在发展后，纷纷把总部搬迁到北京，而把生产制造部分放在原地的主要原因，这也导致北京市的总部经济一支独大。但在国家“疏解北京非首都功能”的政策推动下，北京市总部型企业的一些功能甚至企业总部将被“疏解”出去，这对天津、河北来说是一个利好的消息，有利于三地共同发展区域总部经济。

对于中央政府来说，要发展“京津冀总部经济”，关键是严格落实“疏解北京非首都功能”政策，推动北京与津冀共建总部经济模式。

二是支持北京与津冀共建“总部经济聚集区”。

目前，北京市已有北京金融街等8个“北京市总部经济集聚区”，北京雁栖经济开发区等4个“北京总部经济发展新区”，以及北京商务中心区等6个“北京市商务服务业集聚区”。中央应在政策方面鼓励这些园区与津冀共建一些合作性的新总部经济聚集区。这样有利于降低北京将转移总部型企业的阻力。

三是实施“能源消费在地管理”。“能源消费在地管理”是指能源消费的统计上报都在消费地进行。

按照目前的统计原则，对于总部型企业分布在外地的下属机构来说，如果是具有独立法人资格的子公司，能耗统计是在发生地进行。但如果是没有独立法人资格分公司，能源消费则由总公司统一申报。这带来的问题是，总公司所在地政府鞭长莫及，无力监管能耗及其带来的污染，而分公司所在地政府又无法监管，或者不愿意监管，这就导致分公司的能源消费行为缺乏有效的监管。

同时，由于能源消费与污染物排放属于约束性指标，企业更倾向于“漏报”“少报”，对于总公司所在地政府来说，难以准确把握其外地分公司的真实能耗。

另外，重复统计也是总部型企业普遍存在的一个典型问题。不仅总部型企业统计申报外地分公司的产值，分公司所在地往往也统计申报其产值，这也是我国存在的各省申报的GDP远大于国家统计局所统计的GDP的一个主要原因。在经济产值重复申报的同时，也往往意味着能源消费的重复统计。

在化石能源消费带来的污染问题日益严重的背景下，这些问题不利于推动节能减排。实施“能源消费在地管理”，则有利于克服以上问题。

为推动“能源消费在地管理”，在实施化石能源消费总量指标分配时，企业总部在外地分公司的能耗指标也应归能耗实际发生地。这样，能耗所在地政府由于增加了能耗指标而愿意接受“能源消费在地管理”模式，企业总部所在地政府由于去掉了“发生在外地的能耗”，减少了节能减排压力，也愿意接受。

为推动“能源消费在地管理”，也建议借助即将实现的“GDP全国统一核算”平台，实施“能源消费全国统一核算”，因为，如果是地方政府统一核算，往往会有意无意地“漏掉”那些没有独立法人资格分公司的能耗。

六　进一步推动京津冀能源清洁化转型的建议

为了清除京津冀能源清洁化继续推进的障碍，必须针对已经暴露出的相关问题加以处理，以促进能源清洁化的进一步发展。为此，应当着重做好以下四方面工作：

（一）完善财税政策，政府补贴适时退出

目前政府在引导京津冀能源清洁化转型中具有关键作用，然而，随着政府补贴规模的不断扩大，为了减轻政府财政负担，必须探索建立长效的自动调节机制，使政府可以适时退出而不引发能源清洁化的倒退。税收政策因为具有强制性、无偿性、固定性的优势，可以在缓解政府负担的同时，发挥自动调节的作用。因此，可以从完善财税政策入手，实现对能源清洁化的自动引导与激励。通过政府税收政策改革与政府的支出、补贴结合在一起，可以进一步减少能源消耗以及减排和低碳化，进而达到减少雾霾的目的。

（二）完善生态补偿机制，分担河北省减煤压力

针对河北省减煤过程中引发的就业和成本问题，京津冀应当立足于一体化整体布局，从优势互补和共同发展的角度出发，探寻合理的生态补偿机制，实现京津对河北的支持。根据转移产业的类型及来源地，合理计算京津冀的成本。2015 年，京津冀区域内已经建立了重点地区大气污染防治结对合作工作机制，北京市与廊坊市、保定市，天津市与唐山市、沧州市分别对接，重点在资金、技术方面支持河北四市。北京市安排约 4.6 亿元资金，支持廊坊市和保定市的大气污染治理（各约 2.3 亿元），主要用于削减燃煤。[①] 在一体化战略布局下，京津将继续向河北地区转移部分产

---

① 《京津冀将淘汰 10 蒸吨以下燃煤小锅炉》，《新京报》2016 年 5 月 21 日（http：//news.163.com/16/0521/01/BNI8N34G00014AED.html）。

业和城市功能，由此，河北省将继续充当京津的重要补给来源地。一条可行的思路是按照转移产业的类型计算京津向河北转移的能耗量和污染量，据此，京津二市在能源清洁化的技术和资金方面给予相应的定向帮扶和补偿，实现京津冀相互补充和共同发展。

（三）加强国际合作与国内协调，实现供气稳定和需求管理

“煤改气”的成功离不开天然气的稳定供应。在我国“贫气”的现状下，天然气供应的稳定不但依赖于国家的天然气来源多样化的实施，也离不开对天然气需求的有效管理。为此，应当从加强国际合作促进天然气供应多元化与加强国内协调实现需求管理两个方向，保障天然气的稳定供应。

天然气供应多元化可以从三个维度入手，首先，由于京津冀地区的天然气供应以管输渠道为主，液化天然气（LNG）的进口量有限。应当借国家“一带一路”实施的契机，加强与俄罗斯、中亚、东南亚等国的天然气及其管线合作，保障气源稳定。同时，加快京津冀天然气管网一体化建设，增强三地通气和调峰能力。其次，应当增加液化天然气进口量，从日本以液化天然气进口为主的成功经验中寻求借鉴，加大储气库建设，同时探索储气于民的可行性，增加对天然气的调峰能力。再次，我国的页岩气储量丰富，应当通过与美欧等国的页岩气技术与开发合作，实现我国页岩气技术的突破和商业化开采。以此缓解我国天然气对外依存度过高的问题。

另外，对天然气需求的准确预测是实现天然气稳定供应的前提。针对我国目前“煤改气”涉及多方管理主体的情形，最有效的办法是成立由政府牵头、专业人士参与的专门的“煤改气”协调工作小组，实现各部门的协调和天然气需求的有效管理。

（四）以能源互联网和区域协同突破可再生能源并网困境

并网能力已经成为制约京津冀可再生能源发展以及能源清洁化的重要障碍之一。而并网困难的原因一方面是因为可再生能源发电受自然环境的影响较大，现有电网的消纳能力有限；另一方面则是因为京津冀地区并没有统一的调度机制，京津冀的电网协调存在体制机制层面的障碍。因此，

若想提高京津冀地区可再生能源电力的并网规模，必须从以上两方面的影响因素着手，同时从技术和协调机制方面发力。能源互联网的兴起与发展有望解决可再生能源发电不稳定而导致的技术性问题，而阻碍京津冀输电线路一体化调度的制度因素，则需要京津冀三地在不断的磋商与协调中推进。未来，京津冀地区应当在可再生能源输电线路规划和供电规划中加强协调，继续推动建设区域性的电力现货市场制度，实现可再生能源的全区调度。京津冀区域可再生能源协调的增进将为全国的可再生能源困境提供借鉴。

第五章

京津冀产业转型升级的协同机制

京津冀协同发展发展既是机遇又是挑战，作为环渤海经济圈，京津冀是我国北方最大也是发展程度最高的经济核心区，更是我国最重要的政治文化中心。本章首先介绍了京津冀产业发展现状，对京津冀三地的产业结构进行比较分析，发现三地差异较大，河北省产业结构落后很多。其次，分析了产业结构与大气污染之间的关系，通过对大气污染的源解析，发现河北省是解决三地大气污染问题的重中之重。再次，对京津冀产业协同发展存在的问题进行了梳理，发现市场发展不够成熟，行政干预过多，教育、人才资源不均衡，主导产业同质、优势产业布局分散，缺乏协同机制等都给京津冀产业转型升级协同发展造成了障碍。最后，对京津冀产业协同发展现有措施及案例进行分类归纳，并根据存在的问题和不足提出了相应的政策建议，以期促进京津冀产业转型升级协同发展更进一步。

一 京津冀产业发展现状

京津冀地区地处东北亚经济圈的中心地带，是对外开放和连接欧亚大陆桥的战略要地，区域面积为 21.6 万平方公里，是全国总领土面积的 2.25%，包含北京、天津以及河北的 11 个地级市，是我国北方最大也是发展程度最高的经济核心区，更是我国最重要的政治文化中心。

据统计[①]，2015 年底北京常住人口为 2171 万，天津为 1547 万，河

① 中华人民共和国国家统计局：《中国统计年鉴 2015》，中国统计出版社 2015 年版。

北为7425万，京津冀地区2015年的常住人口总数已超过1.11亿，是全国人口总数的8.11%。2015年底，北京地区生产总值23014.59亿元，天津为16538.19亿元，河北为29806.11亿元，京津冀区域生产总值为69358.89亿元，超过国内生产总值的10%，显示出京津冀地区雄厚的经济实力。但是，京津冀三地发展存在着很大的差异性，图5-1和图5-2分别显示了2006年到2015年京津冀地区生产总值和人均地区生产总值的情况。① 从图中可以看出，10年来京津冀三地经济都实现了飞速增长，但是河北省经济增长速度相对京、津两地来说比较缓慢，在三地区域生产总值的比重中呈现不断下降的趋势。与地区经济总量不同，河北省人均富裕程度与京、津两地相差非常大，到2015年，京、津两地人均GDP都已超过10万元，而河北省人均刚满4万元，京津冀三地发展不平衡导致了地区间如此大的贫富差距，给三地区域协同发展带来了很大的困难和挑战。

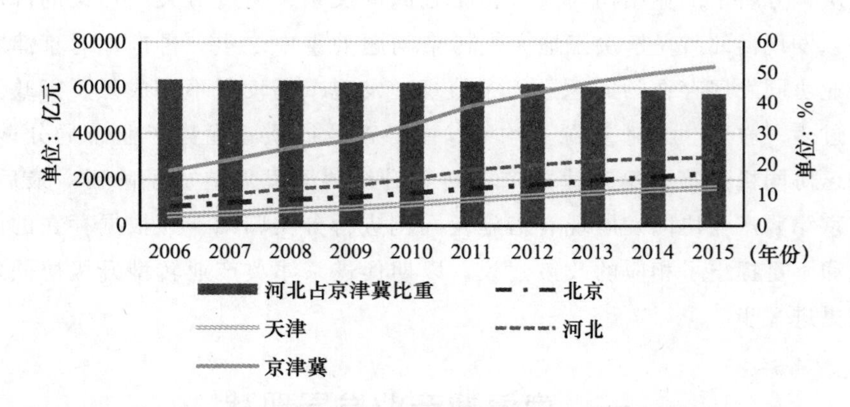

图5-1 2006—2015年京津冀地区生产总值比较

从20世纪80年代起，京津冀就已经开展了区域协调工作，产业协同共经历4个阶段，从最初以突出北京首都地位为主到90年代市场经济中京、津、冀三地各自专注于经济建设，形成区域竞争形态；从21世纪初三地加强交流，地方政府直接推动产业合作、区域协同，再到近几年

① 图5-1、图5-2引用首都经贸大学安树伟老师的《"基于污染物排放总量的京津冀大气污染治理研究"的报告》。

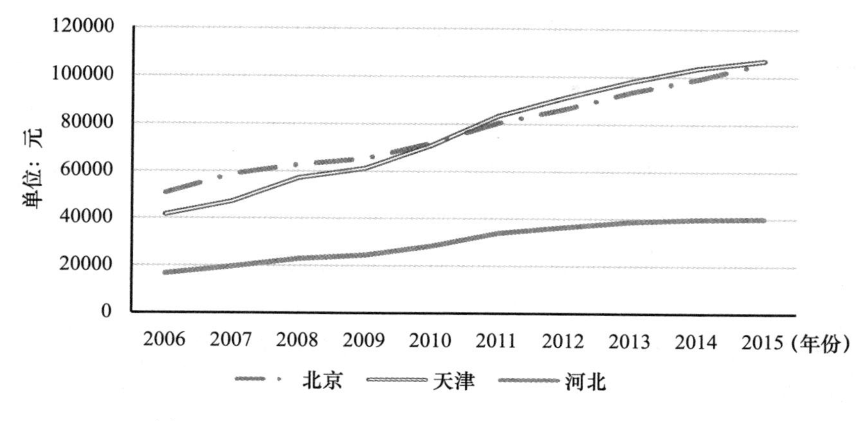

图5-2　2006—2015年京津冀地区人均生产总值比较

国家战略布局调整，推动京津冀协同发展。2014年2月，习近平总书记提出“实现京津冀协同发展是一个重大国家战略”，为京津冀产业协同发展带来了新的机遇，同时也为京津冀区域协同发展指明了方向。表5-1显示了2014年底京、津、冀三地产业布局以及发展情况，下面进行简单介绍。

北京市经过多年发展，不断优化自身产业结构，目前已形成了“三、二、一”的产业格局（见表5-1）。2014年底，北京市第一、第二、第三三次产业增加值分别为158.99亿元、4544.80亿元以及16627.04亿元，各占地区生产总值的0.74%、21.31%和77.95%，显然，第三产业已经成为推动北京市经济发展的主要动力。20世纪90年代，中国市场经济蓬勃发展，北京市经济开始从生产制造型逐步向服务型转变。1994年，北京市第三产业增加值占地区生产总值的比重大约为46.99%，到2014年这一比值达到77.95%，充分表明北京市经济已从原来的投资推动型转变为消费需求型，步入了以服务经济为主导的新时期。特别是，2014年底，北京市金融业增加值达到3357.71亿元，比天津市与河北省金融业产业增加值的和还高出很多，彰显了首都金融服务发展的优势。当前，北京市服务业发展呈现出多元化和高端化的特征，除了满足居民基本衣食住行需求的传统服务业，以商务、科技、金融、信息和物流等为主的现代服务业推动了北京市经济的快速发展。

表 5-1　　2014 年京津冀产业发展情况　　单位：亿元

	地区生产总值	三次产业增加值		
		第一产业	第二产业	第三产业
北京	21330.83	158.99	4544.80	16627.04
天津	15726.93	199.90	7731.85	7795.18
河北	29421.15	3447.46	15012.85	10960.84

改革开放 30 多年，第二产业一直是天津经济发展的支柱产业，产业结构变化不大，大体上保持着“二、三、一”产业格局，只是近年来，第三产业有超过第二产业的趋势。2014 年底，天津市第一、第二、第三三次产业增加值分别为 199.90 亿元、7731.85 亿元以及 7795.18 亿元，各占地区生产总值的 1.27%、49.16% 和 49.57%，第二产业和第三产业平分秋色，占比均接近 50%。与 1994 年天津市第二产业占地区生产总值的比重 56.6% 相比，2014 年第二产业比重尽管有所下降，但变化不大，仍是天津市经济发展的主要推动力。当前，天津市经济发展仍以工业为主导，尤其倚重高新技术产业和重化工业。京津两地地理距离较近，北京资源优势明显，因此，天津市在发展金融、物流以及文化产业等领域面临很大竞争压力，相对北京而言，第三产业发展滞后，还处于不断扩张的成长阶段。但是，天津市从以传统制造业、批发和零售业等为主，逐步向高新化、高端化、高质化产业拓展，在航空航天、装备制造、电子信息、石化、生物医药和新能源新材料等八大产业中显示出了巨大优势。

河北省经过多年产业结构优化升级，经济实现了快速增长，从最初“一、三、二”的产业格局逐渐转变为“二、三、一”的产业格局。改革开放之初，河北省可耕地面积超过 60 万公顷，是我国重要的粮油产地之一，同时由于河北省各地农业生产条件差异较大，发展第一产业具有很强的竞争优势。1994 年，河北省第一产业占比超过 20%，远远高于北京和天津第一产业在地区生产总值的比重。2014 年底，河北省第一、第二、第三产业增加值分别为 3447.46 亿元、15012.85 亿元以及 10960.84 亿元，各占地区生产总值的 11.71%、51.04% 和 37.25%，显然第一产业比重不断下降，第二产业已经成为河北省经济发展的支柱产业。河北省 2014 年工业产业增加值比北京市与天津市工业产业增加值的总和还要高出许多，显示出河北省由农业大省向工业大省的转变。目前，河北省已经基本形成以煤炭、冶金、纺织、化工、石油、医药、机械、电子、轻工、建材十大产业为主体，布局基本合理的资源加工结合型工业经济结构。钢铁产业、火电产业、焦化产业、玻璃产业以及水泥产业是典型的“两高”产业。作为钢铁大省，2012 年河北省污调钢铁企业主要分布在唐山、石家庄、廊坊，占到全省的 63%；全省 75% 的火电企业分布在邯郸、唐山、石家庄、邢台，并且从装机容量来看，邯郸、唐山、石家庄、张家口占比较多，占全省的 65%；2012 年河北省 90% 的焦化企业分布在唐山、邯郸、石家庄以及邢台；62% 的水泥企业分布在唐山、石家庄、保定、邯郸和邢台。对于同样是“两高”行业的玻璃产业，截至 2013 年，河北省共有玻璃制造企业 35 家，玻璃制品企业 88 家，玻璃纤维和玻璃纤维增强塑料制品制造企业 65 家，其中平板玻璃生产企业 52 家，主要分布在邢台、秦皇岛、廊坊、沧州等地，共有玻璃生产线 93 条。由于过高的发展重工业，制约了河北省第三产业的发展，使得河北省的第三产业占地区生产总值比重远远低于北京市和天津市，为了实现京津冀一体化协调发展，河北省第三产业的发展有待提高。

二　产业结构与大气污染

我国当前面临的大气环境问题，说到底还是不合理的生产方式和能源结构造成的。现阶段我国正处于工业化中后期，经济增长的主要动力来自第二产业的增长，经济发展还严重依赖高能耗、高污染的产业。传统污染型产业，如钢铁、水泥、有色金属、煤炭、石油化工、电力、交通运输等仍在快速发展，结构性污染突出。例如，我国粗钢产量从 2000 年的 1.29 亿吨激增到 2010 年的 6.27 亿吨，占全球粗钢产量的 44%。水泥产量从 2000 年的 5.97 亿吨增加到 2010 年的 18.68 亿吨，超过全球水泥总产量的 60%。煤炭产量占世界总消耗量的 50%，我国煤炭年消耗量大约为 40 亿吨，其中只有一半是用于发电，远低于世界 65% 的平均水平。尽管与 1990 年相比，我国主要大气污染物的单位 GDP 排放强度分别降低了 40%—80%，但是这不足以抵消经济高速发展带来的排放量增长，污染物排放总量和强度仍处于较高水平，使得一次颗粒物、二氧化硫、氮氧化物

和 VOC_s 的排放量都在2000万吨以上。

从源头上了解京津冀大气污染的成因，就必须对三地产业结构以及能源结构进行分析，表5-2是2005年到2013年间京津冀三地能源消费总量，[①] 从表5-2中可以看出从2005年到2013年北京能源消费量年均增长为2.5%，天津年均增长为8.6%，河北省年均增长量为5.2%。三地能源总消费量从2005年29442.5万吨标准煤增长到2013年的44270.1万吨标准煤，年均增长率为3.7%。从京津冀能源消费量的比重上来看，三地比重变化不大，河北省能源消费量一直占比最高，保持在67%左右。对2014年三地万元GDP能耗进行比较，北京为0.36吨标准煤/万元，天津为0.602吨标准煤/万元，河北为1.02吨标准煤/万元，显然河北省的能源利用效率应有很大的改进空间。从能源生产状况看，京津冀地区2010年能源生产总量13618万吨标准煤，2012年生产总量为15301万吨标准煤，年均增长率为6%。对京津冀地区能源生产与消费进行比较，明显看出生产量远远小于消费量，特别是北京能源生产量远不及能源消费量的10%。现阶段，京津冀地区的能源消费比起依赖于自身的生产，更大程度上是依靠其他地区的输入。京津冀地区能源消费量的持续增长是产生大气环境污染的主要原因之一。应对大气污染，改善空气质量，应该注重能源结构的调整，增加清洁能源使用比重，提高能源使用效率，特别是河北省，对比北京和天津，能源强度有很大的上升空间，应加快淘汰落后产能，加快技术创新与技术研发，改善能源使用效率。

表5-2　　2005—2013年间京津冀能源消费总量　　单位：万吨标准煤

年份＼地区	北京		天津		河北		合计
	总量	比重	总量	比重	总量	比重	
2005	5521.9	18.75	4084.6	13.87	19836.0	67.38	29442.5
2006	5904.1	18.33	4500.2	13.98	21794.1	67.69	32198.4
2007	6285.0	18.05	4942.8	14.20	23585.1	67.75	34812.9

① 国家统计局能源统计司、北京数通电子出版社：《中国能源统计年鉴2014［电子资源］》，中国统计出版社2014年版。

续表

年份\地区	北京		天津		河北		合计
	总量	比重	总量	比重	总量	比重	
2008	6327.1	17.57	5363.6	14.89	24321.9	67.54	36012.6
2009	6570.3	17.35	5874.1	15.51	25418.8	67.13	37863.2
2010	6954.1	17.72	6084.9	15.51	26201.4	66.77	39240.4
2011	6995.4	16.71	6781.4	16.20	28075.0	67.08	41851.8
2012	7177.7	16.59	7325.6	16.93	28762.5	66.48	43265.8
2013	6723.9	15.19	7881.8	17.80	29664.4	67.01	44270.1

对京津冀地区大气污染的主要原因进行分析表明，燃煤、机动车和扬尘是主要因素，其中，北京机动车尾气排放对大气影响十分明显，而天津大气污染的首要因素是扬尘，河北省省会石家庄的大气污染现象十分严重，究其影响因素，最主要的则是燃煤排放。绿色和平与联合国政府间气候变化委员会[①]的研究指出煤炭燃烧排放是京津冀地区雾霾的最大根源，其中煤电、钢铁和水泥生产是京津冀首要的“污染”行业。

大气污染物的主要成分是一氧化碳、二氧化硫、氮氧化物、臭氧、可吸入颗粒物 PM10 以及细颗粒物 PM2.5。图 5－3 为京津冀地区 2006 年至 2015 年二氧化硫的排放情况，[②] 从图中可以看出京津冀二氧化硫排放量总体是呈减少的趋势，京津冀三地中河北省二氧化硫排放量最高，占比为 80% 左右。从行业布局来分析河北省二氧化硫和氮氧化物的来源，钢铁行业二氧化硫的排放量主要来自唐山、邯郸以及承德，占全省的 72%；钢铁行业氮氧化物的排放量中唐山、邯郸、承德占比也很大，占全省的 75%，这与钢铁企业的分布有很大关系。火电行业二氧化硫的排放量主要来自石家庄、唐山以及邯郸，占全省的 60%；火电行业氮氧化物的排放量中石家庄、唐山、邯郸占比较大，占全省的 65%；烟粉尘的排放则主要分布在唐山、石家庄和邯郸，占全省的 58%。水泥行业的二

① 绿色和平与联合国政府间气候变化委员会：《雾霾真相——京津冀地区 PM2.5 污染解析及减排策略研究》，《低碳世界》2013 年第 22 期，第 21—23 页。

② 图 5－3 引自首都经贸大学安树伟老师的“基于污染物排放总量的京津冀大气污染治理研究”的报告。

氧化硫和氮氧化物的排放以唐山、石家庄、邢台和邯郸为主，占全省的80%以上，烟粉尘排放量中，石家庄、唐山、邯郸和保定的比重较大，占全省的81%。焦化行业二氧化硫的排放量主要来自唐山、石家庄、邢台以及邯郸，占全省的94%；焦化行业氮氧化物的排放量中唐山、邯郸、邢台、石家庄比重较大，占全省的93%。对五大行业污染物的排放总量进行核算，河北省大气污染物排放量最高的城市依次是唐山、邯郸和石家庄。

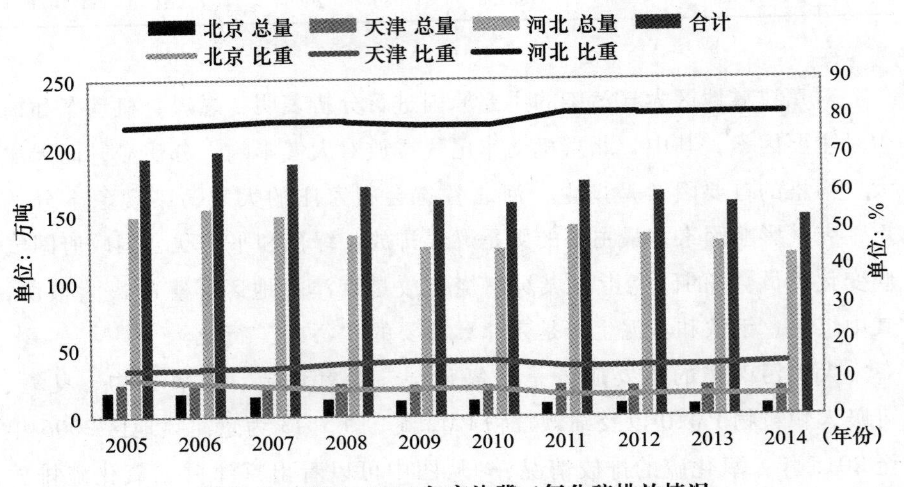

图 5－3　2005—2014 年京津冀二氧化硫排放情况

总体来看，河北省大气污染物来源主要是石家庄、唐山、保定、邢台与邯郸。二氧化硫排放量主要集中于唐山、邯郸、石家庄，排放总量占到全省的58%；氮氧化物集中于唐山、邯郸、石家庄，占全省的60%；烟粉尘排放量集中于唐山、邯郸、石家庄、邢台，占全省的75%。

在《环境空气质量标准（GB3095－2012）》之前，中国没有对PM2.5的强制监测。随着我国大气污染形势严峻，以可吸入颗粒物（PM10）、细颗粒物（PM2.5）为特征污染物的区域性大气环境问题日益突出，为此，中国出台《大气污染防治行动计划》，控制可吸入颗粒物和细颗粒物浓度。因此，为较全面了解京津冀地区的大气污染状况，对京津冀三地 PM2.5 排放情况进行分析。

表5－3即为2013年至2014年京津冀地区PM2.5平均浓度，从表中可以看出，与2013年相比，三地PM2.5的平均浓度均有所下降，特别是河北省，下降了33.8%，但是通过实际生活的观察，PM2.5平均浓度的下降并不代表大气污染的状况得到明显改善。

表5－3　2013—2014年京津冀地区PM2.5平均浓度（微克/立方米）

年份	京津冀合计	北京	天津	河北
2013	105.7	89.5	96.0	154.0
2014	93	85.9	83.0	102.0
2014年比2013年	－12.0%	－4.0%	－13.5%	－33.8%

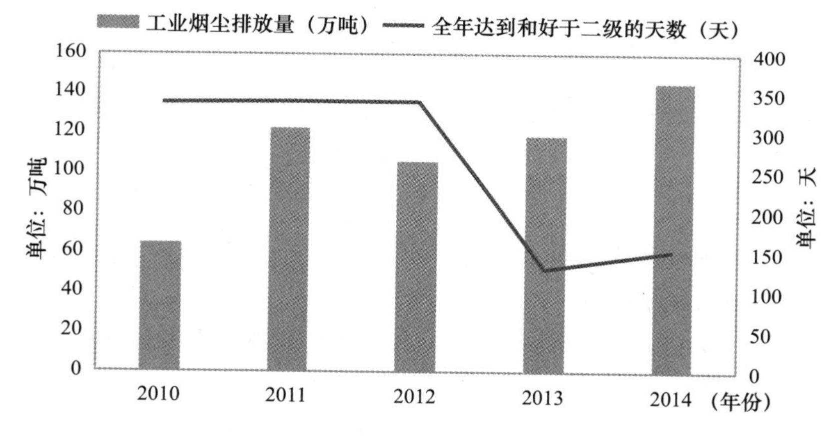

图5－4　2010年—2014年河北省大气环境状况变化

图5－4为2010年到2014年河北省大气环境状况，[①] 可以看出河北省工业烟尘排放量持续上升，从2012年到2013年，全年达到和好于二级的天数呈直线下降，2014年的天气良好的天数略有回升，但全年好天气的天数不足150天，据2015年《中国环境状况公告》，京津冀地区13个地级以上城市达标天数比例在32.9%—82.3%之间，平均为52.4%，比2014年上升9.6个百分点，比2013年上升14.9个百分点；平均超标

① 图5－4引自首都经贸大学安树伟老师的“基于污染物排放总量的京津冀大气污染治理研究”的报告。

天数比例为47.6%，其中轻度污染、中度污染、重度污染和严重污染天数比例分别为27.1%、10.5%、6.8%和3.2%。13个城市中，张家口达标天数比例为82.3%，6个城市达标天数比例在50%—80%之间，6个城市达标天数比例不足50%。超标天数中以PM2.5为首要污染物的天数最多，占超标天数的68.4%；其次是臭氧和PM10，分别占17.2%和14.0%。PM2.5平均浓度为77微克/立方米（超过国家二级标准1.20倍），比2014年下降17.2%，有12个城市超标；PM10平均浓度为132微克/立方米（超过国家二级标准0.89倍），比2014年下降16.5%，13个城市均超标；二氧化硫平均浓度为38微克/立方米（达到国家二级标准），比2014年下降26.9%，13个城市均达标；NO_2平均浓度为46微克/立方米（超过国家二级标准0.15倍），比2014年下降6.1%，有11个城市超标；臭氧日最大8小时均值第90百分位数浓度为162微克/立方米，与2014年持平，有7个城市超标；一氧化碳日均值第95百分位数浓度为3.7毫克/立方米，比2014年上升5.7%，有4个城市超标。这些数据①表明现阶段大力治理雾霾的政策与行动确实取得了一些成效，但是效果并不十分理想，与彻底解决雾霾问题相去甚远。治理大气污染，还需要从污染源头抓起，调整产业结构，加快技术创新，改善能源利用效率。

京津冀地区应对大气污染，河北省是重中之重，作为钢铁产量大省，图5-5反映了1990年以来河北省钢铁产量的情况。2000年以后，河北省钢铁产量迅速增加，占全国钢铁产量20%以上，2014年河北省钢铁产量达到18530万吨，相当于2002年全国的钢铁产量。钢铁行业是高污染、高耗能产业，河北省大气污染物的高排放量与自身钢铁产业过渡繁荣息息相关，对河北省能源消费结构进行分析，如图5-6可以看出，煤炭是河北省的主要消耗能源，占总能源消费量的80%以上。② 煤炭特别是散煤的燃烧过程中会向大气释放大量的二氧化硫、二氧化碳和烟尘，严重危害大气环境。

---

① 中华人民共和国环境保护部：《2015年中国环境公报》，2017年1月25日（www.zhb.gov.cn/gkml/hbb/qt/201606/wo20160602413860519309.pdf）。

② 图5-5、图5-6引自首都经贸大学安树伟老师的“基于污染物排放总量的京津冀大气污染治理研究”的报告。

产业结构调整是防治大气污染的重要手段，京津冀地区大气污染严重，雾霾天气持续的主要原因就是产业结构不合理，特别是重点行业、两高行业产能过剩。京津冀协同发展是国家战略，京津冀产业转型升级、协同发展，河北在承接北京非首都功能的过程中调整产业结构，保护生态环境是治理大气污染、改善空气质量的科学方法。应对大气污染，立足于北京是着眼于解决问题，重点是河北省的产业结构调整，难点在于河北省的产业结构转型和升级。

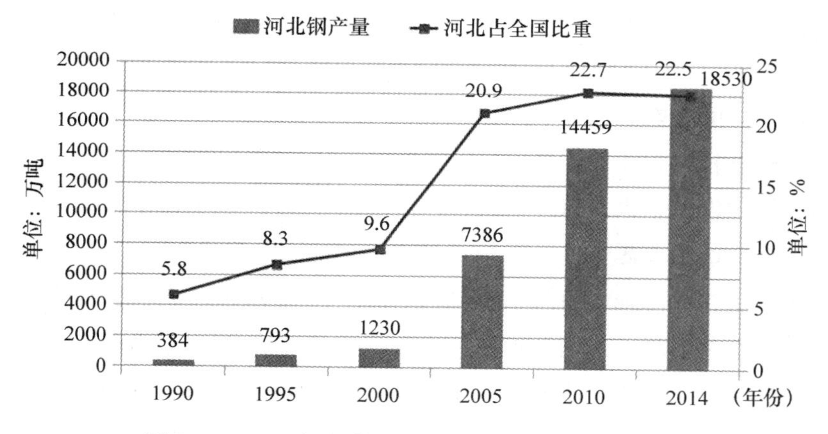

图 5－5　1990 年以来河北省钢铁产量及占全国比重

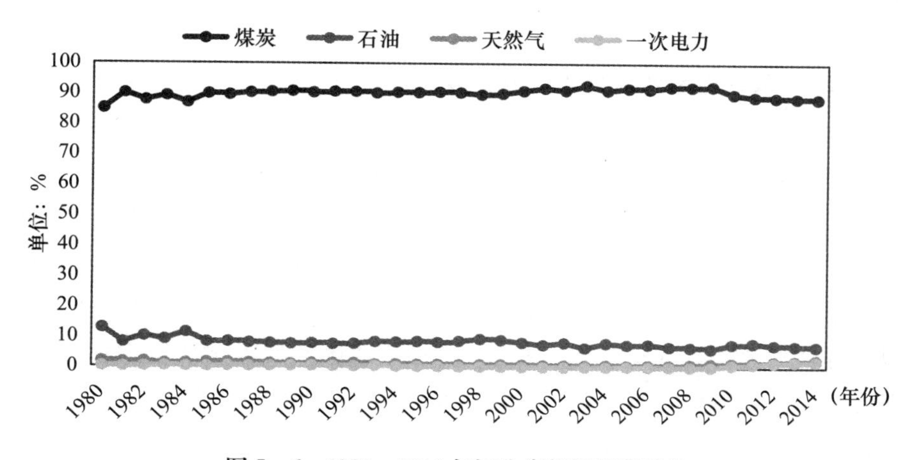

图 5－6　1980—2014 年河北省能源消费结构

三　京津冀产业协同发展现存问题

京津冀协同发展是我国区域协调发展的一个重要组成部分，在应对大气污染，治理雾霾的过程中三地产业协同发展非常必要。当前，京津两地的功能定位已基本明确，即北京定位为全国政治、文化、国际交往和科技创新中心，天津定位为北方经济中心、国际港口城市、产业创新和研发转化基地。对于河北的功能定位，社会各界仍未达成一致意见。河北省的功能定位不够明确，也表明了京津冀三地产业协同发展确实存在一些问题。

（一）市场经济发展不够成熟

相较于长三角、珠三角而言，京津冀地区民营企业数量较少，限制了市场经济的发展，也对京津冀地区产业协同产生了制约作用。民营企业作为经济增长的主要源泉，是吸纳劳动力的主力军，更是推动经济变革的主要力量。京津冀三地国有资本占绝对优势，民营企业发展比较缓慢，数量少，规模小。北京、天津、河北三地总民营企业占全国民营企业的百分比为9.7%，民营企业发展相对薄弱是一客观事实，企业活力不足使得京津冀市场经济不够成熟，而市场经济不够成熟使京津冀产业协同发展受到严重影响，企业跨地区生产要素流动受到制约，限制了产业转移和升级。

（二）政治因素使得行政资源过多介入

长久以来，京津冀的发展并不是十分和谐，北京作为首都既是政治中心、文化中心，又是经济中心，天津作为直辖市，是北方重要的经济中心，京津两市都有十分明显的自身发展优势，而与此特征形成鲜明对比的是京津两市的辐射功能都非常薄弱，尤其是对周边的经济辐射作用都比较小。促进京津冀产业协同发展的重要任务之一就是打破行政壁垒。在中国，行政资源的质量和数量是决定一个城市或区域其他资源配置能力的核心要素。从京津冀三地来看，北京作为政治中心的特殊地位，使得其自身有特殊的威慑力，行政资源处于最优水平，故配置其他资源的能力也处最优状态。天津要次于北京，但作为四大直辖市之一，其资源配置能力要优于河北。京津冀三地在协同发展的过程中更多地依靠行政命令，而不是依靠市场的作用和社会的力量。根据所处的发展阶段以及所拥有的发展基础，从自身利益出发，北京和天津都形成了明确的功能和发展地位，使得京津与其他城市之间形成畸形竞争，产业结构雷同大于互补，产业集群度低，缺乏合理的分工与协作。河北环绕京津四周形成了“环首都贫困带”，这给京津冀产业协同发展带来了很大的困难。京津冀地区内部长期的行政壁垒和市场分割，使重要经济资源的配置受行政力量的干预，资源不能得到有效配置，阻碍了京津冀地区产业层次的提升。

（三）教育资源、人才资源不均衡

京津冀产业协同发展，需要相适应的人才与产业匹配，而现阶段京津冀三地人才质量和数量极度不均衡。从教育、科研两类人才对三地进行简单对比。据北京市2014年国民经济和社会发展统计公报，2014年，北京共89所普通高等学校，在校生59.5万人，有56所普通高校和80个科研机构培养研究生，在学研究生27.4万人，成人本专科在校生23.8万人。在高层次领军人才方面，全国2000多位“两院”院士，仅北京市就占了1/3左右。据天津市2014年国民经济和社会发展统计公报，2014年，天津市共有普通高校55所，在校研究生5.14万人，普通高校在校生50.58万人，成人高校招生3.42万人。在高层次领军人才方面，天津市共有“两院”院士37人，还不如清华大学一所学校“两院”院士人数多。相对而言，河北省共有普通高等学校118所，在校本专科学生116.4万人，在学研究生3.9万人。在高层次领军人才方面，河北省现有“两院”院士6人，还不足天津市的一个零头，与北京相比差距更大。明显看出，北京、天津、河北三地在中高层次人才数量方面，呈现倒金字塔结构，在高层次人才质量和数量上呈现断崖式落差。

此外，北京和天津存在虹吸效应。北京、天津基础设施条件、公共服务、商贸业较河北地区有明显的优势，因此，京津冀地区的人才都愿意到北京与天津，尤其是到北京中心城区就业。虹吸现象对河北产生了很重要的影响，大量的要素及大量的人才聚集到北京进而使相对缺乏吸引力的河北地区面临人才短缺的问题。河北的城市规模都相对较小，京津周边的保定、廊坊、张家口、承德等城市的规模都在100万左右，张家口、承德城市人口刚刚超过100万，廊坊和保定也没有超过200万，都在100万上下。相比于北京的1000万人口及天津城区的500万人口，显然河北在城市区位上丧失了优势，甚至河北的重工业城市唐山现在规模也比较小，发展缓慢。人力资源是第一资源，是产业转移和升级的重要因素，产业协同给京津冀发展带来了机遇，但是人才资源、教育资源的极度不均衡为京津冀产业协同发展制造了不小的障碍。

（四）主导产业同质，优势产业布局分散

对京津冀产业发展现状进行分析对比，可以看出三地制造业和服务业呈现严重的同质倾向：北京和天津之间有三大制造业重合，即汽车制造业；计算机、通信和其他电子设备制造业；石油加工、炼焦和核燃料加工业。北京和河北之间有两大制造业重合，即汽车制造业；石油加工、炼焦和核燃料加工业。天津和河北之间有四大制造业重合，即黑色金属冶炼和压延加工业；石油加工、炼焦和核燃料加工业；汽车制造业；化学原料和化学制品业。并且三地服务业投资前三位均是房地产、交通运输、仓储和邮政业、水利、环境和公共设施管理业。京津冀三地主导产业同质化，而产业结构相差较大，北京市第三产业是支柱产业，进入退二进三的后工业化阶段，天津市的经济由第二和第三产业共同拉动，处于接二连三的工业化高级阶段，而河北省第二产业比较发达，第三产业发展滞后，是培二育三的工业化中级阶段。从产业链来看，北京的优势集中在科技和现代服务业，是知识技术型产业，处于产业链的高端；天津处在以石化、钢铁等传统制造业向装备制造、电子信息、航空航天、新能源新材料等战略新兴产业过渡中，是加工型产业，位于产业链的中端；而河北除个别地区外，在制造业和服务业中均依赖资源型产业，处于产业链的低端，且优势产业中以高能耗、高污染、低附加值的传统产业居多。京津冀区域产业缺乏统筹，三者的经济自成体系，区域间未形成有效、合理的分工，资源竞争关系明显。京津冀三地主导产业同质，优势产业分散，使得产业之间的依赖性和上下游关联性很小，因而很难形成良性的产业互动，这也是京津冀产业协同发展面临的巨大瓶颈。

（五）协同机制不健全，京津冀产业转移面临困境

早在1986年，河北省委、省政府在廊坊召开的环京津经济协作座谈

会上就提出了“依托京津、服务京津、共同发展”的思路。1993 年以来，冀京、冀津分别进行了多次高层次互访，就全面开展经济技术合作问题达成共识，推动合作得到全面发展。产业转移成为北京市产业结构调整的内在需求，并自此开启了产业服务化和工业转型进程，逐步淘汰高耗能高污染的工业企业，把主要耗能企业向河北转移。北京市加快发展现代服务业，人口不断集聚，对能源资源的需求亦不断上升，需要外部资源的输入来满足，河北很自然扮演了服务北京的角色。伴随着北京市产业结构的调整，在京重工业企业开始大规模外迁，导致河北重工业企业迅速增长。这些企业的外迁，更进一步促进了能源行业上下游企业在河北的集聚，随着产能的逐渐释放，为今天京津冀地区的环境问题埋下了隐患。2014 年京津冀一体化发展才被提上国家战略层面，在此之前，京津冀区域协调机制做得不到位，没有权威性的区域协调机构，缺少区域协调的相关政策的制定；而且即使有相关政策，在实施的环节也不能得到保障。协调机制不健全，协调政策不到位使得京津冀地区在产业协同发展上缺乏保障力度，不利于区域间产业转移，使得京津冀地区产业转移面临很大困难。

四　京津冀产业布局的优化路径

（一）重点产业布局调整和产业转型

1. 加快能耗产业的重新布局与转型

研究表明，钢铁企业是造成雾霾的主要来源之一。鉴于此，京津冀地区应该对该行业进行升级和改造，如：北京可以停止钢铁相关业务，并着力打造钢铁工业品种研发、技术创新、国际交流、集团总部等服务平台；天津不再新增钢铁产能，并推动钢铁产品向高端升级，打造高端管材制品研发生产基地；河北地区则应提高集约生产水平，改善产品结构，减轻钢铁工业的环境负担。此外，京津冀钢铁产业应向沿海地区布局，建设全国钢铁产业转型发展示范区和具有国际竞争力的钢铁绿色制造基地。京津冀地区应当逐步将传统石油炼化产品转移到河北集中生产，统筹管理。集中优势发展化工新材料等，在不再扩大炼油产能的基础之上进一步引进高新技术，逐步向环境友好型生产方式过渡。利用海运优势重点在环渤海湾地区如河北沧州、曹妃甸、天津滨海新区建设炼化基地，利用已有基础进一步延伸产业链。在区域内重点发展专用型、功能型、短缺型高端石化产品，发展循环经济，降低产业能耗、水耗及污染物排放。

此外，京津冀地区还应统筹对包括平板玻璃、石灰等在内的建材产业进行管制，对水泥实施产能总量控制。未来该产业重要的任务是升级产业结构，发展高端玻璃制品和特种水泥，提高环保技术水平，减少污染物排放。

2. 增加扶持高新技术及第三产业的发展

京津冀地区的装备制造产业的生产总值占全国的比重为7%，[①] 在整体制造能力、龙头企业带动、产业配套等方面的优势不太突出，落后于长三角地区、珠三角地区、东北地区，但仍是重要的装备制造区域中心。目前北京装备制造业的利润率较高，天津次之，而河北的利润率近年来较低。从装备制造产业的布局调整和转移导向来看，港口机械、海洋工程装备、锻压设备、矿山装备、重型容器、工程机械等重型高端装备应向环渤海湾地区临港区域集聚。数控机床、仪器仪表、自动化控制等装备制造应向渤海湾近海、交通运输发达的北京的顺义、大兴，河北的廊坊、保定、石家庄等地发展。

在计算机、通信和其他电子设备制造业领域，北京和天津的固定资产投资都呈下降趋势，而河北却出现短时期的增长；在电信、广播电视和卫星传输服务领域，河北的固定资产投资开始赶超北京和天津，投入不断增大。在互联网和相关服务领域，北京的固定资产投资远超过天津和河北，河北仅保持在较低的水平。在软件和信息技术服务业领域，京、津、冀三地的增速均较快，其中天津的增长比例最高。从资金来源看，京津冀地区自筹资金所占的比例远大于国内贷款所占的比例。从发展方向及融资需求看，最大的亮点和趋势是新一代技术与传统行业的密切融合。以下几方面是京津冀地区未来融资的重点：一是电子信息核心装备和关键部件；二是“互联网+制造业”；三是信息安全保护；四是智慧城市建设；五是移动互联网产业、研发智能终端和高端软件。

京津冀地区的航空航天产业主要集中在通用航空设备、卫星应用产业研发制造及航空服务等领域。天津形成了以大飞机、直升机、无人机、大

---

① 根据国家统计局公布的数据测算。

运载火箭、大型通信卫星、超大型空间站为代表的“三机一箭一星一站”的产业结构。河北的航空航天产业还处在起步阶段，形成了石家庄通用航空产业基地、保定惠阳科技工业园、中国航天涿州产业园、固安航天科技产业园等产业集聚区。从航空航天产业的布局调整和转移导向来看，北京市应强化在总部协调、系统总体设计、自主研发能力方面的优势，在高端通用航空飞行器整机制造领域实现突破，并加快卫星应用领域的关键技术突破。天津应完善大飞机、直升机、运载火箭、卫星的研发制造产业链体系。河北应积极引进合作项目和相关的配套及延伸产业项目，推进通用飞机及航空零部件制造、航空航天设备及材料产业化。当前，中国低空空域管理改革正在逐步推进过程中，通用航空产业将进入快速成长期。未来低空空域资源利用、通用航空机场建设和直升机采购需求等方面存在巨大潜力。而随着信息技术及物流产业的快速发展，无人机市场将呈现爆发式增长。

京津冀废弃资源综合利用产业的销售利润率较低，为2%—4%。从节能环保产业的布局调整和转移导向来看，北京应首先在废弃物处理与循环利用技术领域实现突破，然后进一步发展环境监测产品和服务，推动北京的技术向天津和河北扩散。天津应集中于新能源开发和水污染治理的成套装备的设计与制造。河北要重点针对钢铁工业尾气排放从北京引入脱硫脱硝的先进技术，并制造相关基础性设备。从废弃资源综合利用业和生态保护及环境治理业的固定资产投资来看，河北的投资规模最大。从资金来源来看，自筹资金为主要来源。从发展方向及融资需求来看，京津冀地区的节能环保产业发展重点在于：一是加快重点行业的节能环保改造；二是推动循环经济发展；三是推广先进节能环保装备和产品，包括推广应用高效节能环保型锅炉，发展大气污染监测治理装备、产品。

京津冀创意产业增加值占GDP的比重逐年提高。河北已形成一批具有一定规模的文化创意产业示范园区。文化创意产业在较为发达的地区具有先发优势。京津冀区域各地区对电子信息技术积累和具有创新思维的人才积累的加强对文化创意产业的发展极为重要。从京津冀地区的文化、体育和娱乐业的固定资产投资来看，2014年，河北的投资规模达到北京与天津的投资规模的4.5倍左右。从发展方向及融资需求来看，自国务院出台《关于推进文化创意和设计服务与相关产业融合发展的若干意见》后，文化创意产业发展前景良好。可从现有项目中遴选出一些有潜力的项目并予以重点支持。

3. 加快风能、太阳能等新能源产业的发展

根据任务安排，北京将确保完成农村地区“煤改清洁能源”的年度任务。同时先行一步，超前布局清洁优质能源基础设施，为实现城乡接合部和南部四区平原地区基本“无煤化”打下坚实基础。保定、廊坊将完成行政事业单位燃煤设施清洁能源替代、大型燃煤锅炉深度治理等任务。

京津冀地区位于“三北”（东北、华北、西北）地区的风能丰富带。河北、内蒙古地区的风功率密度在200—300瓦/平方米以上，有的可达500瓦/平方米以上，该地区风电场地形平坦，交通方便，没有破坏性风速，是中国连成一片的风能资源区，有利于大规模开发风电场。但是建设风电场时应注意低温和沙尘暴的影响，有的地方联网条件差，应与电网统筹规划发展。然而风电作为国内可再生能源发电形式中最具有规模和效率比较优势的新能源门类，未来将承载起京津冀地区的能源替代战略的中坚作用。综合当前国内可再生能源发电各领域的现状，风电“十三五”开始逐步改变当前的能源替代地位，将逐步提高在能源消费中的比例。当前的京津冀雾霾治理方案中，一项重要的任务就是提升清洁能源的替代作用，[①] 到2017年，京津唐电网风电等可再生能源电力将会占电力消费总量的15%，要完成这一目标，就得大力发展风电，统筹京津冀地区可再生风能的分布，尽快实现风电的并网。

京津冀太阳能资源丰富，具有较大的可开发利用价值。全地区太阳能年总辐射在1450—1700千瓦时/平方米，基本都属于太阳能资源较丰富区。太阳能资源呈由南向北、由东向西递增趋势，其中以张家口地区的尚义县、康保县区域太阳能资源最为丰富。根据涞源气象站资料显示，该地区年均太阳辐射约为5763.82兆焦/平方米。太阳能作为可再生能源，一是可以减少因燃烧化石能源而造成的二氧化碳和烟尘排放量，减少给环境造成的损失。光伏发电不产生传统发电技术带来的污染物排放和安全问题，没有废弃或噪音污染。二是节省空间。光伏发电是一种简单的低风险

① 朱蓉：《大规模风电开发对城市大气环境污染影响的初步研究》，《风能》2014年第5期。

技术，集合可以安装在任何有光的地方。这意味着在公共、私人和工业建筑的屋顶和墙面上都有广泛的安装潜力。在运行中，这个系统还可以降低建筑的受热，增加通风。光伏还可以作为隔声板装在公路两侧。光伏在提供大量电力供应的同时，避免占用更多的土地。三是增加就业。光伏发电能够提供重要的就业机会。安装阶段创造大量的就业岗位（安装工人、零售商和服务工程师等），促进地方经济发展。根据欧洲光伏发电行业信息显示，生产每兆瓦光伏产品大约产生 10 个就业机会，安装每兆瓦光伏系统创造大约 33 个就业机会。批发和间接供应可提供 3—4 个就业岗位，研究领域提供 1—2 个就业机会。所以在整个产业链中可提供 50 个就业机会。在未来几十年，随着规模的扩大，自动设备的使用，这些数据会有所降低。但是，光伏发电产业不仅仅是一个资金密集型产业，同时也是一个劳动密集型产业。目前我国光伏技术及产业的就业总人数近万。到 2020 年将达到 10 万人左右。按照中国电力专家的研究，2050 年，光伏发电行业将达到装机容量 10 亿千瓦，年生产和安装 1 亿千瓦，就业人口将超过 500 万人。四是提供农村电力。光伏发电具有系统结实耐用，易于安装和具有灵活性等特征，可满足世界任何地方的农村电力需求。“十三五”期间，河北省将巩固太阳能光伏、光热领域的技术与规模优势，提高光电、光热转换效率，扩大应用规模，坚持集中式与分布式开发并举，加快布局建设一批大型光伏电站，发展分布式光伏发电与太阳能入户。推动风光互补发电技术，推动太阳能与风电混合发电系统的开发及应用，开拓多元化的太阳能光伏光热发电市场。加快张家口、承德、邢台和北戴河新区新能源示范城市的建设。

（二）京津冀产业布局未来发展思路

1. “一轴两带”京津冀产业布局

“一轴”是指京津塘发展轴，该发展轴从北京到天津再到天津的滨海新区，轴上有四大节点：第一个是城市规模较大的北京，实力雄厚；第二个是天津，天津是一个超大城市，人口超过了 500 万，产业基础雄厚。此外天津滨海地区在 2006 年开始就获得了快速的发展，现在人口已经超过 300 万。除此之外，廊坊与天津的武清位于北京与天津之间相互呼应构成另外两个节点。

所谓的“两带”，一个是滨海经济带。这个经济带从北往南是秦皇岛、唐山、天津和沧州，沿着渤海而分布。秦皇岛、唐山、天津和沧州也构成了四大节点。在这四大节点上有天津滨海新区、曹妃甸新区、北戴河新区和渤海新区四个国家批准的新区。这四个新区未来可以作为产业聚集区，是未来承接产业转移的主要平台。另一个“带”是指京广北段经济带，即京广京哈经济带。京广京哈是南北的发展轴线，也是要聚集产业和人口。这条经济带是连南贯北，是一条纵向的发展轴线，北京到邯郸在京广经济带北部。该经济带上，有北京、保定、石家庄、邢台、邯郸五大节点。该经济带水源丰富，聚集了一定的产业和人口，是未来的一个重点的发展轴线，未来的产业和人口应向这些节点上聚集。

2. “三核引领四圈”京津冀产业布局

“三核引领”即北京、天津、石家庄引领整个京津冀地区的区域发展。北京要优化提升首都功能，并对非首都功能进行疏解；天津是国际航运的核心区，改革开放先行区，转型发展示范区，现代制造业基地。天津和北京应当错位发展，未来天津作为国际航运核心区过程中，天津港还应包括唐山港、沧州港、秦皇岛港等京津冀一体化的组合港。天津滨海新区2006年被国务院确定为综合配套改革实验区，适合作为改革开放先行区。此外天津雄厚的产业基础，现代制造业及相关高端产业在天津发展，因此天津在未来也是一个重要的核心。石家庄作为河北的省会，位于河北的中南部，从城市角度，城市有一个辐射半径，大城市可以辐射200公里，小城市也可以辐射50公里。北京和天津辐射半径都未超过200公里，石家庄距离北京290公里，北京和天津无法辐射到石家庄，而广大的中南部地区北京天津也是辐射不到的。城市可以辐射，但辐射有一定的范围，中南部地区需要有一个核心城市，或者需要一个大城市来带动该区域，如果这个区域缺乏规模比较大的城市来带动，那么这个区域就不可能成为发达地区。从空间结构来看，石家庄作为河北省的省会，具有相关优势条件。因此从整个区域空间结构来看，在京津冀统筹规划发展过程中，北京和天津“两核”远远不够，将石家庄作为“第三核”是区域发展布局的必然需求。“四圈”包括首都圈、天津都市圈、石家庄都市圈及秦皇岛城市圈，其中北京、天津已经形成相当规模的都市圈，石家庄作为河北省会，近些年利用自身资源及国家扶持，已经可以辐射周围的郊县及衡水、邢台等较大的市县。而秦皇岛的条件优于葫芦岛、锦州、朝阳和赤峰，处在华北地区，距离北京、天津比较近，交通也比较发达，尤其是从渤海向内蒙古到新疆有一条东西向的发展轴线，因此秦皇岛的地位很重要。所以未来规划产业过程中应当将秦皇岛作为“第四个圈”。

3. 利用“三核引领四圈”，加快推动京津冀产业布局优化

一是探索建立有利于产业协同发展的利益分享机制。在京津冀地区探索建立地方政府间横向分税制。同时，对三地政府的考核应弱化 GDP，重点根据京津冀协同发展过程中各地的定位及重点任务进行考核；建立利益补偿机制，做好“环京津贫困带”的脱贫工作。二是加强对京津冀产业协同发展的资金引导与支持。设立产业发展基金，重点投资先进制造业、生产性服务业、现代农业。加大中央专项财政转移支付力度，对三地化解过剩产能、淘汰落后产能以及京津冀合作开展产业技术创新、科技成果转化、大气污染防治、交通基础设施建设、重大项目建设、产业转移承接示范园区建设等给予专项资金支持。三是加强对河北产业转型升级的政策支持。在重大生产力布局、用地指标分配、开发园区政策、基础设施建设、公共服务能力提升、央企布局建设等方面适当向河北倾斜。四是推动京津冀基础设施建设和市场环境优化。探索共同投资建设管理模式，在税收与基础设施建设方面先行先试。加快京津冀金融一体化建设进程，在京津冀之间形成拥有统一数据标准和发布机制的信息共享平台。

京津冀协同发展下未来产业布局还应根据京津冀地区新常态下的产业调整、合作和转移方向，围绕传统制造业转型及先进制造业创新、“互联网+”、优势产业“走出去”、节能环保及产业转移示范园区建设等来进行金融支持布局。

一是设立京津冀产业协同发展专项资金。由国家开发银行筹集设立京津冀产业协同发展专项资金，对以上几大行业的不同环节的协同创新进行重点支持。包括对七大先进制造业和现代服务业的产业协同创新支持及对石化、钢铁、建材等传统产业的转型升级及智能改造示范项目进行支持。对接京津冀三地的政府财政资金，并联合社会资本，通过“财政专项补助基金+银行融资资金+社会资本”的模式，采用“基金股权+债权”相结合的融资服务方式，连接创新链、资金链和产业链，实现京津冀三地“政、产、学、研、用、金”相融合。

二是成立“互联网＋产业”融资平台。成立“互联网＋基础产业”融资平台，推动实施智慧京津冀战略，支持能源、钢铁、石化、船舶等重要基础产业与互联网融合的项目。推动“互联网＋民生产业＋金融”，支持菜篮子、米袋子等民生基础工程与互联网融合，支持交通、电力、学校、医院以及相关配套产业的重大民生工程的互联网项目。

三是推动建立“优势产业”走出去融资方案。国家开发银行可以采用和京津冀相关龙头企业在境外共建产业园区和生产基地的模式，将装备制造、船舶、钢铁、建材等优势产业引入“一带一路”沿线国家和地区，创造新的市场，引导京津冀优势产能向境外转移，从而优化现有产能。

四是成立“污染防治及节能环保”专项资金。以PPP模式推动成立绿色产业基金，以有限的政府资金撬动民间资本股权投资；建议政府加大绿色贷款贴息力度；与京津冀三地政府合作建立污染防治和节能减排统贷机制；建立较高的贷款环境标准，会同工信部门加强对产业项目的产业政策符合性认定，防止落后产能转移和承接。

五是实施“产业转移园区＋产业链”协同融资支持。依托中长期贷款支持京津冀地区产业转移园区基础设施领域，积极开展“转移园区＋产业链”整体开发的融资模式，主动跟踪产业发展趋势，将产业链上下游相关企业作为整体来设计融资方案。不断改善产业转移的承接环境，优化产业布局，促进三地产业协同发展和区域协调发展。

六是参与京津冀交通基础设施建设。继续大力支持京津冀地区的交通基础设施建设；丰富金融服务手段，在债券承销、资产证券化等领域与企业开展合作，广泛联合社会资本参与交通基础设施建设。

五　京津冀产业协同发展的主要措施

解决京津冀地区大气污染问题，需要区域间产业转型协同发展。区域间产业协同发展能够给京津冀地区带来如下几个好处：一是有利于京津冀三地充分发挥各自的区位优势、资源禀赋优势，促进三地产业发展过程中的优势互补，减少整个区域的资源、能源耗损，提高资源利用效率，优化各地产业结构，形成结构优化效应；二是有利于资源在京津冀区域内得到高效的优化配置，有助于形成全方位开放的一体化市场；三是有利于缩小三地居民的可支配收入差距，提高居民的购买力水平，形成关联带动效应；四是有利于促进京津冀三地科技创新合作的开展，高效整合区域内的创新资源，提高三地技术创新能力，形成科学技术扩散效应；五是有利于统筹规划和互动协调区域内国土资源的开发、利用、整治和保护，有利于各区域经济增长与人口资源环境之间实现协调、和谐发展，形成社会环境效用。推进京津冀产业协同战略，是解决京、津、冀三地“城市病”的必然选择，是实现区域资源合理配置和推进区域协调发展的有效途径，也是实现京津冀区域优势互补、促进环渤海经济区发展、打造以创新为特征的首都经济圈和世界级城市群的战略需要。

京津冀协同发展已然进入快速推进阶段。京津冀三地政府之间、企业之间、行业协会之间的合作协议和具体项目数量逐渐增多，高层间互动愈加频繁。京津冀三地产业合作初期仅限于部分地段产业，如首钢石景山区迁往唐山曹妃甸区，尽管对河北省经济发展产生积极的正面作用，但是对区域内的环境产生了很大的负面影响。现在，三地在产业协同领域已经取得了初步进展，归纳起来多集中在“高科技、高层次、高产出”的先进制造业、高新技术产业、现代商贸流通业和高端服务业等领域。[①]

在高新技术产业中，北京充分发挥科技创新中心的辐射作用，推进京津冀三地在该行业展开合作，如天津市武清区通过建设京滨工业园、京津科技谷、京津电子商务产业园、京津科技创新园和北斗新兴战略产业园等产业组织，促进京津两地高新技术产业的成果转化。宝坻区与中关村共同建设宝坻京津中关村科技新城，宁河县与滨海高新区、北京首创集团共同规划建设京津合作示范区，这将成为京津合作的重要支点和纽带。曹妃甸和北京共同建设北京（曹妃甸）现代产业发展试验区、曹妃甸中关村高新技术产业基地。张家口市启动了北方硅谷——高新技术产业园项目建设，上海久有基金的20多个高新技术产业项目落户张家口。保定市为重点汇集中关村创新要素，与北京中关村合作建设“中关村·保定创新中心”，着力打造保定市新兴产业发展的新“引擎”。廊坊市与北京经济技术开发区签订合作协议，建设北京经济技术开发区廊坊新兴产业区，承接北京高端产业转移；与北京大学已合作建成固安生物医药孵化港动物中心项目，

① 京津冀产业协同发展合作案例引自《京津冀蓝皮书》。

与清华大学合作共建重大科技成果中试孵化基地已签署协议。

先进制造业的合作则集中在京冀两地。如保定市与北京亦庄经济开发区推进产业链合作，就承接生物制药、集成电路产业转移达成初步意向。为落实京津冀协同发展的重大国家战略，新兴际华集团将北京凌云建材化工有限公司原料药碳酸氢钠项目整体搬迁转移到邯郸市武安区，注册成立新兴凌云医药化工有限公司。北汽集团与河北黄骅市合作，共同打造华北（黄骅）汽车产业基地，通过扩大整车制造规模、建立汽车零部件基地等方式，建立进出口物流基地。

大型商贸批发市场项目以京冀合作为主，物流园区合作以京津、京冀为主。如白沟新城与北京大红门市场正式签订合作协议，承载大红门地区的仓储、批发等市场业态。北京新发地农产品批发市场与河北高碑店合作建设新发地高碑店农产品物流园，承载普通蔬菜果品交易、加工和仓储以及转运到其他城市的蔬菜水果交易。武清区与阿里巴巴合作在天津京滨工业园投资建设华北电子商务物流中心。

京冀高端服务业合作以健康、养老、金融业为主。河北省安新县与京汉置业集团已签署战略合作框架协议，共同打造中国白洋淀健康医疗、休闲养老、旅游度假大型综合性项目；此外，安新县还与福居缘保定投资有限公司合作共建保定白洋淀健康科技产业园项目，已完成征地工作。廊坊市与中信国安集团合作共建北三县京津冀协同发展示范区，国际金融论坛"IFF 新金融城园区"正式落户廊坊。京津两市高端服务业合作集中在金融、高端旅游业。在金融业领域，京津两市合作集中在优化金融资源配置、创新合作、要素市场领域合作、信用体系建设、信息和人才交流、监管合作与交流六个方面。其中，天津市金融办与中信建投证券公司、国海证券公司、北京首创创业投资公司等多家北京中介机构达成合作协议，京津两地产权交易所也已相互开展业务。在旅游方面，京津两市达成十项旅游合作共识，发挥各自优势合作开发邮轮游艇、低空飞行、房车营地等高端旅游新业态，举办并联合北京装备制造企业参加了首届环渤海房车巡游活动。

农牧产品生产加工业以京冀合作为主，如张家口市与北京新发地批发市场建立长期稳固的合作关系打造京张承蔬菜产销信息平台，形成京张承三地蔬菜信息会商机制，保障北京市民的蔬菜需求。

充分发挥区域间协同发展的作用，在生态治理领域，京津两市共同建立京津区域大气污染防治经验交流制度和协商机制。在重污染天气应急方面，京津将加强预警应急联动。京津冀开展增加天然气供应和加强外输电建设合作；交流机动车控制经验等。张家口市政府与亿利集团签订合作协议书，亿利集团将与张家口市在防沙治沙、生态修复保护等方面进行合作；廊坊市也在着力建设平原森林城市。在生态建设政策方面，为加快京津冀及周边地区大气污染综合治理，环境保护部联合国家发展改革委、工业和信息化部、财政部、住房和城乡建设部、能源局共同印发《京津冀及周边地区落实大气污染防治行动计划实施细则》，通过在三地间建立大气污染监测信息共享和通报机制，实行联合交叉执法机制等，促使京津冀区域内对大气污染的联动防治，达到减少区域内大气污染的目标。

六 京津冀产业协同发展的对策建议

京津冀产业协同发展已经取得了一定的成果，这与现有政策的有效落实，政府积极推进京津冀一体化建设有密切关系，《京津冀区域协同发展规划纲要》已经颁布，但是现有产业协同发展项目大多是政府在全力推动，并没有完全发挥出市场的作用，行业组织、行业协会影响力不足，社会参与度不够。京津冀三地区域内部发展非常不均衡，使得产业转移面临很大困难。京津两市产业结构自成体系，互补性较差，京津合作有待加强。因此，为进一步推进京津冀产业协同发展，需要加强以下几个方面的工作。

（一）完善政府职能，提供制度保障

机制健全是产业协同发展的保障，京津冀协同发展背景下，河北省政府要加快职能转变，增强服务意识，用科学发展的观念全力推进河北省产业承接产业转移工作。河北省作为主要的承接地迫切需要解决产业转移过程中的规划问题，如果只立足于被动承接的角色，河北省技术创新的能力将永远赶不上京津。政府应该做的是创造政策环境，引导产业转移，降低区域交易、沟通成本，让资本寻求利益最大化的地区，产业链在区域内根据资源禀赋自由配置。河北省在承接京津产业转移、支持中心城市发展的

过程中没有得到相应补偿，在同样的条件下，招商引资的机会较之京津要小得多。建立京津冀产业转型升级的协调机制，通过协调机制针对公共服务、产业设施进行共享共建，推出相关配套优惠政策，提高产业接收方的承接能力，补偿贡献者的利益，能够为推进京津冀产业协同发展保驾护航。建立合理的协同创新利益共享和风险共担机制，政府以适当行政干预，积极推进制度创新，以制度和规则保障京津冀制造业协同发展的进程，及时解决京津冀区域间的利益争端，对区域关系和利益做出协调；避免由于追求地方利益带来的重复建设、结构失衡等问题；营造公平、协调、具有激励效果和充满活力的创新环境，最终实现各地的互利共生，合作共赢。构建高效的协同发展平台，建立具有公信力的协同创新服务平台，采用先进的信息技术连接产业链各环节实现产业链上下游、产业链之间的信息实时共享和传递。在这个平台上政府、企业、大学、科研机构、中介和金融机构、用户可以及时地进行交流，积极响应用户需求，推进政产学研用的深度合作，促进创新想法的共同研讨，提高创新活动的实现效率。通过平台可以及时地将创新成果应用于生产制造，实现前沿知识和科技成果向先进生产力及时转化，提高京津冀产业的整体竞争力。同时，还能够消除信息传递过程中的失真和延迟等现象，使得协同创新工作更加顺畅。

（二）完善交通体系，促进产业集聚

河北省的地理位置，增加了其承接京津地区产业转移的可能性，即“产业转移的区域相关性”。为了更好地承接产业转移，疏解北京非首都城市功能，应以铁路和公路等为重点，构建网络布局完善、运输便捷、管理协调的综合交通运输网络。完善交通体系，不论是原材料的进口还是产品的出口，可以大大降低运输成本，同时，可以吸引高素质人才到河北来，加大人力资源流动，促进三地产业融合。河北省和北京地区产业基础方面存在着较大的落差，结构层次低，发展质量差。为了更好地承接北京地区产业转移，吸引高素质人才到河北来，河北省需要加大基础设施建设，增强其产业基础，同时制定在土地、资金、金融、政策等方面的优惠政策，吸引北京地区产业转移。河北省承接北京地区产业转移不再是单纯地向低成本方向转移，而是要向产业集群方向转移，着重产业的加工配套能力，产业集聚具有良好的马太效应。目前来看，河北省产业集聚规模小且发展不平衡，远不能满足京津产业的转移要求。河北省在承接北京地区产业转移时，要由对接北京单个或几个产业向引进符合本地比较优势的产业集群转变，引进配套企业，拓展产业链条，做大做强产业，优化产业结构，促进河北省产业的转型升级。

（三）破除行政壁垒，完善市场制度，充分发挥市场驱动作用

产业转移的动力本质上在于市场机制发挥作用，与长三角和珠三角相比，行政壁垒的存在，严重制约了京津冀的协同发展。通过市场机制发挥作用，以企业为主体来推动各方在区域一体化中的合作，以政府推动为辅，最根本的还在于市场的主导，这符合市场法则和经济规律。河北省市场化程度偏低，大型企业多属于国有或国有控股的企业，国有资产的处置权属于政府，大部分企业规模偏小，企业间缺乏分工协作，产品结构相似，无序竞争严重。河北省应加快市场化改革，培育市场主体，提高市场开放程度，完善市场制度，推进市场化进程。同时，在京冀产业转移过程中必须发挥与整合政府与市场的作用，河北省政府应引导生产要素的有效转移，建设完善的市场制度环境。加强两地之间政府交流，打破行政壁垒和要素壁垒，互相合作，减少由于地方保护主义对市场机制作用的发挥造成的阻碍，加快区域间产业资本、投资要素和商品的流动，加速产业转移。

（四）坚持可持续发展原则，注重生态文明建设

河北省承接北京地区产业转移要以可持续发展为前提，严把环境关。产业转移具有技术溢出效应，可以为产业承接地带来先进的技术，提高本土企业的科技水平，增强企业自主创新的能力。承接产业转移具有“二重性”，产业承接过程中政府不应只看重经济的增长，同时要考虑环境因素，学会甄别承接产业，避免高污染、高耗能行业转入河北，造成能源资源的过度利用，破坏生态发展环境。河北省在承接产业转移过程中，不仅要合理利用人才、技术和资金的流动，形成“北京技术研发—河北成果转化”的模式，推动河北省的技术创新，提高创新能力；而且要坚持可持续发展，坚持科学发展观，实现经济发展和生态环境发

展的有机结合，为河北创造良好的发展环境。北京向河北的产业转移所换取的环境质量改善仅仅是短期的，由于污染溢出的存在，北京和天津这样环境规制更严格的地区并不能获得其规制的全部利益。京津冀在产业转移的过程中应该启动污染防治协作机制，完善防护林、水资源的保护与治理，积极开发新型清洁能源，大力发展绿色产业、环保产业，实现产业的转型升级。

京津冀地区雾霾天气引起社会的广泛关注，关于治理大气污染、改善空气质量的研究、方案、政策也出台了不少，但都没有彻底解决这一环境问题。通常，问题产生的主要原因，往往就是问题的解决方案。京津冀大气污染实质上就是污染物排放量超过了大气环境容量，这是一个自然历史过程，解决方案也应该立足于减少污染物的排放量上。北京“非首都功能疏解”的立足点是北京，但是并不能解决北京的大气污染问题，空气质量的改善还得从源头抓起。京津冀产业转型升级，建立协同机制，共同推动清洁型新能源的研发，发展绿色产业，协同推进淘汰落后产能是从减少污染物排放的角度出发，从根本上解决大气污染的问题。当然，问题的解决需要时间，因此京津冀大气污染治理需要短期政策与长期政策共同配合，短期来说就是对高污染、高耗能企业以关为主，尽管潜力有限，但能够有立竿见影的效果；长期来看就是依靠技术进步，大力发展环保产业。京津冀产业协同发展不是一蹴而就的，而是一个动态的漫长过程，发展过程中肯定会遇到各种阻碍与挑战，当然也必然面临着重大机遇，一定要坚持正确方向，坚持市场主导、政府推动，充分发挥各主体的能动性，加强各主体之间的密切配合，尽快完成三地的产业转型升级，大气污染的问题也必然会迎刃而解。

第六章

京津冀建筑采暖的减排政策、难点与对策建议

建筑部门是能耗大户，京津冀地处北方寒冷地区，每年 11 月中旬到次年的 3 月中旬为供暖季，大量燃煤供暖，特别是散烧煤供暖成为造成京津冀雾霾天的一个重要成因。面对这一压力，为了减少建筑采暖排放，京津冀地区采取很多政策措施，既要保障冬季采暖供热，又要大力压减燃煤。建筑节能改造和清洁能源替代燃煤是两大重点工作，其中，大力推动“煤改气”“煤改电”治理农村和城乡接合部居民散煤采暖污染问题，取得明显成效，也付出了很大代价。

一 京津冀建筑能耗、排放与雾霾的关联

（一）冬季雾霾频发

雾霾如何形成的？简言之就是天、地、人多因素共同作用的结果。天，就是气候和天气条件。在全球气候变暖的大背景下，南北热力差异减少，风速减少，降水日数也减少，整体气候条件不利于雾和霾的消除。据国家气候中心测算，京津冀地区相比 1961 年降水日数减少 13%，平均风速减少 37%，造成大气环境容量总体下降 42%。[①] 地，就是地形地貌，京津冀处在三面环山的区域，污染物在山窝里易于积累，而不易扩散。

① 气象局：《风速减小、降水日减少等不利于雾霾消除》，2017 年 1 月 10 日，央视网（http://news.cctv.com/2017/01/10/ARTIAF2NmrPsfGCWrlPpFpfv170110.shtml?from=groupmessage）。

人，就是人为污染物排放，有一次污染物，还有二次污染物，有本地污染物，也有外地污染物传输。各地人口、经济、能源结构不同，污染物来源分布也不同。京津冀地区人口稠密，经济活动聚集，人为排放不断增加，遇到不利气象条件容易形成雾霾。

冬季天不帮忙，地不能变，人为排放还大量增加，就会引起雾霾频发。科学家测算，在整体趋于不利的气候条件下，冬季的大气环境容量大约比夏季低20%左右，而冬季北方采暖，大约新增30%的污染物排放。环境监测结果印证了人们的切身感受，空气质量全年总体改善似乎不易察觉，而冬季挥之不去的雾霾，令人非常焦虑，深恶痛绝。根据2017年1月20日环保部公布的2016年全国空气质量状况监测数据，[①] 2016年全国大气环境总体向好，338个城市PM2.5年平均浓度是47微克/立方米，同比下降6%；PM10的浓度是82微克/立方米，同比下降5.7%；重污染天数比例为2.6%，同比下降0.6个百分点。京津冀地区大气质量也明显改善，PM2.5平均浓度为71微克/立方米，同比下降7.8%，与2013年相比下降了33%。但2016年11月15日至12月31日供暖期期间，京津冀区域PM2.5平均浓度为135微克/立方米，是非采暖期的2.4倍。11月和12月份优良天数比例同比下降7.5个、6.3个百分点，PM2.5浓度分别上升7.4个、5.4个百分点。仅12月份就发生了5次大范围重污染天气。在2016—2017年的跨年严重雾霾时，北京等61个城市启动红色预警，石家庄等多地污染指数连续爆表，[②] 形势非常严峻，雾霾治理已刻不容缓。毫无疑问，雾霾治理重点在冬季。天不帮忙，地不能变，人就必须格外努力地减少污染物排放，才能抵消气象因素的不利影响。

（二）建筑冬季采暖供热贡献大

煤炭是京津冀地区的重要能源，为区域发展助力良多，但同时也是造成京津冀大气污染的重要来源。有专家测算，京津冀及周边地区，国土面积仅占全国7.2%，却消耗了全国33%的煤炭，单位国土面积排放强度是

① 环保部：《2016年全国环境空气质量总体向好》，2017年1月20日，中国新闻网（http://news.sina.com.cn/o/2017-01-20/doc-ifxzutkf2180757.shtml）。

② 《中国61城启动空气污染预警　石家庄等地指数爆表》，2016年12月31日，中国新闻网（http://news.qq.com/a/20161231/011962.htm）。

世界平均水平的30倍。2017年1月6日，中国环境监测总站发布“京津冀空气重污染特征探析”结果也显示，今冬京津冀区域大气污染主要由燃煤、工业、机动车排放、扬尘引起。燃煤涉及工业、服务业、民用等多个部门，可分为发电和非电利用两大块，具体利用方式不同，污染物排放情况也不同。冬季雾霾频发与冬季北方地区供暖大量燃煤有直接关系。

我国目前既有建筑面积超过500亿平方米，90%以上是高耗能建筑，城镇节能建筑占既有建筑面积的比例仅为23.1%。建筑面积还在以每年20亿平方米左右的速度增长。北方冬季供暖建筑面积增长很快，导致建筑能耗快速增长。据清华大学建筑节能研究中心的测算，[①] 目前北方城镇供暖总面积大约为120亿平方米，耗电在100亿度左右，总商品能耗近2亿吨标煤，约占我国建筑能耗的四分之一。2001—2013年，北方城镇建筑供暖面积从50亿平方米增长到120亿平方米，增加约1.5倍，能耗增加约1倍，供热热源以煤为主，热电联产和燃煤锅炉合计占九成。京津冀及周边地区属于北方寒冷区，人口集中，冬季采暖关系千家万户，是重大的民生问题。

随着人们生活水平的提高，人们对热舒适性的要求也随之提升，也是建筑能耗增长的一个重要原因。城镇集中供暖每年统一于11月15日开始，已经不能满足个性化需求。11月中旬往往气温波动较大，遭遇寒流降温天气，居民要求提前供暖的呼声高涨，家庭在集中供暖前普遍会使用电热器或空调取暖。北方城乡接合部和农村住宅，没有集中供暖，也需要提高室内温度，改善生活质量。由于农民收入水平提高，煤炭价格相对平稳，很多农村家庭燃烧散煤采暖逐年增加。农村户均采暖能耗甚至高于城镇住宅。即使同样能耗，燃烧散煤采暖使污染物直接低空排放，污染非常严重。

（三）散煤供暖危害大、治理难

京津冀地区冬季供暖，除了城市集中供暖之外，还存在大量散煤燃烧，污染严重，是雾霾治理的重中之重。据统计，河北省有3000多万人口居住在农村、城中村和城乡接合部，有大约1000万个家庭，一个冬季

① 清华大学建筑节能研究中心：《中国建筑节能年度发展研究报告2017》，中国建筑工业出版社2017年版。

燃烧大约4000万吨左右的煤炭，大部分是廉价的烟煤。如果按燃煤烟气中平均含大约700毫克/立方米的颗粒物计算，按煤炭中煤焦油平均含量为7%计，就是280万吨煤焦油，如果其中的10%排入到煤烟中，就是28万吨。尽管散煤燃烧仅占河北全省煤炭总消费的10%左右，但其排放的颗粒物和二氧化硫，占整个煤炭燃烧所排放的50%左右，而且是低空排放，污染非常严重。[①]

北京市人口稠密，冬季供暖负荷较重。居住在五环外人口超1000万，[②] 接近北京总人口的一半，部分家庭冬季采暖依靠燃烧散煤，一个冬天大约消耗400万吨煤炭，北京市PM2.5来源中大约有15%由周边县区的燃煤贡献，是北京重要的污染源。北京2016年治理大气污染的三大战役之一就是通过优质煤替换、“煤改电”“煤改气”等减少农村散煤燃烧。但居民采暖是民生刚性需求，治理雾霾，在减少冬季供暖污染物排放的同时，不但不能影响还要提升居民的生活质量，治理难度较大。

二 京津冀减少建筑采暖排放的主要政策措施

明确了京津冀地区建筑能耗、排放与雾霾的关联性，治理雾霾，就必须努力提高建筑能效，减少建筑采暖的污染物排放。这项工作涉及很多方面，例如，新建建筑要严格执行建筑节能标准，有条件的地区开展超低能耗建筑建设示范，大力发展绿色建筑，稳步提升既有建筑节能水平，深入推进可再生能源建筑应用，推进农村建筑节能等。其中，与城乡居民最为密切相关的是既有居住建筑节能改造和促进清洁能源替代燃煤两大重点任务。

（一）既有居住建筑节能改造

我国既有居住建筑节能改造工作开始于“十一五”期间，是从北方

---

① 陶光远：《散煤采暖竟成河北重霾元凶》，2017年1月12日，财新网（http://opinion.caixin.com/2017-01-12/101043064.html）。

② 北京首次披露人口分布情况：《超一半人口住五环外》，2015年5月22日，新华网（http://news.xinhuanet.com/politics/2015-05/22/c_127828746.htm）。

采暖地区着手的，涵盖京津冀地区，涉及北方15个省市自治区和新疆生产建设兵团。2006年，《国务院关于加强节能工作的决定》中对建筑节能提出，通过既有建筑节能改造，深化供热体制改革，大城市完成既有建筑节能改造的面积要占既有建筑总面积的25%，中等城市要完成15%，小城市要完成10%。随后在国务院《关于印发节能减排综合性工作方案的通知》中将其明确为“十一五”期间，北方采暖地区既有居住建筑供热计量及节能改造面积1.5亿平方米。2008年，住房城乡建设部将1.5亿平方米的节能改造任务分解到各省区市，由省级政府再分解到各市，由市级人民政府负责组织和实施节能改造。其中，北京2500万平方米。经过努力，到2010年“十一五”结束时，改造任务超额完成。①

第一阶段既有建筑节能改造的成功，为“十二五”的既有建筑节能改造奠定了良好基础。2011年《国务院关于印发“十二五”节能减排综合性工作方案的通知》中提出，“十二五”期间完成北方采暖地区既有居住建筑供热计量及节能改造面积4亿平方米以上。2011年6月，住房和城乡建设部、财政部联合召开“北方采暖区既有居住建筑节能改造工作会议及部分省份节能改造工作协议签字仪式”。会议明确，“十二五”期间要完成北方既有居住建筑节能改造4亿平方米以上，完成老旧住宅节能改造任务的35%，改善700万户城镇居民采暖及居住条件，力争到2020年基本完成北方老旧住宅节能改造任务12亿平方米。根据2017年住建部印发《建筑节能与绿色建筑发展“十三五”规划》，截至2015年底，北方采暖地区共计完成既有居住建筑供热计量及节能改造面积9.9亿平方米，是国务院下达任务目标的1.4倍，节能改造惠及超过1500万户居民，老旧住宅舒适度明显改善，年可节约650万吨标准煤。

经过十年不懈的工作，我国北方采暖地区的既有居住建筑节能改造已完成绝大部分任务，进入最后冲刺阶段。建筑节能“十三五”规划的目标是到2020年，完成既有居住建筑节能改造面积5亿平方米以上，2020年前基本完成北方采暖地区有改造价值城镇居住建筑的节能改造。全国城镇既有居住建筑中节能建筑所占比例超过60%。城镇可再生能源替代民

---

① 《北方采暖地区既有居住建筑节能改造倒计时》，《中国建设报》2017年2月22日（http：//news.dichan.sina.com.cn/2017/02/22/1226004.html）。

用建筑常规能源消耗比重超过6%。经济发达地区及重点发展区域农村建筑节能取得突破，采用节能措施比例超过10%。一些具备条件的地区启动既有居住建筑能效提升工作，单项改造内容达到当期新建居住建筑节能设计标准的相关规定和约束性指标要求。一些省市正在研究探索以城市为主体、以既有建筑和老旧小区为单元的节能宜居综合改造新模式。

近年来，为推进新型城镇化建设，各地全面推进老旧小区综合整治，纷纷根据本地区具体情况出台具体实施方案，其中北方集中供暖地区，围护结构、供热系统等节能改造是综合整治的重点内容。例如，北京市自2012年启动了以建筑节能改造为主的老旧小区综合整治计划，北京市区两级财政先后投入了300亿元，至2015年底，完成北京市1582个老旧小区总建筑面积5850万平方米的综合整治，节能环保和社会效益突出，为治理雾霾发挥了积极作用。

2011年，天津被确定为公共建筑节能改造全国首批试点城市，圆满完成首批400万平方米改造任务。2016年天津市安排了100万平方米公共建筑节能改造，“十三五”期间将完成1000万平方米公共建筑节能改造任务。与此同时，天津市2015年既有居住建筑节能改造完成1370万平方米，2016年既有居住建筑节能改造计划为1583万平方米。[①]

河北省在既有建筑节能改造方面也开展了大量工作，特别是唐山市，作为财政部、住建部授予的全国10个“北方采暖地区既有建筑供热计量及节能改造重点市”相比其他城市走在前面。截至2013年底，唐山累计完成既有建筑节能改造面积2445万平方米，申请国家奖励资金6亿元，两项指标均占全省三分之一。河北省还率先开展了既有建筑被动式低能耗节能改造的示范，对河北省建筑科学研究院2#、3#住宅楼的改造项目采用被动式低能耗技术体系，改造后建筑采暖能耗大幅降低，冬天更暖和，夏天更隔热，居住体验更舒适，预计每年运行可节约101.1吨标准煤，可减少252.1吨二氧化碳排放、859千克二氧化硫排放、748千克氮氧化合物排放。河北全省具备节能改造条件的建筑面积共2640万平方米，如果全部实现被动式低能耗节能改造，按每年节省32元/平方米计算，每年可

---

① 《天津：2015年既有居住建筑节能改造完成1370万平方米》，《天津日报》2016年1月4日（http://district.ce.cn/newarea/roll/201601/04/t20160104_8044205.shtml）。

节约 8.4 亿元，同时节省标准煤 58.31 万吨，减少二氧化碳排放量 145.4 万吨、二氧化硫排放量 4956 吨、氮氧化物排放量 4315 吨。[①]

可以说，当前在治理雾霾的严峻形势下，雾霾治理为持续推进既有居住建筑节能改造提供了新契机，注入了新动力。

（二）清洁能源替代燃煤

近年来，京津冀核心区重点治理燃煤污染，北京、天津、保定、廊坊正有序加快建设国家“禁煤区”，争取尽快淘汰城镇地区 10 蒸吨及以下燃煤锅炉，小吨位燃煤锅炉窑炉基本“清零”。重点地区主要是完成散煤清洁化治理任务，其余地区严格管控散煤煤质。要全面替代燃煤，京津冀三地都在大力推动“煤改电”“煤改气”和热泵、风能、太阳能等可再生能源利用，出台了相关的规划和鼓励政策。

1. 北京市清洁能源替代燃煤

2013 年，北京制定实施《2013—2017 年加快压减燃煤和清洁能源建设工作方案》，积极贯彻落实国家大气污染防治行动计划，全面实施城市供暖“煤改气”，支持“地源热泵”“空气源热泵”“风电”“太阳能”“生物质能”“大型热电联产机组循环水和工业余热利用”等清洁能源采暖供热方式。《北京市“十三五”规划纲要》[②] 明确提出，城六区全境、远郊各区新城建成区的 80% 区域和市级及以上开发区建成禁燃区，实现无煤化。加快实施郊区燃煤设施清洁能源改造和城乡接合部与农村地区散煤治理，着力加快推进农村采暖用能清洁化，平原地区所有村庄实现无煤化。2020 年全市建成以电力和天然气为主体、地热能和太阳能等可再生能源为补充的清洁能源体系，优质能源消费比重力争提高到 90% 以上，可再生能源比重达到 8% 左右。其中，“煤改电”和“煤改气”是北京实现清洁燃料替代燃煤的关键举措。

在“煤改电”方面，早在 2001 年北京市就在核心区、文保区启动居民采暖“煤改清洁能源”工程，以电采暖取代蜂窝煤炉采暖。采取先试

---

① 《河北率先开展既有建筑被动式低能耗节能改造》，2017 年 6 月 5 日，长城网（http：//house.hexun.com/2017-06-05/189485249.html）。

② 《北京市十三五规划纲要全文》，2016 年 3 月 24 日（http：//yjbys.com/gongzuobaogao/871490.html）。

点后推进的方式，逐片逐户进行“煤改电”。2003年底，北京东、西城区第一批居民电采暖示范工程项目改造项目顺利完成。2007年，随着2008年北京奥运会的临近，“煤改电”工程成为北京市“治理大气污染，为绿色奥运做贡献”的重点项目，在城区全面推进。2009年，北京市中心城区内的居民平房小煤炉全部实施“煤改电”，彻底告别烟熏火燎式的取暖模式。北京市环保局发布的数据显示，截至2009年底，全市共完成18万户平房居民住户煤改电采暖改造。2012年，北京市发展改革委决定“煤改电”工程由首都核心区、文保区向非文保区推进，要求中心城区“无煤化”。2013年采暖季前，北京核心区“煤改电”工程总体完工。2013年8月，北京市人民政府办公厅发布《北京市2013—2017年清洁空气行动计划重点任务分解》，提出新的“减煤换煤、清洁空气”行动方案，要求在农村大力推进煤改电、煤改清洁能源采暖工作。首先在160个试点村推行电采暖，同时推进使用热泵、太阳能等清洁能源采暖，并推行农村峰谷电价政策。自此，北京市农村煤改电、煤改清洁能源工作开始试点。

在“煤改气”方面，根据《北京市2013—2017年加快压减燃煤和清洁能源建设工作方案》①，北京市2017年前全面关停燃煤电厂，同时建设完成东南、西南、东北、西北四大燃气热电中心，可减少燃煤920万吨。到2015年，燃煤锅炉“煤改气”任务超额完成，城六区基本实现无燃煤锅炉。在大力实施城区燃煤锅炉清洁能源改造的基础上，近年来把工作重点逐步转向远郊区县，不断完善全市燃气管网等基础设施建设，着力推进更大范围的锅炉“煤改气”。2015年共完成远郊区县燃煤锅炉清洁能源改造4907蒸吨。

在新能源和可再生能源利用方面，根据北京市供热规划，北京市将因地制宜利用新能源和可再生能源供热，城六区将更多采用污水源热泵、土壤源热泵、水源热泵、太阳能空气源热泵供热，郊区供热方式多采用地热能、垃圾焚烧发电厂余热、工业余热、太阳能、利用弃风电供热（电蓄热锅炉）。到“十三五”末，城六区新能源及可再生能源供热面积将达到700万平方米，郊区将达到878万平方米。地热及热泵系统在京津冀地区

---

① 北京市发改委：《明年燃煤总量将降至1100万吨》，《京华时报》2015年12月31日（http://news.163.com/15/1231/02/BC4LRSKL00014AED.html）。

有较大的应用潜力，目前京津冀地区采用浅层地温能供暖制冷面积8500万平方米，占全国的20%。直接采用地下热水进行供暖的建筑面积7100万平方米，占全国的80%。[①] 根据《北京市“十三五”时期新能源和可再生能源发展规划》，北京市将以新建区域、新建建筑、郊区煤改清洁能源为重点，实施千万平方米热泵利用工程。新建区域市政基础设施专项规划中优先采用地热及热泵系统。“十三五”时期，新增地热及热泵利用面积2000万平方米，累计利用面积达到7000万平方米。按照北京市新建区域发展规划，重点开发延庆、凤河营、双桥等地热田资源，实施新机场临空经济区、世园会、通州西集等一批地热供暖应用示范工程。

从实际效果看，“煤改电”“煤改气”和地热利用已经取得初步成效。北京市2005年燃煤总量为3000多万吨，2012年仍有2300万吨。2016年已降至1000万吨以下，主城区的燃煤锅炉绝大多数已经改为燃气锅炉，城六区基本实现了供热无煤化，建成地源热泵项目一千多个，供暖面积超4000万平方米。2016年，北京加大了农村“煤改清洁能源”工作力度，完成663个村庄的改造任务。

2. 天津市清洁能源替代燃煤

天津市也不断推进清洁能源在供热采暖中的使用。根据《2015年散煤清洁化治理工作方案》，天津市要求，无论在市区还是在农村，都要使用清洁能源或清洁煤替代散煤，有效减少大气污染物排放。2015年内，天津市城市家用散煤、商业活动散煤、机关企事业单位炊事散煤，将全部由电、天然气、液化石油气等清洁能源替代，覆盖率及替代率将达到100%。“优先发展可再生能源，继续推进热电联产，积极利用电采暖等清洁能源”是天津市“十三五”供热规划三大原则之一。根据规划，要进一步优化热源结构，到“十三五”末实现可再生能源比例大于8.5%，超净燃煤锅炉比例大于20%，热电联产比例大于50%。在热源方面，规划末期可再生能源总供热面积4246万平方米，电采暖供热面积118万平方米，其中新建可再生综合能源站50座。

天津市将稳步推进地热资源开发利用，增加地热供暖面积，计划到

---

① 《京津冀正形成我国最大的“地热城市群”之一》，2016年2月26日，新华社（http：//news.xinhuanet.com/fortune/2016－02/26/c_1118174939.htm）。

2017年，全市地热年开采总量控制在5000万立方米；并结合城市建设发展，加快太阳能热水设施建设，到2017年城市太阳能生活热水利用达到1600万平方米，农村太阳能热水器达到42万台。

3. 河北省清洁能源替代燃煤

2016年9月，河北省政府出台《关于加快实施保定廊坊禁煤区电代煤和气代煤的指导意见》[①]，到2017年10月底前，将保定、廊坊市京昆高速以东、荣乌高速以北与京津接壤区域以及三河市、大厂回族自治县、香河县全部行政区域划定为禁煤区，禁煤区完成除电煤、集中供热和原料用煤外燃煤“清零”。禁煤区实施“电代煤”“气代煤”将能享受到一系列补贴支持政策。2016年，在中央专项资金和北京的大力支持下，河北省的保定和廊坊通过清洁能源改造减少66万吨的燃煤使用量。

河北省生活用散煤数量较大，其排放量占全省燃煤排放总量的50%以上。尤其是设区市主城区、城乡接合部人口密集、用煤量大，是冬季污染最严重的区域。集中供热率低是分散燃煤大量存在的主因。河北省政府提出，到2016年底，所有的供热要实现集中供热及清洁能源供热，推广燃气供热、地热、热泵、电能、太阳能、热电冷三联供等不同形式的清洁能源供热。《河北省“十三五”规划纲要》[②]提出，要深入开展绿色建筑行动，到2020年全省绿色建筑占新建建筑的比重达到50%以上。加强天然气管网建设，加快城市集中供热老旧管网改造，到2020年县以上城镇居民生活燃气普及率达到90%、全部实现集中供热或清洁能源供热。同时，河北省将加快开展可再生能源供热等燃煤替代应用。

根据《河北省可再生能源发展“十三五”规划》[③]，“十三五”期间，河北省将创新开发利用模式，开展太阳能集热、电供暖、地热供暖、干热岩供暖、跨季节储热、生物质能供暖等工程。推进在张家口、承德等地的风电供热试点，建成风电供热面积1000万平方米，并逐步扩大试点范围。

---

① 河北省人民政府：《关于加快实施保定廊坊禁煤区电代煤和气代煤的指导意见》（冀政字〔2016〕58号），2016年9月24日，河北省政府网（http://info.hebei.gov.cn/eportal/ui?articleKey=6665782&columnId=329982&pageId=1962757）。

② 《河北省十三五规划纲要》（http://yjbys.com/gongzuobaogao/887499.html）。

③ 《河北省出台可再生能源发展“十三五”规划》，2016年12月12日，中国经济网（http://money.163.com/16/1212/17/C83ORSLD002580S6.html）。

积极发展地热供暖，在条件适宜地区开展干热岩供暖、跨季节储热等新型供暖示范工程，实现供暖面积 100 万平方米。在太阳能资源良好地区，结合工业用气需求，建设一批太阳能集热供气示范工业园。积极推广生物质压块、制气在城乡居民供暖、炊事等领域的应用。加快煤改电、煤改地热、煤改太阳能等替代模式推广，有效减少煤炭消耗。到 2020 年，可再生能源供暖总面积达到 1.6 亿平方米，可再生能源供热、供气、燃料等总计可替代化石燃料约 900 万吨，减少二氧化碳、二氧化硫、氮氧化物、烟尘排放分别约 2500 万吨、25 万吨、4 万吨和 125 万吨。河北省将以建设新城镇、新能源、新生活的“三新行动计划”为目标，结合燃煤锅炉淘汰和新型城镇化建设工作，以石家庄、保定、邯郸、邢台等平原地区为重点推进浅层地热能集中供暖制冷项目开发建设；以保定、石家庄、廊坊、张家口等地区为重点推进中深层地热能供暖的开发利用；形成较大规模替代燃煤供热的能力。到 2020 年，地热供暖能力累计达到 13000 万平方米，替代标煤 337 万吨，减排二氧化碳 800 万吨。

三　京津冀既有居住建筑节能改造的难点与对策

尽管京津冀地区既有居住建筑节能改造取得了很大成绩，但在“谁出钱，谁来改，怎么改”的问题上，也存在不少难点。建筑节能做不好，“煤改气”“煤改电”的减排效果就会大打折扣，甚至因热舒适度不好而重新烧煤，造成更大的污染和浪费。治理雾霾，必须突破这些难点，找到切实可行的解决办法。

（一）难点和问题

产权分散、资金筹措难。《物权法》规定，既有建筑物的业主享有该建筑物的改造权利，并且由业主负责筹集改造资金。原则上，按照“谁受益，谁改造”的原则，居民和政府应分别承担既改任务并筹集改造资金。即除政府配套资金外，需要居民自主筹措相当比例的改造资金。但在实践中，节能意识较强的居民可能会主动更换节能门窗，但对于墙体及公摊部分的改造需要经过 2/3 业主的同意，改造资金难以筹措。节能改造项目几乎都靠中央财政补贴和各级政府配套资金，居民出资意愿很弱。甚至还有一些居民因改造需要拆除违建而持反对态度。

部门权责不清，沟通协调不畅。既有建筑节能改造项目，涉及业主、租户、原单位、设计和施工企业、政府多个方面，利益关系比较复杂。住房制度改革后，原单位不再负责住房的改造维护，有些原单位已经不存在。政府部门涉及建设、规划、环保、财政和市政等多个部门。很多节能改造项目还与老城区改造、危房改造等项目结合起来做，需要协调各方面关系，平衡多主体利益。各部门权责划分不清，各主体之间沟通不畅，导致行政效率低下，甚至相互掣肘，难以推进。

节能改造简单化、碎片化。根据住建部 2012 年 1 月印发的《既有建筑节能改造指南》相关规定，既有建筑节能改造涉及外墙、屋面和外门窗等维护结构的保温、采暖系统分户供热计量及分室温度调控、热源和供热管网的节能、建筑物修缮、功能改善和采用可再生能源的综合节能四项改造。但已完成的既改项目，很多还停留在简单的“穿衣戴帽”阶段，改造简单化、碎片化，节能潜力没有充分挖掘，甚至反复折腾，给业主带来很多不便。一些已经完成采暖系统分户供热计量及分室温度调控的住房，未能同步实现热计量收费，影响了节能改造效果，有的甚至造成计量设备闲置和损坏。一些建筑节能改造后，出现室内过热又不能分室调控的问题，居民只能开窗降温，浪费能源。

各地进展不均衡。我国城市发展水平地区很不平衡，财政资金充裕的大城市、城区，进展相对顺利，而大量中小城市和郊区镇则无法享受同等财政投入，进展比较缓慢。京津冀地区，北京财政投入大，工作相对走在前头。而河北省建筑节能改造任务还相当繁重。北京高财政投入的模式未必适用于河北。

（二）对策建议

既有居住建筑节能改造，结合老旧小区综合整治，对改善居民居住条件，节能减排，治理雾霾都意义重大。如何建立一个更好的改造模式，把好事做实，实事做好？用好财政资金关键在于提高财政资金的效率，促进财政资金的公平有效，同时应充分发挥财政资金引导性作用，推动个人出资和社会资本进入。应从以下几个最为迫切的方面着手，逐渐形成由政府财政主导向更多地引入市场化融资方式转变，由政府下计划向居民主动申请为主转变，由条块分化的改造向居民急需的改造转变，走出一条既精准用好财政资金、充分发挥市场机制高效的特点，又切实解决居民住房困难的改造之路。

树立清洁能源替代与建筑节能改造并重的意识。没有建筑物节能减排改造的配合，现有清洁能源替代的诸多政策措施的实施效果将大打折扣。特别是京津冀郊区和农村，在用能方面对农村居民进行大量补贴是不可持续的，不如把部分补贴用在建筑物的节能改造方面，特别是推动新型可再生能源技术在建筑物上的应用，把用能成本降下来。随着农村居民收入的增加，利用清洁能源习惯的养成，以及用能成本的降低，政府补贴才有可能被逐步取消，沉重的财政压力才能得到缓解。

建立利益相关方的协调机制。厘清政府职责边界，老旧住房节能改造需要政府支持但不能包办。老旧住房往往产权关系复杂、涉及居民个体较多，操作不慎容易造成“好心办坏事”或居民完全“等、靠、要”的被动局面。因此必须厘清老旧住房改造的推进机制和利益相关方的协调机制。建议指定老旧住房改造的申请程序，可以在街道或者社区的协调指导下，由业主委员会作为主体，征求居民意见，向主管部门申请。最终，促成由政府下计划向居民主动申请为主转变，妥善解决矛盾。

创新财政补贴资金支持方式。为调动居民参与出资的积极性，建议政府不采取直接补贴住房的办法，而是在既有改造项目资金统筹利用之外，新增的补贴资金直接支付于参与改造企业（如对承接改造的代建企业和水、气、热等管道更新的企业，可以按棚户区改造政策享受长期低息贷款等）或者在更新完成后对于小区的维修资金进行适当补贴，促进财政资金高效、公平地使用。

拓宽改造资金的来源渠道，更多地依靠市场机制筹集资金。当前用于抗震加固、节能改造等改造资金往往条块分割，不能发挥协调作用。首先应统筹使用这部分财政资金，其次在发挥财政资金引导性作用基础上，采用市场化机制，充分调度社会资本参与。具体有以下几种方式：例如，充分挖掘老旧住房所在区位的溢价。大城市核心区域的房价较高，可考虑采用多层住房加层出售、小区闲置设施改建、市场化运营等形式筹集资金，既可以弥补资金不足，又可以解决多种问题；再如，推动居民个人出资和住房维修基金共同筹措资金的机制，贴合居民的迫切需求。例如寒冷地区推动以建筑保温改造为核心，老年人较多但无电梯的老旧小区以加装电梯为核心，带动综合改造，必然深得民心，提高居民出资意愿。又如，设立金融和财税支持机制。老旧住房改造具有一定的民生性，对于参与改造的设施、企业，可以参考棚户区改造的做法，国家给予一定的税费减免政策。此外，利用证券化投资参与老旧住房的改造也值得进一步研究。

开展宣传教育，因地制宜推动老旧住房综合改造。雾霾治理为推动老旧住房综合改造增添了新动力，居民有对雾霾的切身感受，通过深入群众的宣传教育，更容易获得居民支持。在期望居民出资的同时，还必须赋予居民更多参与的权利，更多倾听居民的声音，满足居民的需求，因地制宜推动老旧住房综合改造。例如，规定哪些是必须改造的项目，哪些是可选的改造内容，在改造过程中尽可能降低对居民的影响，提高改造效率。改造之后，了解居民感受，并向供热企业及时反馈，避免因室内过热造成的浪费。

四　北京市郊区散煤治理的难点与对策

为了深入了解散煤使用情况和治理的难点和问题，课题组专门赴北京市平谷区、门头沟区，与相关部门进行座谈并开展实地调研。北京市存在的问题，在某种程度上也是京津冀地区面临的共性问题，具有一定的典型性。

（一）京郊部分居民使用散煤采暖的原因分析

散煤相对型煤或清洁能源有成本优势。与传统散煤相比，洁净型煤燃烧后产生的硫化物、氮氧化物、粉尘都可大幅减少。但散煤使用具有成本优势，型煤的推广并不容易。城乡接合部地区由于紧靠城区、交通方便，聚集了大量的外来人口，也随之聚集了小饭店、小洗浴、修车行、服装加工、家具制造等小企业。这些区域基本没有集中供暖，且房屋以大面积住房和商铺房为主，由于这些小企业都属于北京要淘汰的产业类型，许多企业主抱着干一天算一天的心态，因此在进行冬季取暖和经营性供热时，更多地考虑到成本因素，往往会选择散煤。而正是有了这些需求和成本优势，劣质散煤就有了市场，使得城乡接合部成为散煤燃烧污染的“重灾区”。

优质煤补贴未覆盖外来人口。尽管到2015年供暖季结束时，全市农村地区清洁能源取暖覆盖率已达90%以上，基本实现农村户籍住户的全覆盖；但在城乡接合部区域，外来人口已经远远超过本地人口，甚至是本地人口的数倍，形成了突出的人口倒挂现象；但是政府部门在进行优质煤替代时，财政补贴只以当地户籍人口为依据，外来人口无法享受到补贴，使得污染小的优质煤数量并不能满足实际需要。

部分散煤质量低劣，但价格便宜。《商品煤质量管理暂行办法》规定，在京津冀及周边地区、长三角、珠三角限制销售和使用灰分（Ad）≥16%、硫分（St，d）≥1%的煤。国家《煤炭清洁高效利用行动计划（2015—2020年）》明确指出，要加大对民用散煤清洁化治理力度，减少煤炭分散直接燃烧，缓解资源环境压力。但环境保护部2015年11月份的抽查发现，北京市在售散煤煤质超标率为22.2%。由于劣质煤价格便宜，更容易被人们选择。而且只要煤的热值没问题，很少有人会考虑污染物排放量大不大的问题。

（二）散煤治理政策执行中的问题

北京市在压减燃煤和优质煤替代方面，采取了一系列行动：发布了《低硫散煤及制品》地方标准，旨在从源头上减少燃煤污染排放；出台了补贴政策，推动人们使用优质煤；印发了《北京市农村地区劣质民用燃煤治理工作方案》，严控居民和小企业购买使用劣质燃煤。北京还推出了“煤改电”“煤改气”、炊事气化、农宅保温节能改造等措施，减少散煤的使用。北京市这一系列的举措虽然成效显著，但在政策实施过程中也存在一些问题。

对劣质煤在运输和销售环节缺乏过硬的查处手段。劣质煤销售商依靠价格优势，利用老百姓贪便宜、图省事的心理，对优质煤替代工作带来干扰和冲击。煤炭销售商数量多，从业人员素质较差，只管卖钱，逃避监管，以低价劣质煤与补贴后的优质煤竞争，争夺市场份额。由于缺乏专业仪器设备，检查人员无法分辨优质煤与劣质煤，特别是交通部门，只能检查运输燃煤车辆的运营资格和是否超限，在运输车辆证照齐全且不存在超限运输现象的情况下，只能放行车辆。如货物是密闭封存，执法人员强制打开检查，造成货物损坏、丢失的，执法人员还要承担相应的责任。

销售商将工业用煤和民用煤混合销售，造成执法困难。我国现行标准对工业用煤质量的要求低于民用煤质量，并且不同行业的工业用煤遵照不同的标准。销售商觉得有机可乘，将工业用煤和民用煤混合销售，给监管人员执法造成困难。一方面，由于缺乏煤炭质量的检测设备，难以区分煤炭质量究竟是工业用煤质量还是民用煤质量；另一方面，销售商在监管人员检查时谎称是工业用煤，而后销售给居民，使得劣质煤依然流入市场。

对优质煤的补贴政策间接影响清洁能源的推广。为了使优质煤替代劣质煤，北京市现行优质煤价格补贴政策为：在北京市财政奖励每吨煤200元的基础上，各区县分别补贴200—500元，此外一些村还有额外补贴。以平谷区为例，优质煤价格大约为每吨1150元，减去市、区和村的三重补贴，价格大约为400元左右。由于补贴后使用优质煤采暖比使用清洁能源有成本优势，居民使用清洁能源的积极性受到影响。优质煤虽然比劣质煤环境影响有所改善，但相比清洁能源仍然是高排放高污染，不是长久之计。需要理顺不同能源的补贴政策，通过价格信号激励居民向清洁能源替代煤炭方向转变。

部分地方因“煤改气”“煤改电”后采暖成本高，采暖效果不够好，出现部分居民重新烧煤。农村普遍住房面积大，保温性能差，一些居民家中有老人、小孩，对室内温度要求较高。“煤改气”“煤改电”后不仅采暖成本高，采暖效果还不够好。例如，有报道反映北京市房山区某村是北京市首批“煤改电”试点村。一户居民新家175平方米，按照规定免费领了9个这样直热式的电暖气，但取暖效果还是不理想。五个月供暖季电费将达到1万多元。有的村民无奈放着宽敞的楼房不住，返回老屋，有的在楼房里烧柴火、烧煤炉取暖。[①] 另一篇报道反映河北省廊坊市某村“煤改气”，市、区两级财政给各户补贴是9000元，包括3900元的管道补助，燃气炉补贴3100元，一年用气的费用补助1000元，补助暂定两年，村集体另外补助燃气炉差价1800元。居民反映虽然天然气做饭要比使用液化

---

① 《“煤改电”让部分百姓叫苦不迭　改电后为何煤还在?》，2017年5月4日，搜狐网（http://www.sohu.com/a/138229703_676308）。

气便宜，但是用天然气取暖太贵，家里 7 间房子只烧两间，4 个月的取暖成本要 4000 多元，比烧煤上涨一倍。一些贫困户为节约成本，还在烧煤。供气企业因价格倒挂，用户越多，越赔钱。①

“煤改电”“煤改气”政策的可持续性堪忧。“煤改电”“煤改气”工程，依靠政府投资，资金需求巨大。让燃气企业投资，企业利润空间较小，参与热情不高。此外，政府需要给农村用户补贴，不仅补助安装费用，对每年的气采暖、电采暖也要给予补助。以河北省廊坊市为例，市县两级建成区及禁煤区农村全面实施清洁能源替代工程，2016 年市县两级配套财政资金近 15 亿元，2017 年的资金压力更大。按河北省现行规定是要持续补助 5 年，5 年以后如果没有补助，大量农村居民将重新使用价格相对便宜的煤炭采暖。但如果长期补贴，地方政府将面临非常大的财政压力。

天然气气源安全问题。根据初步测算，仅河北省廊坊市市县两级建成区及禁煤区农村实施“煤改气”后约新增天然气消费 10 亿立方米。如果冬季采暖期间天然气供应得不到持续性的保障，一旦上游气源紧张或燃气管网出现突发事件，对居民采暖将会造成很大影响，将不可避免地带来一些社会问题。京津冀地区各城市都搞“煤改气”，必然造成对有限的天然气资源的争夺。

依靠行政命令“一刀切”式推行燃煤清零，缺乏科学论证，易脱离当地实际，有急躁冒进的风险。一些地方把一些燃烧效率已经很高的大型燃煤锅炉也列入强制清理范围，把大型燃煤锅炉取暖改为电取暖，如果电力来自燃煤火电，综合能源利用效率并不高。

（三）对策建议

政府要加强科学决策，稳步落实，避免急躁冒进。公众对京津冀冬季雾霾问题关注度越来越高，雾霾治理成为各级政府面临的重要问题。政府难免焦虑，希望赶快做出成绩。但雾霾治理是一项长期工作，不能急于求成。如果不当治理带来社会经济问题，使雾霾治理政策出现反复，不仅不

---

① 《河北：天然气取暖有点贵　比烧煤涨了一倍》，2017 年 4 月 11 日，天然气咨询（https://sanwen.net/a/qvvriwo.html）。

能解决雾霾问题，还会使政府的公信力严重受损。

以环境质量改善为目标导向，因地制宜。京津冀地域广阔，各地自然条件、发展水平和实际情况差别很大。清洁能源采暖供热模式必须符合当地实际情况，因地制宜，不强求一致。可先试点，再推广。很多情况不是单一技术，而需要多种技术的组合，上级部门应以环境质量改善为目标导向，对具体的措施手段特别是技术措施，不宜过多行政干预。

理顺价格机制，用好价格杠杆。散煤治理，推动清洁能源供暖，政府要理顺价格机制，用好价格杠杆。在初始阶段，政府提供一定政策补贴是必要的，但要适度并设计退出机制，财政资金的作用应该在于引导政策方向，鼓励技术研发和示范，撬动社会资金投入。完全依靠政府补贴做违反市场规律的事，是不能长久的。

居民电供暖的瓶颈是价格，价格与建筑保温性能关系很大，节能改造是当务之急。居民冬季采暖是刚性需求，是燃煤还是电供暖，环保效益固然是一个因素，但对中低收入家庭而言，更关心实际费用支出。如果不能做到既绿色又省钱，“煤改电”很容易半途而废。电供暖要省钱，建筑的保温性能非常关键。一些老旧建筑保温性能差，仅电费一项就已经高于城市集中供热价格，而新建节能建筑运用电采暖则可以节省费用。京津冀及周边地区仍有大量老旧建筑，墙体、门窗保温性能差，供暖能耗高，节能改造是当务之急。

清洁能源供暖与可再生能源利用结合，提高经济性。在改善农村建筑保温性能的基础上，可考虑利用农村房屋面积较大的特点，应用屋顶光伏发电、热泵等可再生能源技术，降低农村居民的用能成本。

明确优质煤替代劣质煤是清洁能源供暖的过渡性政策，提供适度的政策性扶持。一方面，在生产、运输、销售使用等各环节，加大对劣质煤的查处力度。另一方面，优质煤替代劣质煤作为清洁能源供暖的过渡性政策，在一些地方、一定阶段需要适度的政策性扶持。例如，适当扩大享受优质煤补贴的覆盖面，纳入符合条件在本地常住的外来人口，鼓励使用优质煤。同时，建立优质煤配送服务机制，统一招标优质煤供应企业，实行统一配送服务，提高优质煤供给的便利性。北京市平谷区推广使用优质煤的经验在于，各乡镇政府发挥主体责任，对分解的具体任务进行统筹梳理，做好宣传发动和具体组织实施工作，村委会负责申报登记、收费和协助组织配送工作，收到了较好的效果。当然，对优质煤的补贴也要适度，过高则不利于清洁能源替代煤炭。长远来看，清洁能源替代煤炭供暖是发展方向。

五 京津冀开发利用地源热泵的难点和对策

地源热泵是陆地浅层能源通过输入少量的高品位能源（如电能）实现由低品位热能向高品位热能转移。通常地源热泵消耗 1 千瓦时的能量，用户可以得到 4.4 千瓦时以上的热量或冷量。地源热泵作为清洁能源替代燃煤供暖的一种可再生能源技术，受到越来越多人的关注，在京津冀地区有不少应用。在此，对其在推广应用中存在的一些问题和对策做些专门的探讨。

（一）难点和问题

目前，京津冀地区在推广地源热泵过程中，面临的主要问题有：

初始投入大。与一般中央空调的系统不同，地源热泵系统比较复杂，在工程采购中，不仅需要购买整体的设备、材料、安装主机和室内风机盘管，更重要的是需要打井，对于打井的工作来讲，耗费的人力、物力、财力很大，另外，由于大多数地源热泵为供热、制冷和生活热水一机三用，所以在安装空调部件的基础上，还要进行地暖和生活热水的安装施工，使得地源热泵费用比一般中央空调费用高。尽管地源热泵在使用过程中能降低成本，但由于开发初期投资大，影响住宅销售价格，增加机构筹资难度，在普通居民住宅和资金状况一般的机构中形成了普及推广的现实障碍。以中国节能环保集团恒有源科技有限公司的家庭地源热泵系统为例。在北京，如果一家有三个房间安装地源热泵系统，需要投资三万多元。显然，这套系统主要适用于别墅，而广大农村很难接受这一价格。

行标不完善，技术规范多缺位。合理的行业标准是一个行业健康发展的必要因素，而就地源热泵来看，我国现行的行业本身标准和技术应用规范尚不完善。在低温地源热泵的开发利用中，存在着很多的问题。国标不完善则是行标中的大问题，我国现行的地源热泵国标产品制造标准和应用技术规范，二者缺乏有效的统一，而国内大多数地源热泵产品和标准的推动者都是系统设备的制造商，这样在提供地源热泵设备机组时并不能提供整体系统的设计，造成机组节能而系统并不节能。

产业化水平不高，工程质量难以得到保障。很多企业规模小，技术水平参差不齐，难以提供建设运营一体化服务，工程质量得不到保障，严重制约地源热泵技术的推广应用。同时，地源热泵技术方面的专业人才也严重匮乏，缺少完整的人才培养方案。

资源环境问题。在地源热泵的使用过程中，很多机构不回灌地下水，这在水资源紧张的京津冀地区，这种浪费很容易成为众矢之的。即使回灌地下，又面临污染地下水资源的问题。地源热泵需要有足够的地方打井埋管，受场地限制比较大。地源热泵设计及运行中对全年冷热平衡有要求，要做到夏季往地下排放的热量与冬季从地下取用的热量大体平衡。而京津冀地区冬季供暖需求大，从土壤中大量吸热，长年运行后将导致土壤温度失衡，影响周围生态环境。

缺乏准确战略定位。目前政府部门只将浅层地温能开发列为节能工作的范围，并未将其作为新能源开发的重点予以统筹规划，浅层地温能只占我国能源消费总量的0.4%，与城市建筑能耗占全部能源消费的33%相比，作用微乎其微。

配套政策不完善。针对浅层地温能初期投资大的特点，地方政府设立了补贴，但补贴政策比较粗放，针对性不强；配套基础设施建设缺少必要的补贴，大规模、整体性开发利用受到制约；浅层地温能供热采暖的定价机制缺乏科学性，尚未形成优先利用浅层地温能的政策导向。

管理体制不顺畅。没有形成统一的行业管理机制，缺乏专业机构对浅层地温能开发进行全流程监管和指导，地源热泵市场有待进一步规范。对于目前使用的热泵技术只注重其设备机组的节能，与其他能源协同开发利用不够。对地源热泵系统运行的监管、评估不到位，部分地区水资源浪费、运行效率低下问题突出。

（二）对策建议

针对以上问题，应加强以下几个方面的建设：

完善激励政策。根据区域建筑物供热国家规范指标和碳减排指标，对浅层地温能开发给予节能奖励和环境成本补贴，降低初期投资。将浅层地温能智慧供暖项目列入中央及地方预算内公共机构投资专项资金支持范围。鼓励社会资本参与城市清洁能源供暖基础设施建设，对企业投资建设地温能供暖基础设施，参照清洁能源供暖价格收取配套费（接口费）、供热费，享受政府供暖补贴。建立居民普通住宅地温能供热采暖合理定价机制。

完善技术标准，提升开发水平。好的产品都需要好的系统来支撑，与建筑高度结合的地源热泵只解决热泵本身的方案是不够的，还需要配合设计、施工和运营等多方面与建筑有关的层面。地源热泵项目是一个系统工程，在项目的施行过程中，需要对项目所在地的水文地质勘查，更需要城市市政管理、地下水环保部门、机械、电力、建筑环境与设备等不同部门的协调配合。如果想使地源热泵能够更健康地发展地源热泵系统，那么需要相关政府部门对集成商的多项资质进行评定和认证，更应该在设计、施工和监测部门建立专项资质管理制度。

加强行业管理。建立专业监管机构，对项目立项、审批、施工、验收、运行等进行全过程监管。加强发改、能源、建设、国土、环保、水利等部门的协调，完善浅层地温能开发的体制机制。加强法制建设，制定浅层地温能开发利用国家或行业标准。坚持市场导向，完善市场机制，优化市场结构，消除市场壁垒，建立科学定价机制，拓宽投融资渠道，促进行业健康发展。一方面，要通过政策引导，使资金流向具有雄厚技术力量、严格质量管理的优质地源热泵经营企业，建立健全管理监察机制、资质审核评价体系，规范地源热泵市场，促进地源热泵企业向良性方向发展。另一方面，地源热泵企业应提高自身实力与素质，以大局为重，早日形成行业管理组织，规范市场，保护经营环境和行业声誉，才能确保自己的长远利益，而不是蒙起眼睛摸鱼。

重视区域差异。京津冀区域幅员辽阔，气候、地质情况差异较大，要因地制宜发展地温能热泵集中供暖、地温能热泵自采暖、分布式地温能冷热源站，提高适用性，满足不同需求。

同城市市政管网建设结合起来。要重视把供热供暖工作与地下管廊建设结合起来。应充分利用地下管廊进行地源热泵建设，该技术路径既能解决城市空间狭小问题，又能为热泵提供稳定的热源。

第七章

京津冀交通运输领域的雾霾问题与协同治理

一 京津冀交通行业的能耗、排放与雾霾的关联

京津冀地区是我国空气污染最为严重的城市群地区，一方面区域交通运输体系的发展缺乏长远规划和统筹考虑，远不能满足区域经济一体化的需要；另一方面，机动车快速增长成为区域污染排放和雾霾的主要来源，加之相关政策管理机制的滞后，导致交通领域的雾霾问题日渐突出。

（一）京津冀区域交通体系发展现状及问题

随着京津冀城市化的持续提升，区域交通运输体系尚有提升和完善的空间。现状主要存在以下问题：一是三地发展存在巨大落差，作为中国的政治、文化中心，区域经济系统对交通运输的需求引导和资金支持作用不明显，一定程度上限制了交通运输发展，也延缓了区域经济的协调发展速度。二是京津冀综合交通体系骨架网络尚未形成，铁路运力不足、港口通道单一，公路、机场、港口、铁路枢纽未能有效衔接、优势互补，造成资源浪费严重。三是北京以交通拥挤为主要特征的大城市病日趋突出，严重影响城市生活品质和竞争力提升。因此，区域交通系统的布局和组织已经成为制约京津冀协同发展的重要因素，主要体现在以下几个方面。

1. 非首都功能加剧的交通压力

京津冀地区干线铁路网和公路网均呈现以北京为中心，多向放射、辐射全国的网络格局，作为区域交通运输中心的非首都功能大大加剧了北京自身的交通体系压力。北京承担着东北、华北、华南、华东等地区间的铁

路物资交流和旅客中转运输任务，对外通道线路客货运输繁忙。唐山、秦皇岛经承德联系晋北和蒙东地区的高速公路通道尚未完全建成，天津港、京唐港集疏运等战略物资运输均依赖京津冀交通系统，导致北京市六环路承担了较重的过境交通组织功能。其次，区域运输资源的配置极不平衡。首都国际机场“一家独大”，航线资源高度集聚，旅客吞吐量、货邮吞吐量、航班起落架次均远远高于津、冀地区的机场，天津、石家庄等城市机场的运输市场有待发展和改进。随着北京新机场的建设，区域机场群格局和功能定位面临新的调整和优化。铁路枢纽的组织功能同样存在巨大差异，一方面导致大量通过性交通和区域转换交通汇集北京，加剧资源和环境压力；另一方面，天津、石家庄等区域中心城市面向区域的网络不完善，枢纽功能培育不足，城市间互联互通性不强，进一步加大了区域发展差距。

2. 单一城际交通组织模式制约交通体系的优化

以公路主导的交通网络，难以支撑京津冀城市群空间优化和网络化联系需求，区域交通设施的建设重点及组织模式亟待转变。首先，京石、京张、京承等主要公路通道运力不足，拥堵问题突出；外围联系通道缺乏，河北主要中心城市间联系不畅。其次，在公路交通组织模式下，京津等中心城市均呈现城市内部的功能自组织格局，核心功能区对区域的辐射带动不足；集约、绿色的城际铁路系统建设迟缓，区域唯一的京津城际铁路，与京津走廊城镇格局契合不佳，成长性地区偏离区域发展主轴线，与区域的联动不足。最后，城市层面，北京大都市区分层次的轨道交通系统建设滞后，难以进一步支撑北京较大规模的功能疏解及北京与区域一体化的良性互动。现阶段，北京的部分城市职能已经外溢到环首都的廊坊、燕郊、香河、大厂、涿州、固安等县市，初步形成与北京功能联动的半径 50 公里圈层，并诱发长距离通勤交通。由于缺乏城市群尺度的城际轨道交通系统，北京中心城区常规公交和轨道交通线路被动适应需求而向外不断延伸，导致放射通道的交通拥堵，并进一步加剧了“摊大饼”的空间蔓延态势，制约首都功能疏解和空间结构的优化。

3. 交通体系缺乏统筹规划，影响区域一体化发展

首先，北京、天津和河北三地在进行交通规划时往往各自为政，缺少全局规划，远没有形成科学的交通运输体系。人为主观原因的阻碍使

得京津冀区域进行一体化交通规划的难度加大。虽然在整个京津冀区域内，大部分城市在交通主干线上实现了对接和相通，但是在一些铁路细线条上却存在着衔接不畅通的问题，存在着诸多的断头路，整体上降低了整个京津冀区域交通的便捷程度，也间接增加了交通能耗与排放。其次，作为当前主要交通运输方式的铁路、公路、水路、航空和管道运输等各主管部门，在进行规划发展时总是各自发展、相互分离，这使得不同运输方式之间出现重复建设，提供运输能力的辐射范围相互交叉，导致交通运输体系的整体效益较低，各种运输方式之间缺乏一个负责综合协调管理部门，来负责规划统筹、交通基础设施建设过程中的环境保护及其他管理和监督工作。

（二）城市交通运输排放及其对雾霾的贡献

我国雾霾是在工业化发展与机动车剧增同步的情况下，污染叠加并相互作用所致，属于复合型污染，不同于20世纪伦敦（煤烟型为主）、洛杉矶（机动车为首要原因）相对单一的污染，而且已超出单个城市范围，成为大面积区域性污染。北京环科院大气所研究表明，机动车排放的污染物类型最多，也最复杂。机动车不仅直接排放PM2.5，包括有机物（OM）和元素碳（EC）等一次颗粒物，同时还排放挥发性有机物（VOCs）、氮氧化物（NO_X）等气态污染物，这些都是PM2.5中二次有机物和硝酸盐的“原材料”，同时也是造成大气氧化性增强的重要“催化剂”。此外，机动车行驶还对道路扬尘排放起到“搅拌器”的作用。研究表明，中国雾霾污染具有显著的空间溢出效应，尤其是京津冀、长三角及中部等城市群地区出现高雾霾污染的集聚现象，其共同驱动因素包括：产业结构、能源消费结构、城市建筑施工、人口规模以及汽车保有量等。[①] 由表7-1可见，京津冀地区的雾霾指数及主要大气污染物在三大城市群中均为最高[②]，体现了城市群区域经济的高能耗、高污染、高排放特征。

---

① 王立平、陈俊：《中国雾霾污染的社会经济影响因素——基于空间面板数据EBA模型实证研究》，《环境科学学报》2016年第10期。

② 李苛、王静：《“公地悲剧”视角下的中国雾霾现象分析》，《洛阳理工学院学报》2017年第3期。

表7-1　　三大城市群地区的雾霾及大气污染物浓度比较

2015年12月三大经济区的雾霾主要成分月均浓度值

单位：微克/立方米

主成分	PM2.5			PM10			SO_2			NO_2		
	数值	同比	环比	数值	同比	环比	数值	同比	环比	数值	同比	环比
京津冀	143	44.4%（↑）	52.1%（↑）	206	23.4%（↑）	51.5%（↑）	60	29.4%（↓）	53.8%（↑）	72	24.1%（↑）	24.1%（↑）
长三角	82	13.9%（↑）	57.7%（↑）	119	1.7%（↓）	58.7%（↑）	27	34.1%（↓）	35%（↑）	52	3.7%（↓）	23.8%（↑）
珠三角	36	35.7%（↓）	2.7%（↓）	54	34.1%（↓）	8.5%（↓）	13	43.5%（↓）	13.3%（↓）	40	13%（↓）	5.3%（↑）

数据来源：中国环境监测总站。

对京津冀而言，治理燃煤、机动车、工业排放、扬尘等几大污染源是主要挑战。其中，机动车尾气排放是在复合型污染条件下控制氮氧化物和挥发性有机污染物的排放的一项优先工作。根据最新发布的《气候变化绿皮书：应对气候变化报告（2016）》，京津冀地区空气污染主要来自本地污染源，同时区域传输进一步加剧了污染效应。[①] 例如，从京津冀大气污染的成分来看，北京的污染源主要是机动车尾气排放，天津的首要因素是扬尘，石家庄则是燃煤排放。根据2014年4月北京市环保局的数据，雾霾主要来源分别为机动车、燃煤、工业生产、扬尘，占比分别为31.1%、22.4%、18.1%和14.3%，汽车修理、餐饮、畜禽养殖等其他排放共占比约为14.1%。可见在影响雾霾的诸多因素中，机动车尾气排放等城市交通运输占据雾霾成因的近30%。[②]

城市地区交通运输领域的能源消耗导致的碳排放对雾霾的贡献体现在不同方面（见图7-1）。第一，从我国交通运输行业的碳排放影响因素来看，主要驱动因素是交通运输业的规模扩张，其次是交通运输结构的变化，交通能效提升对减排的贡献率逐年减小。[③] 随着京津冀城市群的发

---

① 庄贵阳、周伟铎：《京津冀雾霾的协同治理与机制创新》，载王伟光、郑国光编《应对气候变化报告（2016）：〈巴黎协定〉重在落实》，社会科学文献出版社2016年版。

② 李霁娆、李卫东：《基于交通运输的雾霾形成机理及对策研究——以北京为例》，《经济研究导刊》2015年第4期。

③ 丁金学：《我国交通运输业碳排放及其减排潜力分析》，《综合运输》2012年12月。

展，城市化带来的消费水平提升，各类机动车的数量还将持续增长，未来交通排放导致的污染问题将日益突出。

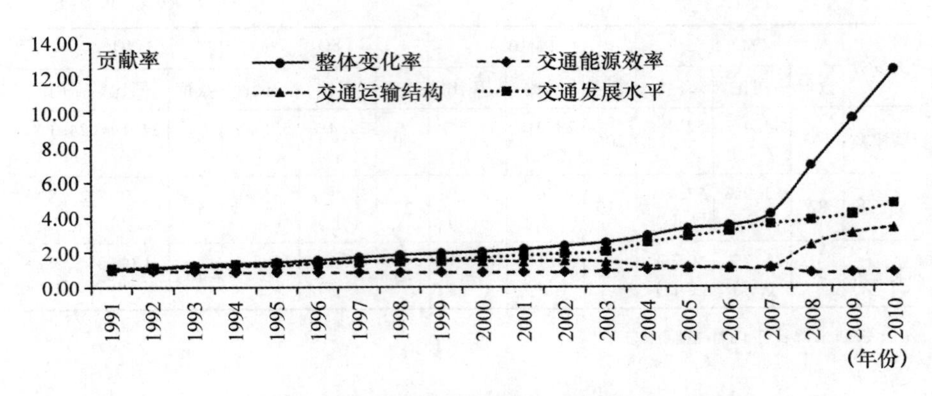

图 7－1　中国交通运输行业碳排放贡献因素分解

第二，不同的交通运输方式具有不同的能效及排放贡献。占我国汽车新车销售市场份额超过 75%、汽车保有量份额超过三分之二的乘用车是节能减排政策的重要对象。[①] 从表 7－2 可知，小汽车的单位能源消耗在各种交通方式中是最大的，而轻轨、地铁、有轨电车、公共汽车（单车）等大运量交通工具的能源消耗却很小，能耗只相当于小汽车的 6%—10%。[②]

表 7－2　　不同交通工具的能耗比较（以公共汽车单车为 1）

交通工具类别	每人公里能源消耗
自行车	0
摩托车	5.6
小汽车	8.1
公共汽车（单车）	1
公共汽车（铰接车）	0.9

① 孙林：《基于混合 CGE 模型的乘用车节能减排政策分析》，《中国人口·资源与环境》2012 年第 7 期。

② 张卫华、王炜、胡刚：《基于低交通能源消耗的城市发展策略》，《公路交通科技》2003 年第 1 期。

续表

交通工具类别	每人公里能源消耗
公共汽车（专用道）	0.8
无轨电车（铰接车）	0.8
无轨电车（专用道）	0.7
有轨电车	0.4
轻轨	0.45
地铁	0.5

以上海市为例，不同客运交通方式的碳排放具有较大差异。其中，公共交通的能源消耗较低，运输效率最高的是城市铁路交通，在2005年上海交通一次能源消耗总量中占比不到4%，却实现了11%的客运性能（见图7-2）。[①] 根据《北京市交通发展年度报告》，2009年北京市公共电汽车、轨道交通、小汽车、自行车分别占全部出行方式的29%、10%、34%和18%。[②] 研究表明，北京市2014年机动车排放各类尾气共61万多吨，污染来源主要是私人汽车和公交车，私家车造成空气污染的原因是其基数规模大，公交车则是由于采用柴油驱动，尾气排放不够清洁。[③]

第三，能源消费结构对交通运输的污染物排放具有直接的影响。汽车尾气是城市有毒颗粒物的主要来源。据分析，电动汽车比燃油汽车节能70%左右，能源费用可节省50%左右。[④] 2012年按燃料类型划分的全国机动车比重分别为：汽油汽车占83%，柴油汽车占16%，燃气汽车占1%。其中以柴油作为动力的车辆是排放污染颗粒的“大头”；以汽油作为动力的小型车虽然排放的是诸如氮氧化物的气态污染物，但是容易产生光化学反应形成二次颗粒污染物，加重雾霾；拥堵不堪的路况会使汽车在

① 海德堡能源与环境研究所：《中国交通：不同交通方式的能源消耗与排放》，海德堡能源与环境研究所与中国国家发改委综合运输研究所合作报告，2008年5月。

② 卫蓝、包路林、王建宙：《北京低碳交通发展的现状、问题及政策措施建议》，《公路》2011年第5期。

③ 张琦：《北京市空气质量变动模式及影响因素分析》，硕士学位论文，首都经贸大学，2015年。

④ 张卫华、王炜、胡刚：《基于低交通能源消耗的城市发展策略》，《公路交通科技》2003年第1期。

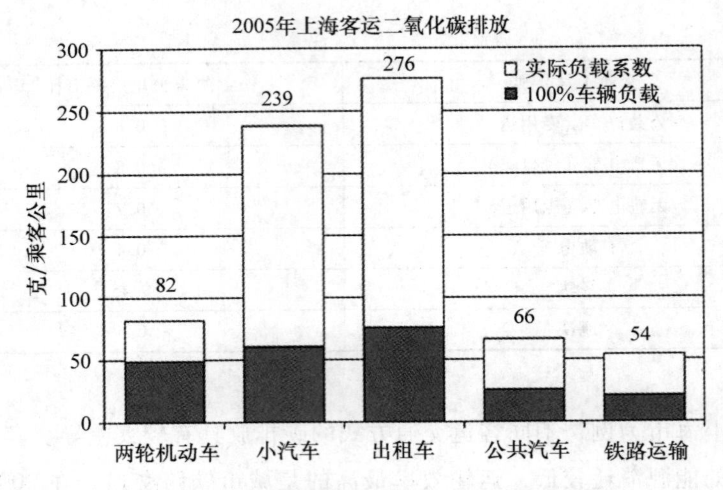

图 7－2　上海市不同客运工具的碳排放效率

怠速和加减速时较平时排放更多的尾气，也会加剧雾霾污染。据测算，北京市交通的平均时速为 15 公里/小时，发动机转速 1000 转以上，日产生 PM2.5 估算大致为 260 万微克。[①] 柯水发等[②]对 2005—2011 年北京市交通运输行业的碳排放量测算发现，煤油是北京市交通运输碳排放量的最主要来源。基于多种政策情景分析发现，未来十年北京交通运输行业具有较大的减排空间，应积极优化交通能源结构，降低煤油、柴油在能源消费总量中所占比例，提高天然气、电力比重，减小交通排放总量。

第四，城市路网密度和结构对交通能耗及通行效率有较大影响。要降低汽车在城市中的油耗，必须合理规划城市道路网，分流过境交通，减小过境交通量对城市中心区的交通压力，提高车均道路面积，尽量做到机动车与非机动车道的物理分离等等。[③] 较高的城市中心区道路密度，城市快速路、环路加放射性的城市路网体系有助于提升通行效率、降低交通能耗。例如，发达国家建成区内的道路用地总面积占建成区用地面积较高，

---

① 李霁娆、李卫东：《基于交通运输的雾霾形成机理及对策研究——以北京为例》，《经济研究导刊》2015 年第 4 期。

② 柯水发、王亚、陈奕钢、刘爱玉：《北京市交通运输业碳排放及减排情景分析》，《中国人口 · 资源与环境》2015 年第 6 期。

③ 张卫华、王炜、胡刚：《基于低交通能源消耗的城市发展策略》，《公路交通科技》2003 年第 1 期。

纽约市为30%、伦敦中心区为26.2%，是北京市道路面积率的4倍左右；2013年北京市公路密度为131公里/百平方公里，低于上海市181公里/百平方公里的道路密度；2013年北京市道路面积率为7.11%，未达到8%—15%的国家标准要求，未来城市路网的设计和优化还有很大的提升空间。①

第五，道路类别、路面质量、地形等对汽车燃油消耗量都有一定影响。例如机动车与非机动车混行、平交路口多的道路、线形差的道路都会加大汽车油耗。保持相对稳定的经济车速是降低汽车运行燃油消耗量的有效途径。大、中型汽车通常的经济车速在50—60公里/小时之间，轿车经济车速在80—90公里/小时之间。据调查，我国城市中车辆平均行驶速度基本在20公里/小时左右，汽车行驶速度远低于百公里最低油耗的经济车速。在砂土路面比在沥青路面上行驶每百公里多消耗燃油257升，土路比沥青路每百公里多耗燃油312升。地形起伏、道路坡度会增加汽车的额外油耗和排放。

（三）京津冀交通运输行业的减排潜力及政策行动

国内外研究表明，交通业减排具有显著的环境、经济和社会效益。雾霾天气会增加城市居民的出行时间、上下班高峰期更易出现交通事故。2004年的《北京城市交通的困境与出路》报告指出，机动车污染已上升为城市大气和噪声的主要污染源，二、三环以内路段的汽车行驶速度从45公里/小时下降到10公里/小时左右，40%的北京人去上班需花费一小时以上。据研究，因大雾天气酿成的交通事故相较于其他气象灾害要高出2倍，例如，沪宁杭地区高速公路上因浓雾的影响造成的交通事故约占事故总数的1/4左右，雾天高速公路的事故率是平常的10倍。因此，交通行业减排有助于提升交通运输的安全性和效率，缓解城市交通拥堵，减少交通行业的经济损失。

公路交通减排对于减小城市污染物排放和雾霾治理的效果非常明显。我国公路交通业年耗能占全国能源消费总量的3.5%—4%，占全国石油

---

① 李霁娆、李卫东：《基于交通运输的雾霾形成机理及对策研究——以北京为例》，《经济研究导刊》2015年第4期。

消耗总量的1/3，通过车辆、道路以及燃料等方面的技术进步与替代，减排潜力很大。以2020年为例，在车辆保有量稳步增长、实施更大力度的政策和行业标准的情景下，例如对轿车和轻型微型客车使用经济可行的技术措施（如车辆技术更替，改善道路交通系统，更换燃料等），进一步提高车辆的燃料经济性，我国公路交通行业的平均减排成本可达88.5元/吨，2000—2020年总计能够实现1.5吉吨的减排量，节省470兆吨的燃油消耗，相当于我国公路交通业2000—2005年的燃油消耗总量。[①] 张玉梅[②]采用CGE模型测算了北京市各行业的碳排放权配额，结果表明，实行碳排放权交易北京市每年可减排242万吨的CO_2、1.14万吨SO_2、0.5万吨的NO_X和0.1万吨的PM2.5，并最终显著减少PM2.5。

2011年2月底，交通运输部启动首批10个城市（天津、重庆、深圳、厦门、杭州、南昌、贵阳、保定、武汉、无锡）低碳交通运输体系建设试点，组织实施阶段为2年。2012年又启动了第二批试点的16个城市，其中包括北京。《北京市建设低碳交通运输体系试点实施方案（2012—2014年）》突出了公交都市、社会车辆需求管理、智慧交通“三个特色”，提出了2014年北京低碳交通运输体系建设的总体目标，通过实施一系列具体的项目提升交通行业的低碳水平。在“公交优先”的理念下，十二五期间，北京市的轨道交通快速发展，公交出行比例从40%提升到50%。2016年10月发布的《北京市“十三五”时期重大基础设施发展规划》进一步提出了建设绿色、低碳、节约型城市交通体系的具体目标：到2020年，全市轨道交通运营里程将提高到900公里，分担公共交通出行量的比例超过55%，中心城轨道交通站点750米半径覆盖率达到90%；公交专用道里程将达到1000公里；自行车租赁点达到4000个左右，形成10万辆以上租赁规模；中心城全日绿色出行比例提升至75%；电动汽车推广应用规模将达到40万辆左右，公交领域清洁能源车辆比例力争达到70%。主要措施包括：高标准建设公交都市，构建以轨道交通

① 蔡闻佳、王灿、陈吉宁：《中国公路交通业CO_2排放情景与减排潜力》，《清华大学学报》（自然科学版）2007年第12期。

② 张玉梅：《北京市大气颗粒物污染防治技术和对策研究》，博士学位论文，北京化工大学，2015年。

为骨干、地上地下相协调的立体化公交体系，提高接驳换乘效率，完善轨道交通与公交系统的无缝衔接体系，推广新能源和清洁能源汽车，完善充电设施，大力发展慢行交通，打造一批节能低碳轨道交通示范线，形成立体交叉、清洁低碳的绿色交通网络等。[①]

（四）交通运输行业减排的国际经验

国际城市从土地利用、交通方式、道路交通管理等多个方面加强政策、立法和规划，有效降低了城市交通能源消耗，提升了城市环境的宜居性，有许多值得借鉴的经验。

第一，借鉴发达国家城市道路管理体系。目前中国城市交通管理体系还不健全，交通运输领域政出多门，例如中国交通规划与管理机构包括城市规划、城市综合交通规划、交通发展战略、中长期发展规划、交通管理等多个部门。城市规划部门负责城市道路、城市公交与地铁的建设、管理和规划，城市交通部门负责公路和水运的建设、管理和规划，这种职能分工不仅造成资源浪费同时也不利于城市综合交通体系的建立。例如美国构建了智能化交通体系，发展交通智能化管理。在职能部门建设方面，城建部门负责的城市交通建设、管理职责与原来城市交通部门负责的公路、水运建设、管理职责合并，设立统一的交通管理机构——交通委员会，从而加强城市综合交通体系建设。

第二，立法限制道路交通污染物排放。美国环保署先后颁布了《道路机动车排放标准》《非道路机动车空气清洁规划》等联邦法规和标准，许多地方政府也针对不同需求出台了地方性法规，如纽约市的《抗空转法》规定车辆停驶后发动机空转时间不得超过 3 分钟。欧洲部分国家借助于排污收费和排污税来约束排污行为，例如德国从 2005 年起针对载重 12 吨以上的货运车辆实施高速公路分级收费制度，符合欧五排放标准的车辆收费最低，欧二标准以下的车辆收费最高，截至 2011 年 8 月，德国高速公路上达到欧五排放标准的货车行车里程占总里程的百分比已经从不足 0.2% 增至 70% 以上，欧三排放标准以下的货车行车里程则由 62.9% 下

---

① 《北京：倡导绿色出行打造低碳交通体系》，2016 年 10 月 9 日，中国公路网（http://www.chinahighway.com/news/2016/1056733.php）。

降至18.5%。[①]

第三，加强城市交通管理和规划。加强城市交通管理将有助于改善汽车运行效率，提高整个城市中汽车平均行驶速度。我国一些特大城市如北京、上海等应借鉴国际城市的多中心模式，将商业中心和行政中心加以分离，减小因单一中心带来的交通压力和交通能耗。例如，日本东京是全球人口密度最高的城市之一，其市中心3公里范围内，居民区所占面积只有不到10%，商业用地占50%—60%，道路用地占到30%以上。德国柏林于2004年通过的城市交通管理规划，明确提出要将城市核心区的小汽车通行量减少80%，非核心区的小汽车通行量减少60%，为此该市将公共交通设施的建设与住宅区的建设纳入统一规划，一方面优先在公交地铁沿线新建住宅，另一方面大力建设地铁和快速公交系统，提高公交路网的密度；此外，还大力推动自行车道的规划建设，目前自行车出行已经占到交通总量的12%。[②] 此外，一些先进的交通管理措施包括：交通违章电子监控系统、交通事故应急处理系统、交通流电子诱导系统、智能交通信息系统等。

第四，构建绿色交通体系。城市绿色廊道是兼具多功能的城市规划设计，主要体现为依托河流、山谷、道路等自然和人为廊道建成的绿色开放空间，如路面设计中的绿化隔离带有助于吸收汽车尾气排放的污染物，例如英国伦敦建设环城绿带，美国纽约将废弃铁路改造为城市休闲绿色廊道，波士顿的城市干道绿色改造，日本东京打造“绿色道路网”，将城市主要绿地连为一体，都是非常成功的案例。2010年以来，广东借鉴国际经验，在珠三角地区最早建设了城市绿道网络体系。此外，改进步道通风、增加绿化和植被覆盖率、创造城市风道等也是城市气候地图设计的重要工具，包含三大要素：风、热量和污染物。自20世纪70年代以来，已有十几个国家设计了城市气候设计导则，使之成为低碳城市和减缓温室气体排放的制度保障。[③]

第五，推动企业和社会公众的低碳行动。例如，欧洲许多城市提供财

---

① 郑艳、史巍娜：《〈城市适应气候变化行动方案〉的解读及实施》，载王伟光、郑国光编《应对气候变化报告（2016）：〈巴黎协定〉重在落实》，社会科学文献出版社2016年版。

② 张燕：《治理PM2.5国际经验及对北京的启示》，《城市管理与科技》2013年第3期。

③ 同上。

政补贴，鼓励市民购置混合动力车和纯电动汽车。欧盟 27 个成员国中，有 15 个为购置电动汽车提供了减税、免税或补贴。英国从 2010 年 4 月 1 日起，针对纯电动轿车，免除前 5 年的企业车辆税，针对纯电动货车，免除前 5 年的货车收益费；从 2011 年起，购买纯电动汽车和插电式混合动力汽车还可以获得车辆价格 25%、最高额度为 5000 英镑的补贴。东京将宣传“生态驾驶”作为鼓励市民参与的一个切入点，倡导驾驶时缓慢提速，提前减速，尽量避免猛踩油门和急刹车；尽量减少引擎空转；经常检查轮胎的气压；在后备厢里少放物品。据日本有关部门测算，实施“生态驾驶”后，大部分人能将燃油消耗和尾气排放减少 20% 左右，最多甚至可以减少 40%。[①]

第六，开发应用交通减排新技术。尾气吸收路面、道路吸尘车等都是新开发的道路除霾技术。例如，光催化汽车尾气吸收路面技术可将汽车尾气中诱发 PM2.5 的氮氧化物等污染物转化为无害的水、二氧化碳和盐等，可有效降低氮氧化物浓度 60%—70%。目前，比利时安特卫普、英国伦敦、日本东京、意大利贝加莫等城市已经开始试验性应用。[②] 北京天路通科技有限责任公司自主研发了一种全气动干式吸尘车，该车与普通道路除尘车不同的地方在于，将空气动力学原理运用到车载除尘系统上，使污染颗粒与空气分离，并将 PM2.5 收集到滤网上，有效减少路面积尘。混合动力电动客车也是一种新能源技术机动车。例如，北京市开发的一种无级变速电动大巴，用涡轮发电机和蓄电池组两个不同的动力源提供动力，每百公里的油耗为 20—25 升汽油，能耗仅相当于同功率柴油车的 1/2—1/3，可以在城市公交系统进行推广应用。[③]

二　京津冀控制高排放车的政策和行动

2013 年 9 月，国务院正式发布了《大气污染防治行动计划》，简称《大气十条》。该计划由国务院牵头，环保部、发改委等多部委参与，被

① 张燕：《治理 PM2.5 国际经验及对北京的启示》，《城市管理与科技》2013 年第 3 期。

② 同上。

③ 喻峥嵘、杨春：《雾霾天气对交通运输的影响及应对措施》，《科技视界》2016 年第 7 期，第 245—257 页。

誉为我国有史以来力度最大的空气清洁行动。2015 年 12 月 30 日，国家发改委、环保部发布《京津冀协同发展生态环境保护规划》，要求到 2020 年，京津冀地区 PM2.5 浓度要比 2013 年下降 40% 左右，PM2.5 年均浓度控制在 64 微克/立方米左右，提出将京津冀地区打造成生态修复、环境改善示范区的目标。由于雾霾的区域传播效应和治理的复杂性，京津冀地区的雾霾治理必须采取联防联控，协同行动。2015 年，京津冀及周边区域以大气污染联防联控为重点，联手在机动车污染、煤炭消费总量、秸秆综合利用和禁烧、化解过剩产能、挥发性有机物治理以及港口及船舶污染六大重点领域协同治霾。为推进深入治理，京津冀各地根据国家层面的《大气污染防治行动计划》及《京津冀和周边地区大气污染防治行动计划实施细则》要求，结合自身大气污染源特性制定出台了一系列雾霾治理实施方案。例如，京津冀三地政府在交通、生态、产业等重点领域积极推进雾霾治理工作，取得了一些积极进展。[①]

解决机动车污染物排放的主要途径包括：限制机动车数量和行驶强度(限行限号)，控制高排放车污染、发展公共交通、电动车和新能源汽车等。然而，与数量庞大且快速增长的机动车需求相比，机动车排放具有长期性和复杂性，机动车治理还存在理念、技术、资金和机制上的诸多困难和挑战。2013 年以来，京津冀三地分别加强了对机动车排放的控制行动，积极加强高排放汽车的协同管控。主要政策进展如下：

（一）北京市机动车排放的主要问题和对策

北京市环保局 2014 年数据显示，北京全年 PM2.5 来源中，区域传输约占 28%—36%，本地污染排放占 64%—72%。在本地污染源中，机动车、燃煤、工业生产、扬尘为大气细颗粒物（PM2.5）的主要来源，其中，机动车占比高达 30% 以上。这个数字包括了机动车对 PM2.5 的综合

---

① 京津冀协同发展工作进展系列宣传之一：北京市推动京津冀协同发展工作进展（http://dqs.ndrc.gov.cn/gzdt/201608/t20160831_817010.html）。京津冀协同发展工作进展系列宣传之二：天津市推动京津冀协同发展工作进展（http://dqs.ndrc.gov.cn/gzdt/201608/t20160831_817012.html）。京津冀协同发展工作进展系列宣传之三：河北省推动京津冀协同发展工作进展（http://dqs.ndrc.gov.cn/gzdt/201608/t20160831_817017.html）。京津冀协同发展交通、生态、产业三个重点领域率先突破取得积极进展（http://dqs.ndrc.gov.cn/gzdt/201609/t20160902_817589.html）。

性贡献，既包括直接排放的 PM2.5 及其气态前体物，也包括间接排放的道路交通扬尘等。机动车排放包括汽油车排放和柴油车排放，汽油车保有量巨大，在静稳条件下对城区贡献明显；柴油车则单车排放量大，一次颗粒物排放显著。从各方面研究来看，以重型柴油车和老旧车辆为主的机动车污染是目前北京治霾的主要矛盾（见图 7 –3）。北京市机动车排放的氮氧化物约占全市氮氧化物排放总量的 58%，其中超过一半排放来自柴油车。

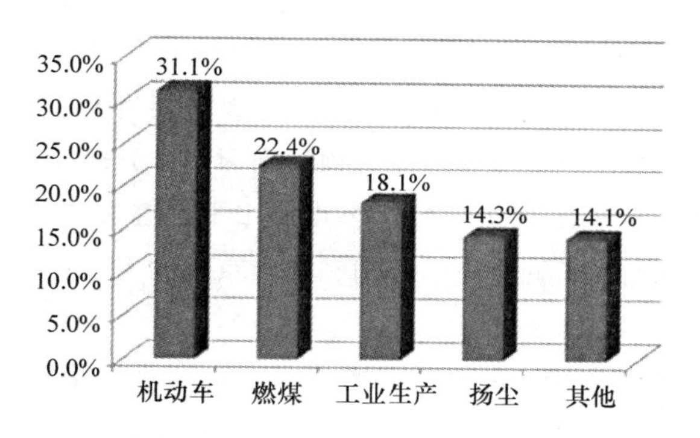

图 7 –3　北京市本地 PM2.5 污染源及其占比

据环保部大气司数据，目前北京机动车保有量已经达到 565 万辆，每年排放污染物总量约为 50 万吨左右。不利的地形和气象条件，交通拥堵、郊区运行、重型卡车的夜间排放、过境车辆的排放输入等，都是机动车加剧雾霾的原因。根据 2012 年北京市环保局公布的监测数据，机动车排放的氮氧化物、挥发性有机物分别约占全市排放总量的 58%、40%。氮氧化物与挥发性有机物经化学反应，一半都可以通过二次转化形成 PM2.5 和臭氧污染。北京的雾霾成分中，硫酸盐（二氧化硫排放）很低，硝酸盐和可挥发颗粒物特别高。2016 年开展的专项环保督察发现，重污染天气下，北京 PM2.5 浓度中氮氧化物和挥发性有机物含量较高，与机动车排放密切相关。实施应急措施后，污染物平均减排比例是 30% 左右，PM2.5 浓度降低约 10% 左右，机动车排放控制效果比较显著。例如，2008 年北京举办第 29 届奥运会时，采取单双号限制机动车出行的交通治理方式，收到了立竿见影的效果，根据监测数据生态中心观测点平均浓度

60 微克/立方米，显著低于 2013 年 PM2.5 年平均浓度 89.5 微克/立方米。2014 年 APEC 会议周期间，北京及周边地区同样采取了机动车单双号尾号限行政策，大气污染物 PM2.5 同比削减 63%。

北京 560 万辆车中有三类车辆，在排放和管理上各有问题和侧重点。[①] 其中，机动车高强度使用、高密度聚集、高速度增长的"三高"问题突出。重型柴油车和车龄较长轻型汽车的污染问题比较突出，车龄 10 年以上车辆的超标率较高。重型柴油车是机动车的污染大户，北京本地 20 万辆重型柴油车，10 万辆过路北京的重卡车，每辆排放相当于 200 多辆小汽车，占比仅 5%，但其排放的氮氧化物污染物占机动车排放总量的六成以上。一辆国Ⅲ排放标准重型卡车的排放，相当于近百辆国Ⅳ标准的小客车。环保部规定进京重型卡车必须达到国Ⅲ排放标准，50% 以上进京或过境外地重型车辆无法达到绿标车排放水平，虚假"绿标"车污染更严重。这些车辆属于不同企业、部门，加上京外的大量过路车辆，管理难度很大。

其次，北京市有 10% 的高排放私家车，占到氮氧化物排放的 30% 以上，受到限号限行等措施的控制，加之公交地铁引导出行，排放量相对稳定增长，但是随着北京市人口增长和消费需求提升，在数量和出行频率上的控制需要合理适度，其中一部分交通出行需求转向了出租车市场。第三类是出租车，6 万辆车每年平均跑 10 万公里，由于行驶里程长，加上市内交通拥堵，出租车尾气超标率高，运行里程超过 30 万公里的出租汽车排放超标率达到 80%—90%，排放超标问题尤其突出。外地进京车辆污染严重，北京应在应急期间增加对机动车污染的处置。

北京市针对机动车这一首要污染源问题，进行了一系列有针对性的治理行动，2015 年，北京 561 万辆机动车年排放污染物 70 万吨，较 2013 年减少污染物排放 20 万吨。机动车增长 26 万辆，污染物却减少了 20 万吨。[②] 2016 年 11 月，北京市交通委举行新闻通报会，介绍了清洁空气行动计划中机动车结构调整减排工程的 22 条举措，包括：

---

① 环保部：《北京雾霾治理要对机动车污染精准发力》，2016 年 11 月 11 日，新华网（http：//env. people. com. cn/n1/2016/1111/c1010 - 28854390. html）。

② 《全力迎战雾霾污染　北京精准发力机动车尾气治理》，2016 年 3 月 5 日（http：//mt. sohu. com/20160305/n439440039. shtml）。

（1）淘汰“黄标车”，严格排放标准：黄标车是新车定型时排放水平低于国Ⅲ排放标准的柴油车的统称。黄标车由于尾气排放达不到欧Ⅰ标准，排放量相当于新车的5至10倍。2014年起，黄标车禁止在六环路内及远郊区县城关镇通行，从2015年1月1日起，禁止外省、区、市黄标车进入本市行政区域内道路行驶。已有低排放区的基础上征收交通拥堵费。通过调整车辆能源结构等措施，在2017年实现车用燃油总量比2012年降低5%以上。制定第六阶段车用燃油地方标准，提高北京的机动车污染排放标准。

（2）控制机动车规模，降低机动车使用强度。2017年底全市机动车保有量将控制在600万辆以内。堵塞的城市道路交通使得机动车污染物排放量增加5倍以上。高峰时段区域限行措施，对缓解交通拥堵和改善空气质量起到了相当作用。据环保部门测算，2012年，每日停驶车辆数为90万左右，全年削减机动车排放污染物总量4.2万吨。未来将继续对机动车总量进行调控，并将使用强度控制在交通体系承受范围内。北京市交通委、环保局研究制定低排放区政策和征收排污拥堵费政策、小客车分区域分时段限行相关政策。

（3）淘汰老旧高排放车，积极鼓励发展和应用新能源汽车：北京市“十三五”时期淘汰高排放老旧机动车14.5万辆，推广纯电动汽车4.16万辆。未来5年内淘汰100万辆老旧机动车。2017年底公共服务车辆使用新能源车力争达到20万辆，其中公交车使用新能源与清洁能源车总量预计在60%左右，出租车将更换1.5万辆，环卫车、邮政车预计达到50%。

（4）大力发展公共交通，实现绿色出行。2013年，北京中心城区公共交通出行比例和全市轨道交通运营里程分别达到46%和456公里。大力发展“地上”“地下”两个系统的公共交通建设，不断提高集约化出行的比例，降低机动车人均排放量。到2017年，中心城区公共交通出行比例达到52%，公共交通占机动化出行比例达到60%以上。

（5）加强车辆信息管理和排放监控，建立“五重三查”的有效监管机制：环保和公安交管部门配合，对在用车开展联合执法检查，“五重”指的是重点时段、重点地区、重点道路、重点单位、重点车型；“三查”指的是路检夜查、入户抽查、进京路口检查。环保部组成了3个工作组，会同北京市环保局，重点针对重型柴油车污染控制装置造假、尾气超标排放、柴油车尿素使用等情况开展专项执法检查。北京在全国率先使用了电子环保信息卡，统一规范检验程序与检测标准，加大执法力度，可实时读取上线检测车辆的车辆信息和标志信息，检测设备上安装“黑盒子”监控系统，实现了车辆档案的电子化管理，有效防范了替车检测、放松检测限值、检测过程数据异常、错发环保标志等作弊造假行为。近几年，北京市共发放环保标志1000多万张，处罚违法检测检验行为52起。红色预警期间，北京市每日至少出动50组联合执法人员开展路检和夜查，查处本市和外地货运车超标排放等违法行为。对北京市超标车辆现场从重处罚禁止行驶，通过信息平台跟踪到底直到达标排放；外地车通过京津冀晋鲁蒙豫平台，发回车辆属地处罚并反馈。根据季节特点，强化入户检查，重点检查公交、邮政、环卫、出租、物流、渣土运输等车辆大户。2016年初，长安汽车在京销售的两款车型因排放不达标被处罚：没收两款车的销售收入1260.5万元，并另处罚款378万元。

（二）天津市的政策和行动

2017年10月16日天津市发布了最新修订版。[①] 首先，预警分级标准实现了京津冀及周边地区226个城市新的预警分级标准的统一，实施京津冀区域应急联动机制。其次，降低了预案预警启动条件的门槛，例如，将预警分级标准中的空气质量指数（AQI）日均值调整为按连续24小时（可跨自然日）均值计算；统一各预警级别减排比例；规定当预测发生前后两次重污染过程，但间隔时间未达到36小时时，按一次重污染过程从严启动预警。第三，新预案进一步明确和强化了工业源、扬尘源、移动源的减排措施及要求，例如，橙色预警（及以上）期间全市行政区域内道路全天实行中型及以上货车（含外埠车辆）单双号限行；对纳入清单的工业企业以“一厂一策”原则制定应急减排措施，主要采取“限产”“停产”“加强监管”三种方式。[②]

---

① 《天津市人民政府办公厅关于印发天津市重污染天气应急预案的通知》，天津市人民政府网（http://www.tjzb.gov.cn/wihy.system/2017/11/08/010001948.shtml）。

② 《〈天津市重污染天气应急预案〉第四次修订》，2017年10月27日，人民网（http://tj.people.com.cn/nz/2017/1027/c375366-30862496.html）。

2012年，天津颁布实施《机动车排气污染防治管理办法》，通过采取提前淘汰补贴、区域限行和严格监督执法等一系列措施，不断加大黄标车淘汰力度，全面开展机动车尾气污染治理。天津市原有29万辆黄标车，目前已淘汰20万辆，其余2015年底前全部淘汰。2016年1月1日至3月31日报废注销按50%补贴。所有黄标车在全市建成区内全时段限行，对驶入限行区域的黄标车处200元罚款。①

天津市环保局引进9辆全国先进水平的遥感监测车，并建立环保、公安和交通运输等部门联合执法监督机制，多次组织开展白天和夜间对超标排放、冒黑烟大型车辆（含过境外埠车辆）专项执法检查。检查的范围包括机动车停放地和道路抽检。天津市还将投资1700万元，建成机动车环境监控信息平台。2015年底前，将建成20个机动车尾气路边监测站。

天津市发布了《大气污染防治条例》，实施了控煤、控尘、控车、控工业污染和控新建项目污染“五控任务”，采取法律、行政、科技、法律“四手段”合理治污。由于决策科学、落实到位、与企业互动良性、治霾效果显著，天津市等三个地方政府，被“治霾在行动”2014年度论坛评选为治理雾霾典型案例。

（三）河北的政策和行动

中央财政给予了河北大力支持，2013年以来，河北省用于治理空气污染的投入已经达到240亿元。2016年3月1日，《河北省大气污染防治条例》正式实施。②《河北省大气污染防治强化措施实施方案（2016—2017年）》提出，到2017年，河北全省PM2.5年均浓度达到67微克/立方米，较2015年下降13%，并划定了“禁煤区”，涉及廊坊、保定的18个县（市、区）。

河北机动车限号正在走向常态化，石家庄、廊坊、沧州等7个地市采取车辆限行措施，限制部分类型的车辆驶入限行区域，其中石家庄、邢台、保定、廊坊的非营运客车每天限制2个尾号。石家庄市决定2016年

---

① 孙代新：《2015年黄标车新政策的疑问解答》，2015年4月17日，中国汽车报网（http://www.cnautonews.com/syqc/kac/201504/t20150417_394884.htm）。

② 《以联防联控攻克雾霾治理难题》，《中国环境报》2016年3月10日（http://www.hb12369.net/gndt/201603/t20160310_49622.html）。

冬季采暖期间实行机动车按尾号轮流限行的交通管理措施，限行时间自2016年11月15日至2017年3月15日，对小型载客汽车实施机动车尾号每天限行两个号，限行尾号与北京、天津保持一致并同步轮换。廊坊、保定将限行措施进行至12月31日。保定、唐山、沧州目前实施机动车尾号单双号限行。

(四) 京津冀三地的协同治理行动

京津冀及周边地区的产业结构、能源结构以及交通格局等决定了区域大气污染防治工作的长期性、艰巨性、复杂性。北京、天津已经分别与河北省廊坊、保定、唐山、沧州四市签订大气污染防治合作协议。拟突破行政区划和条块分割的掣肘，率先在环境治理上实现统一规划、统一标准、统一监测、统一执法。京津冀地区机动车污染治理的成效，直接关系着整个区域空气环境质量。相对于北京地区机动车保有量为561万辆，京津冀及周边地区机动车总数高达6000万辆。由于移动污染源涉及区域范围较大，统一应对存在政策和机制的难点，京津冀机动车尾气污染的跨区协作力度弱，效率不高。统筹协调和监督约束力不足导致京津冀区域各地环境执法水平不均衡，区域突发环境事件依然不能实现协调对接，执法权得不到保障。对此，亟须采取区域机动车污染排放联防联控措施，统一区域油品质量标准和机动车尾气排放标准，开展区域联合执法。

2015年6月，京津冀机动车排放控制工作协作小组成立，可在全国率先推进跨区域机动车排放超标处罚、机动车排放监管数据共享、新车环保一致性区域联合抽查等工作。同时也在制定出台京津冀三地统一实施机动车国V排放标准等工作。对于跨区域的机动车排放和油品质量等突出问题，三地也将开展联动执法。2016年11月，京津冀三地召开环境执法联动工作联席会议，共同部署今冬明春第三次大气污染防治督导检查工作。从2016年11月15日到2017年3月15日采暖季期间，京津冀三地将从七个方面着手，联合开展大气污染防治督导检查。目前，京津冀已经确定针对移动污染源的联合执法方案，下一步的三地协同治理行动应当集中在以下几个方面：（1）重点加强重型柴油车超标排放的监管和治理，加大对假达标违规车辆的处罚力度，尤其是环境检察执法重点解决跨区域违法问题。（2）在联动执法过程中，京津冀三地将共享环境监察执法信息，对发现的环境违法问题按上限处罚。北京还将在重污染天气时，加大检查督察力度，最大限度减轻机动车污染排放。2016 年 1 月，环境保护部与工业和信息化部联合发布《关于实施第五阶段机动车排放标准的公告》，要求分区域实施机动车国五标准。自 2016 年 4 月 1 日起，包括北京市、天津市、河北省在内的东部 11 省市，所有进口、销售和注册登记的车型汽油车、轻型柴油客车、重型柴油车（仅公交、环卫、邮政用途），须符合国五标准要求。[①]

三　京津冀发展新能源汽车的体制机制障碍

尽管大力推进城市公共交通，但是城市居民的消费提升必然伴随着私人汽车市场的不断发展。面对发展与环保的两难选择，京津冀地区实施的限行限号、淘汰和限制黄标车进京等政策，只能是治标不治本的短期应急手段。2013 年北京市机动车保有量为 543.7 万辆，是同期上海 272.3 万辆、广州 269.5 万辆的 2 倍。由于机动车数量的基数较大，“限购 + 限号”双限的管理既不能显著改善拥堵，也难以降低排放，而且干扰了机动车市场经济的正常发展。[②] 2016 年年底，北京市机动车保有量将达到约 544 万辆，距 2017 年底控制在“600 万辆”的限制性目标仅有“56 万辆”的空间。照此计算，未来 4 年，北京市平均每年有 14 万个小客车购车摇号指标，这意味着小客车购车摇号指标减少将成为必然趋势。可见，为了满足日益升级的民生需求，鼓励和发展新能源汽车势在必行。

2014 年以来国家积极出台一系列政策推广新能源汽车，一方面作为战略新兴产业，引领产业向中高端迈进；另一方面它符合绿色生产生活方式，有助于改善生态环境，建设生态文明。“十三五”期间国务院下达了《关于加快新能源汽车推广应用的指导意见》《关于加快电动汽车充电基础设施建设的指导意见》等文件，中央财政将继续安排资金对新能源汽车推广和充电基础设施建设给予支持。2016 年政府工作报告再次提出，

---

① 《关于实施第五阶段机动车排放标准的公告》，《国家环保报》2016 年 1 月 15 日（http://www.mep.gov.cn/gkml/hbb/bgg/201601/t20160118_326596.htm）。

② 李霁娆、李卫东：《基于交通运输的雾霾形成机理及对策研究——以北京为例》，《经济研究导刊》2015 年第 4 期。

“大力发展和推广以电动汽车为主的新能源汽车，加快建设城市停车场和充电设施”。“十三五”时期，北京将在地面公交、郊区客运、出租行业、省际客运、旅游客运、货运行业领域，分步骤推广应用新能源和清洁能源车，加快充电设施建设，进一步提高新能源小客车指标在年度指标总量中的比例。2020 年，北京市将淘汰国Ⅱ及以下标准老旧机动车，在环卫、出租、郊区客运、邮政、物流配送等行业，加快更新使用新能源车和符合国家新排放标准的车辆。

然而，政策的大力扶持及企业的积极投入，并未能使得新能源汽车市场的发展达到预期的效果。相比其他国家，我国新能源汽车的市场需求能力和产品创新动力明显不足，大多仅停留在政府示范和采购为主。新能源汽车还面临着自身发展的问题和外部政策机制障碍。

（一）我国新能源汽车行业发展存在的问题

2016 年 7 月，中国汽车工业协会发布《新能源汽车产业发展分析和提示》报告，[①] 指出新能源汽车是我国汽车产业转型升级的重要战略方向，一方面新能源汽车产业保持快速发展态势，另一方面，新能源汽车产业盲目发展问题较突出，低水平重复建设和盲目投资新建新能源汽车项目，不利于新能源汽车产业的持续健康发展。例如，一些地方和企业不具备产业基础，缺乏关键技术和产品研发能力，却热衷新建新能源汽车项目和动力电池生产能力，加剧了低水平重复建设和产能过剩风险。在整车方面，我国目前已有超过 200 家新能源汽车生产企业，涵盖了乘用车、客车、专用车领域，但是，在产品质量、安全性、核心技术等方面，总体上仍与国际先进水平存在差距，企业技术研发持续投入不足。在已获得生产许可的 4000 多个新能源汽车车型中，实际投产车型仅占总数的约 1/4。2015 年，仅有 140 多个企业的 1300 多个车型实现了销售。企业平均产量约 3000 辆。技术先进、性能可靠、具有市场竞争力的产品和产量均较少，大部分企业投产率较低，技术水平不高，持续研发能力和市场竞争力不足。在动力电池方面，国内新能源汽车企业配套的动力电池生产单体企业

① 《新能源汽车产业盲目发展问题较突出》，《上海证券报》2016 年 7 月 11 日（http://www.tyncar.com/News/hy/20160711_22386.html）。

约200家、系统企业约300多家。19家主要车用动力电池企业生产能力在2015年达到305亿瓦时。但是，具有国际竞争力的龙头企业不多。报告指出，多数企业缺乏关键技术创新能力，产品为导入技术生产，实际产能利用率较低，产品质量和性能不稳定，持续发展风险较大，产业散、乱问题突出。

未来我国新能源汽车市场的有效发展，不仅取决于政策支持，还受到产品创新能力、市场接受度的很大影响。何瑞①通过网络和实地调查，收集来自北京、天津、上海、广东等地的有效问卷292份，并利用结构方程模型（SEM）进行实证分析，发现消费者对新能源汽车的消费意向受到诸多因素的影响，如产品的有用性和易用性、创新性、消费者群体特征、结构性保障因素等对公众使用新能源汽车具有显著正向影响。

（二）发展新能源汽车的体制机制障碍

由于地方体制机制的障碍，新能源汽车市场步调不一、割据发展。一方面，许多有需求的地方政府未能落地新能源汽车政策，使得车企无从着手。另一方面，参差不齐的品牌在各自的保护伞下顽强生长，成为独霸一方的地头蛇。早期新能源汽车目录上车型数目有数千个，真正量产的不过几百个。这样的背景下，优胜劣汰的法则无法发生作用，全国的新能源汽车市场玩家甚多，但强手极少，产品的技术水平提升很慢，因为决胜因素并非技术和产品。

地方体制机制障碍的极致，就是地方保护主义。本地企业在地方政府支持下跑马圈地，外地企业则难以进入。截至2015年10月，据不完全统计，39个城市（群）88个新能源汽车示范城市中，近一半城市都已经出台了推广办法和补贴细则。另一半城市或者按照省份的政策执行，不单独出台推广政策；或者只有推广办法，没有补贴细则。尽管大部分城市均按照国家要求出台了新能源汽车的推广政策，然而地方保护主义导致中央的政策难以真正落地，难以形成全国范围的新能源汽车生产和销售市场。

---

① 何瑞：《TAM与IDT理论视角下新能源汽车公众市场扩散的影响机制研究》，硕士学位论文，天津理工大学，2016年。

中国以地方城市作为新能源汽车示范、推广、运营主体已经多年，但是地方财政应当支付的新能源汽车地方补贴却大面积拖欠，影响了企业的财务健康，甚至可能导致部分企业有破产风险。按规定，进入新能源汽车推广目录的车型可以获得中央补贴；在新能源汽车示范推广城市，还可以获得地方补贴。由于部分地方政府在面临补贴兑现时有诸多推诿，或增设高门槛，或反复要求车企补交材料，或让企业无限期地等待资金支付，让政府信用大打折扣，给新能源汽车推广带来阻力。由于经销商没有意愿或是没有能力承担风险，比亚迪、吉利、众泰等企业销售规模已经上万辆，垫付的补贴金额上亿元。车企垫付资金巨大，严重影响了企业正常经营，影响了扩大产能降低成本的计划。2016 年以来能领到地方补贴的地区只有三个：北京、天津和武汉。导致新能源汽车的市场发育一再延迟。至 2015 年底，中央要求的地方配套政策已经或可以出齐的占比达 51% ，不能出齐的占 49% 。[①]

习近平总书记说，发展新能源汽车是中国由汽车大国走向汽车强国的必由之路。2015 年，中国汽车市场作为全球最大汽车市场，在政府的税收减免等政策支持下取得了 5% 左右的增长。未来中国汽车产业必须培育壮大新动能，推动新能源汽车技术、产业、业态加快成长，以体制机制创新促进汽车工业发展，应当加快建设统一开放、竞争有序的市场体系，打破地方保护。具体措施包括：各地补贴门槛统一，中央督促政策落地及补贴资金到位；各地主管部门责权划分清晰，申报流程及提报资料标准化；各地补贴资金计算方式标准化；新一轮推广周期已经开始，中央政府应当吸取前面因政策“真空期”为行业和企业发展带来的诸多问题之教训，尽早出台新一轮地方推广政策及补贴细则，让企业生产规划和市场布局时能够有据可依，避免不必要的混乱和损失；电动汽车用电合理定价、全国统一。制定更多的使用环节激励政策，如：不限行、不限购、停车费减免等；政策层面应对技术发展方向进行引导，不能唯里程论。

① 《新能源汽车遭遇经济发展老问题 体制机制障碍亟待破除》，2016 年 4 月 23 日，电动汽车网（http：//www. d1ev. com/43124. html）。

四　京津冀推广新能源电动汽车的前景和机制探索

由于政策激励的作用，我国新能源汽车中占据市均比例最大的是纯电动乘用车，约占全国新能源汽车销售量的76%，随着我国国家自主减排力度的不断加大，各部门积极推进各类政策促进新能源及电动汽车的发展。据公安部交管局最新统计，2017年8月，全国新能源汽车已超过100万辆，公安部交通管理部门将在全国范围内逐步推广应用能源汽车专用品牌。在2016年12月上海、南京等5个试点城市的基础上，2017年11月起新增河北保定等10个城市，2018年上半年，在全国所有城市全面启用新能源汽车专用号牌。2017年8月，财政部和国税总局发布的《中华人民共和国车辆购置税法（征求意见稿）》中提到对符合条件的新能源汽车、公共汽电车辆等临时性减免车辆购置税政策。[①] 这些新政策有助于引导和推动未来中国新能源汽车市均的良性发展。电动汽车在减小污染物排放、改善消费结构和长期环境质量等方面，具有显著的效益。[②] 电动汽车小型化、轻量化、智能化的发展方向，以及以单位里程能耗为标准更加符合国家节能环保的行业发展初衷。然而，电动车在京津冀地区的推广应用还存在许多技术、成本和政策机制上的障碍，使得这一政策远远没有发挥应有的效果。

（一）电动汽车大规模推广的障碍因素

第一，购车成本高和差别电价削弱了电动汽车的成本优势。电动汽车与燃油车的最大比较优势之一是使用成本低。然而，目前市场上电动汽车的性价比不高，由于技术不够成熟，电动车的价格及使用维护投入偏高，品质和成本上缺乏优势。电动汽车充电价格从每千瓦时0.5元至1.8元不等（含充电服务费），高电价让电动汽车同油费不断下降的燃油车在使用成本方面并不能形成巨大的优势，从而不利于电动汽车向更大规模推广。

---

① 《公安部：2018年新能源绿色牌照将全国推广》，2017年8月14日，中国汽车新闻网（http：//www. china. autonews. com. cn/show－23－4674－1. html）。

② Helmers，E，& P Marx，“Electric cars：technical characteristics and environmental impacts”，*Environmental Sciences Europe*，Vol. 24，2012，p. 14.

以百公里平均油耗 6 升的 A0 级车为例，百公里的油费约 36 元（以 6 元/升油费计）；同级别的 A0 级电动汽车百公里耗电约 12 千瓦时，百公里电费约 20 元（以 1.6 元/千瓦时计），出行成本超过油车的 50%，比较优势有待进一步提升。以项目组在北京市西城区某充电桩点进行的访谈为例，充电者至少需要 3—4 个小时排队和充电，其中快速充电 2 个小时左右。充电者认为最大的优势是电价比汽油成本低 2/3 左右，如果能够用家用充电设施，电价更便宜。但是对于经常出行的人来说（出租行业），每天可能需要充电 2—3 次。

第二，相关行业壁垒林立，各部门难以形成合力。电力行业和汽车行业为了提高竞争力，占据市场份额，各有自己的规格和标准，充电设施难以配套统一。在充电桩等基础设施建设上，涉及发改委、市政、城建、电力部门等多个主管审批和建设机构，电力和石化部门存在利益竞争，在电动汽车的研究开发、配套建设、产业化和市场推广等方面，相关部门并不积极，政策行动难以落实。

第三，充电基础设施匮乏，市场不健全。2015 年 8 月，国务院办公厅《关于加快电动汽车充电基础设施建设的指导意见》指出，发展电动车基础设施仍存在认识不统一、配套政策不完善、协调推进难度大、标准规范不健全等问题。充电基础设施在国内外均处于起步阶段，由于涉及城市规划、建设用地、建筑物及配电网改造、居住地安装条件、投资运营模式等方面，利益主体多，推进难度大。① 尽管北京市等制定了发展电动车的鼓励政策，但是由于缺乏市场配套或政策约束性，电动车的基础设施仍然是一个瓶颈因素，除了一些企业或低碳社区试点，大多数小区对于安装充电设施并不积极配合。对北京市部分电动出租汽车司机和滴滴打车司机的访谈表明，司机们采用的手机 APP 软件很方便，但是信息经常不准确，或者是单位大院无法进入，或者是充电桩不合规格无法充电，或者是信息陈旧没有更新等。这些现实中的问题都限制了电动车市场需求的扩大。

第四，对于经济实用型电动车缺乏标准、限制太多。我国电动自行车的研制技术已经成熟，但电动自行车的应用还缺乏政策保证，一些地方对

---

① 《电动汽车充电基础设施发展指南（2015—2020）》，2015 年 11 月 18 日（http://auto.sohu.com/20151118/n426811800.shtml）。

电动自行车的使用还采取限制或抵制措施。电动自行车不仅噪音小，而且与摩托车相比能耗低，运输效率和舒适性高于普通自行车，是缓解城市机动车交通拥挤的有效方法。然而，国外的“经济型电动车”在国内被贴上了“不安全”“无序”的标签。目前低速电动车的体制障碍比其乘用车、商用车等任何一个细分市场的障碍都要大。缺失相应标准，发改委、公安部等对低速电动车的复杂审批制度，都在一定程度上制约了低速电动车的发展。①

（二）发展电动汽车的政策建议

第一，加强电动汽车基础设施建设。按照国家发改委、国家能源局、工信部和住建部联合印发的《电动汽车充电基础设施发展指南（2015—2020）》要求，② 率先建设京津冀城际快速充电网络，公共充电桩与电动汽车比例不低于1:7；城市核心区公共充电服务半径小于0.9公里；其他城市公共充电桩与电动汽车比例力争达到1:12，城市核心区公共充电服务半径力争小于2公里。新建住宅配建停车位应100%建设充电设施或预留建设安装条件，大型公共建筑物配建停车场、社会公共停车场建设充电设施或预留建设安装条件的车位比例不低于10%，每2000辆电动汽车至少配套建设一座公共充电站。鼓励建设占地少、成本低、见效快的机械式与立体式停车充电一体化设施。③

第二，鼓励发展和应用混合动力汽车，参照国内外发展情况及案例，对于不同政策组合的雾霾治理效果研究测算混合电动车与纯电动汽车的减排效应、市场偏好及消费者支付意愿，制定科学合理的引导和鼓励政策。例如，中国台湾近年来混合动力汽车发展很快，消费者在出行方式和使用频率不变的情况下，大约能够节约2/3的燃油成本。考虑到规模效应，减排效果不容忽视。

---

① 张卫华、王炜、胡刚：《基于低交通能源消耗的城市发展策略》，《公路交通科技》2003年第1期。

② 《电动汽车充电基础设施发展指南（2015—2020）》（http://auto.sohu.com/20151118/n426811800.shtml）。

③ 《国务院办公厅关于加快电动汽车充电基础设施建设的指导意见》，2015年10月9日（http://www.gov.cn/zhengce/content/2015-10/09/content_10214.htm）。

第三，鼓励发展微型电动汽车：对于1—2人的城市短途出行是便利的选择。不仅仅纯电出行零排放，而且消耗的电能也比中型、大型电动汽车要少得多。应当在政策上加以鼓励和支持，推动机动车的小型化、轻量化，符合节能省地型的紧凑型城市的发展要求。

五 京津冀交通运输体系的空间优化策略

从长远来看，优化京津冀地区的区域交通布局，不但有助于构建快速便捷、高效、低碳的区域交通运输体系，促进区域经济一体化进程，而且是缓解区域交通领域雾霾污染问题的治本之策。未来应当合理规划城市及城际道路网，发展多元化、复合型的交通运输网络，充分发挥公共交通节地、节能及环保的优势，积极发展轻轨、地铁、有轨电车、公共汽车等大运量的城市公共交通工具，利用交通体系优化疏解非首都功能，建设绕城公路分流过境交通，减小过境交通量对城市中心区的交通压力。区域交通运输体系的空间优化，既能够成为构建京津冀经济一体化的重要推动力，也能够提升交通运输行业的碳排放效率（单位产值的碳排放量，即碳生产力），促进低碳交通运输体系和低碳城市的建设。

（一）非首都功能区域化疏解

为优化京津冀交通运输体系，应进一步调整区域运输格局，提升铁路在中短途旅客运输中的作用，促进绿色、集约、快速、高效的区域运输结构，推动非首都区域化疏解。这主要涉及两个方面的内容：一是调整区域枢纽对外运输通道布局；二是构筑城际交通体系。

构筑城际交通体系需要政府贯彻建设“轨道上的京津冀”理念，从根本上改变区域陆路交通过度依赖公路的局面，改变区域高能耗、高污染的交通结构。建设重点转向铁路客运专线、城际铁路，形成区域绿色、大运量的陆路运输的骨干与主体，推进首都职能区域化疏解，引导区域空间布局优化。在充分利用高速铁路和既有铁路服务城际功能的同时，着重加快区域内城际铁路网的完善。以北京、天津、石家庄为中心，构筑覆盖区域主要城镇发展走廊的城际铁路网。改变各线独自运营的布局形态，形成互联互通的网络化格局，显著提高区域各主要城市、重要新城、大型交通枢纽的通达性和辐射能力，促成区域交通均衡发展和城镇群空间成长。建议在京九客专基础上，预留途经新机场、衔接津保铁路的北京—霸州城际铁路，远期向任丘、沧州延伸，摆脱京九客专未来国家大通道功能增强后对城际运输频度的可能制约；建议规划布局经由通州、蓟县的京滨城际，经由廊坊的京廊津城际，构建京津大都市区多层次城际铁路网络。

（二）增强首都地区"圈—轴"式交通布局

京津冀区域空间发展将"围绕首都形成核心区功能优化、辐射区协同发展、梯度层次合理的大首都城市群体系"。结合通州副中心建设、新机场建设、环首都圈承载功能转移的发展趋势判断，首都地区仍将以北京为中心，形成不同功能组织特征的发展圈层及重要的区域发展轴线，以"圈层分异"和"轴线发展"为导向进行交通设施的布局。除了建立多层次轨道交通网络之外，还应该考虑构建以北京为中心的轴线铁路布局。

轨道网络具有层次丰富、规模庞大、功能明晰、服务水平高等共同特点，并且轨道系统更适用于圈层化的空间结构。因此，建立多层次轨道交通网络有利于缓解京津冀地区的交通问题。目前，京津冀区域内已形成的京津城际为时速350公里的高速铁路，可将城际铁路细分为5个层次的铁路轨道服务系统：一是客运专线，用于服务区域对外及中心城市间长距离快速联系；二是城际高铁，沿区域主要走廊布局，覆盖主要城市节点，运营站间距30—50公里；三是城际快轨，除承担中心城市间城际运输外，面向京、津等都市区，开展市郊铁路运输；旨在增进京津大都市区形成，促进京津及沿线功能联动、空间结构一体化组织；四是市郊铁路，服务中心城市与外围新城、组团、主要城镇间联系，引导都市区空间有序拓展；五是城市地铁，服务中心城市内部主要客流走廊。

此外，京津冀地区应形成以北京为中心构建空间发展格局。具体内容包括：一是主体通勤圈，半径30—35公里，涵盖北京近郊新城，是首都功能布局的核心区域，作为城市轨道主体布局范围，且不宜向边缘新城延伸。二是都市发展圈，半径50—70公里，北京都市区功能拓展范围。应注重津冀地区高等级干线公路与北京中心城骨干道路的对接；着重普通铁路扩容提速，建设市郊铁路或利用城际快轨开展市郊运输。三是京津大都市发展圈，在已有客专、城际高铁路基础上，沿城镇发展轴线合理布局城际快轨，形成支撑多路径对接的多层级复合走廊。四是城际间紧密协作圈，主要依托城际客运专线、城际铁路、高速公路。

（三）构建多中心区域交通枢纽体系

城市群地区的功能组织，已经从传统的城市体系转向“节点—网络”体系，而关键性节点更是整体竞争力提升的核心抓手与支点。东京、纽约、巴黎等世界城市均致力于建立轨道交通枢纽与都市区空间之间良好的互动关系，通过枢纽与功能中心的耦合布局，实现“中心强化”和“新城提升”同步推进。在区域多层次的铁路轨道系统建设的大背景下，北京需加强在中心城、近郊圈层同步构筑面向都市区一体化客运网络的多层次枢纽体系：中心城强化重要功能中心面向都市区的集约化运输组织和枢纽功能，近郊圈层强化重点新城面向外围地区的交通组织和枢纽功能。形成分层次的空间和交通组织，推动都市区空间有层次的拓展，引领与区域联动发展的多中心结构建立。

优化枢纽中心布局，在既有及规划的高速铁路客运枢纽（丰台站、北京西站、北京南站）的基础上，建议在大兴区新增高铁站，衔接京唐城际及南向经新机场至霸州、天津、保定、石家庄、沧州城际，服务南部地区的开发，带动南城发展。城际快轨、市郊铁路枢纽与高速铁路客运枢纽在功能和空间布局上适度分离，加强枢纽与中关村、CBD 等功能中心的耦合布局，增强核心功能区面向区域的联动，提升面向都市区主要轴线的集约化运输组织和枢纽功能。在建成区有限的通道和空间资源制约下，建议对城际铁路和市郊铁路线位进行优化调整，释放部分城区段的城市轨道交通运能，让位给与城市功能运行更为密切的市郊铁路运输。此外，如何加强首都外围的枢纽功能也是构建多中心枢纽体系的重要组成部分。可以通过强化近郊新城枢纽布局和功能来实现该功能，特别是通州、大兴、亦庄、顺义面向远郊和环首都地区的交通组织和枢纽功能，着力打造综合性、自律性重点新城，形成对接区域、带动外围发展的重要节点，以诱导主体向心通勤圈范围的适度可控，避免放射通道交通压力过大以及超长距离的通勤出行。

（四）构建京津冀航空运输协同体系

借鉴日本东京等多机场系统的发展经验，结合京津冀一体化发展的实际情况，促进京津冀地区航空运输的协同发展，可采取构建航空运输协同发展的策略。打破京津冀区域限制，建立强有力的协调组织机构。目前京津冀地区各机场归属于不同单位，首都机场和天津机场归属于首都机场集团，南苑机场、唐山机场和张家口机场为军民两用机场，石家庄机场和秦皇岛机场归属于河北机场集团，邯郸机场则受邯郸机场有限责任公司管理，归属不同导致机场间协调困难。反观纽约，在其多机场系统中，各机场之间无产权隶属或控股关系，但存在新泽西港务局这一协调组织机构来保证多机场的协同运营。

京津冀地区可借鉴新泽西港务局经验，在不改变机场所属关系的前提下，建立强有力的协调组织机构，引导机场间优势互补和有序竞争，建立机场联盟协会形成地区机场联盟。要细分市场，实现机场准确定位。首都机场、天津机场和石家庄机场的定位可参照《草案》提出的要求。首都第二机场侧重于发展国内航线，打造国内航线网络主枢纽。南苑机场准点率高，适合对时间准确性有较高要求的旅客。张家口机场以服务冀西北为主，衡水机场以服务冀东为主，邯郸机场以服务冀南为主。秦皇岛和承德机场以发展旅游客运为主导方向，努力形成航空旅游专线。按以上各机场定位，将在京津冀地区构建起“内外结合、客货结合、干支结合”的“三结合”航线网络，形成布局合理、分工明确的机场格局。高效机场体系的形成有赖于发达的地面交通网络，石家庄机场通过发展空铁联运促进了航空客货运量的快速增长便是明证。京津冀地区多机场未来的发展，可通过构建高铁、轨道、高速公路等地面交通网络将机场连接起来，促进旅客和货邮在机场间运输和分流，在确保空防安全前提下，给民航更多空域；在空中交通管理方面，建设协同区域新型管制自动化系统、飞行数据集中处理系统和流量管理系统，促进机场之间的分工协作、协调有序运转。

第八章

京津冀雾霾重污染应急预案的实践与启示

近年来，京津冀治理大气污染的力度不断加大。三地协同，通过调整产业结构以及能源结构、加强机动车质量管理等手段，连续降低了污染物排放总量，空气质量得到了持续改善。但空气污染是社会长期发展积累形成的，空气质量改善也必将是长期和逐步的过程，需要全社会在观念意识、经济结构、法律制度、文化习惯等各个方面团结协作，持续努力。目前京津冀大气污染物排放量仍超过环境容量，短期内遇极端不利气象条件，仍会遭遇较严重的重污染空气。因此，在加大空气污染治理力度的同时，有必要针对重污染天气，采取更加严格的应急措施，减缓污染积累，缩短重污染天气持续时间，降低污染浓度峰值和污染影响，以保障人民群众的身体健康和社会稳定。

一 京津冀应急预案的现状

为应对重污染天气，根据国务院《大气污染防治计划》的相关要求，京津冀分别出台了各自的重污染天气应急预案（以下简称“应急预案”），并根据实际情况进行了多次修订。截至2016年12月，京津冀现行应急预案分别是《北京市空气重污染应急预案》（京政发〔2016〕49号）、《天津市重污染天气应急预案》（津政办发〔2016〕89号）与《河北省重污染天气应急预案》。[1] 三地应急预案在主体结构上大同小异，基本都由总

① 北京、天津、河北重污染空气应急预案都经过了多次修订，并产生了多个版本。若不做特殊说明，本章讨论的所有重污染空气应急预案均为最新版本（截至2016年12月）。

则、组织架构与职责、预警、应急响应、监督管理等部分构成。本节主要针对京津冀应急预案的基本情况做一对比分析。

（一）编制依据

制定应急预案要有法律依据的支撑，京津冀应急预案是在一系列规范文件的指导下编制而成的；既包括对京津冀均有法律效应的中央文件，也包括仅对本级行政区划具有管辖作用的地方性相关文件。这些政府文件对京津冀应急预案的编制与规定做出了约束，在为京津冀重污染天气应急协同提供基础的同时，也为三地应急冲突埋下了伏笔。

一是国务院颁布的相关文件。2013 年，国务院出台了《大气污染防治计划》（以下简称《计划》），其中第九条明确规定京津冀要建立区域、省、市联动的应急预警体系；完善区域、省、市联动的应急响应体系；并要求依据重污染天气的预警等级，及时有效地采取应急措施。这既为京津冀应急预案的整体编制提供了依据，也强调了京津冀应急预案必须具有“联动”效应。

二是环保部出台的各类文件。2013 年，环保部出台了《京津冀及周边地区落实大气污染防治行动计划实施细则》（以下简称《细则》）、《关于加强重污染天气应急管理工作的指导意见》（以下简称《意见》）以及《城市大气重污染应急预案编制指南》（以下简称《指南》）。《细则》在操作层面上将《计划》予以细化，将“构建区域性应急响应机制，实行联防联控”单独列出，京津冀应急预案协同被提升到了新的高度。《细则》还就具体应急响应措施做出了初步安排，包括停产限产、停止土方作业、限行、停课、气象干预等，为京津冀《应急预案》响应措施提供了法律依据。《意见》则提出“将重污染天气应急响应纳入地方人民政府突发事件应急管理体系”，从而为应急预案的组织保障及管理制度提供了支持。《指南》确定了各地应急预案的总体编制框架，并进一步细化了响应措施，为京津冀预案协同打下了基础。2016 年环保部颁布了《关于统一京津冀城市重污染天气预警分级标准强化重污染天气应对工作的函》以及《关于做好重污染天气应急预案修订工作的函》，就京津冀预警分类标准、联合预警等做出了统一规定，加强了京津冀预案协同的顶层设计。

国务院、环保部的相关文件对京津冀两市一省的预案制定都有约束意义。当前京津冀应急预案在总体框架、组织结构、预警分级标准、应急措施等方面都具有高度的相似性，这与中央文件的约束是密不可分的，这也加强了京津冀重污染空气应急协同的效果。从中央文件与京津冀应急预案的出台与修订关系来看，加强顶层设计，从上位法上对京津冀应急预案做出规定，有利于京津冀应急预案的协同。

在地方法上，由于将重污染天气应急响应纳入地方政府突发事件应急管理体系，因此三地应急预案不可避免地要受地方《突发事件应急总体预案》的约束，从而在组织架构、预警发布与解除流程等方面体现出了一定的地方特色与差异性。这有利于地方因地制宜、灵活机动地制定应急预案，从而最大限度地维护本地区利益，但也为三地预案冲突埋下了伏笔。

（二）预警

1. 预警分级标准

当前，我国的应急管理制度遵循“分类管理，分级响应”的基本原则，预警分级是进行规范化响应的前提。[①] 按照环保部的最新要求，京津冀两市一省在预警分级标准上已经实现了统一。标准综合考虑了“浓度”与“时间”两个因素。其中“浓度”指大气污染物的浓度，以环境空气质量指数（AQI）来衡量。环保部《环境空气质量指数（AQI）技术规定》将空气污染分为了六个等级，其中AQI介于201至300之间为重度污染，AQI大于300为严重污染。应急预案考虑“浓度”因素时，以此指标分类为基础，并根据实际情况，做出了进一步的细化，将AQI>300分为301—500以及大于500两个区间，分别称为严重污染以及极重污染。“时间”指对未来雾霾持续时间的预测。综合来看，当前预警分级标准采用了“浓度+时间”的二维指标，按照公众习惯将重污染空气预警等级分为“蓝（Ⅳ级）、黄（Ⅲ级）、橙（Ⅱ级）、红（Ⅰ级）”四个级别，且污染浓度越高，污染持续时间越长，预警响应级别就越高。

表8-1展示了当前京津冀重污染空气应急预案的最新标准。与过去

---

① 刘冰、彭宗超：《跨界危机与预案协同——京津冀地区雾霾天气应急预案的比较分析》，《同济大学学报》（社会科学版）2015年第4期，第67—75页。

京津冀执行的标准比较，最新标准有两个突出特点。一是就河北省而言，最新标准比河北省过去执行的标准明显更加严格，响应门槛也更低，这对河北省来说是一个更大的考验；二是最新标准规定当预测介于重污染与极重污染之间时，一律按照高限采取行动，而过去是按中值采取行动，这也进一步加大了应急力度。

此外，京津冀还在区域预警上做出了尝试，力图达到应急协同。目前，北京、天津与河北四市唐山、保定、廊坊、沧州构成了“2＋4”城市群，并在城市群内部率先构建了区域预警体系，在一定程度上实现了区域统筹。六座城市只要有四市启动橙色或红色预警，其余两市也必须秉承联防联控的精神，同时启动橙色或红色预警。这一协同行动打破了过去京津冀重污染空气应急单独行动的做法，也是对传统应急属地管理的一次突破与尝试，也为京津冀未来实现更大范围的应急协同进行了探索。

表8－1　京津冀重污染空气应急预案文本关于城市预警分类标准的规定①

预警级别	启动条件
蓝色（Ⅳ级）	AQI＞200，持续1天
黄色（Ⅲ级）	AQI＞200，持续2天及以上
橙色（Ⅱ级）	AQI＞200，持续3天，且出现AQI均值＞300的情况
红色（Ⅰ级）	AQI＞200，持续3天以上，且出现AQI均值＞300持续2天及以上的情况；或AQI＞500持续1天及以上

注：对于同一城市预警分类标准，低等级与高等级有重合部分的，按照所能达到的最高标准响应。

2. 预警监测与预报

空气重污染是大气污染物存量与极端气象条件叠加的结果，做好空气重污染预报必须同时做好未来污染物排放以及未来气候条件变化的预测评估工作。因此加强环保局与气象局的合作，整合双方优势资源，形成合力，共同对未来空气污染进行监测与研判，将有助于提升预警准确度。

目前，京津冀按照政府部署，加强了环保部门与气象部门的合作，加

① 按照污染控制分区和污染范围，北京、天津仅有城市预警，河北省则将预警划分为三个层级，由低到高顺序依次为城市预警、区域预警、全省预警。

大了信息共享力度，并建立了气象部门与环保部门常态化会商机制以及应急联动机制，共同监测、共同研究，建立了本行政区划的大气污染预测预警体系。另外，北京市气象局还专门成立了中国第一个区域性环境气象中心——中国气象局京津冀环境气象预报预警中心。该中心除为北京市应急指挥部提供重污染气象信息专报外，还充分利用自身行业优势，与京津冀及周边地区省（市、自治区）气象部门及国家级气象业务单位合作，共同预报京津冀及周边地区空气污染情况，以实现更大区域范围内的联动。环保部与中国气象局也就京津冀重污染天气预测展开合作，给予京津冀三地预警监测更多的支持。

由此可见，京津冀在预警协同监测与预报上已取得了一定的成效。既实现了本行政区划气象部门与环保部门的资源整合，也在区域范围内的共同监测、共同研究、互相提供技术信息支持等方面取得了一定的突破。

3. 预警发布与解除程序

预警的发布、解除程序与应急的组织架构及指挥体系密不可分。当前，京津冀均成立了空气重污染应急指挥部，成员单位构成也都大致相同。但三地应急指挥部的组织架构与行政级别存在显著的差异，这也直接导致了三地预警发布与解除程序的差异。

根据应急预案的规定，北京、天津的应急指挥部隶属于市应急委，要在市应急委的统一领导下展开工作。北京市指挥部总指挥由市政府常务副市长担任，但其红色预警的发布与解除需由市应急委主任批准，再由市应急办公布。但市应急委主任职务一般由市政府市长兼任。天津市指挥部副总指挥由分管环境工作的副市长担任，但其红色预警的发布与解除程序需由市政府主要领导批准，并以人民政府的名义予以公布。

河北省组织架构略有不同。河北省成立了省大气污染防治工作领导小组，作为重污染空气应急的最高组织机构，组长由省长直接担任；小组下设重污染天气应急指挥办公室，办公室主任由分管副省长担任。在预警发布与解除方面，省大气污染防治工作领导小组可独立于应急委员会展开工作，组织架构更加扁平化，流程也更加简化，也提升了效率。

（三）应急措施

京津冀两市一省应急措施大致相同，均与《指南》保持了一致。三地应急措施都由健康防护措施、建议性措施以及强制性措施三部分构成。措施内容也都大同小异，以强制性措施为例，均包括停产限产、停止土方施工、限行、洒水抑尘、停课等。此外，在具体的措施安排上，京津冀也体现出了协同。以交通管制为例，出现橙色预警时，河北主城区停驶20%的汽车时，河北规定两个限行车辆尾号与北京市限行尾号保持一致，在增强机动车限行公平化的同时，也加强了京津冀交通一体化。

京津冀两市一省应急措施根据地情不同又有所特色。综合来看，河北、天津在工业企业减排上力度较大，北京则着重交通管制。在停产限产方面，河北、天津在Ⅲ级应急响应时就开始出现停产限产规定，而北京直到Ⅱ级应急响应才有停产限产的相关规定；其次，在Ⅲ级、Ⅱ级以及Ⅰ级响应时，河北要求工业企业减排总量达到20%、30%以及40%，天津则要求重点排污企业减排20%、30%以及30%，或者达到燃气排放标准。再考虑河北、天津、北京的产业结构，停产限产将对河北、天津造成较大的影响。从交通管制方面来看，根据雾霾源解析结果来看，汽车尾气是北京PM2.5最主要来源，北京在交通管制上也下了更大的功夫以应对危机。北京除了同天津、河北一样，在Ⅰ级响应时规定了单双号限行，在Ⅱ级响应时，北京还禁止国Ⅰ、国Ⅱ车辆五环路（不含）以内禁止通行。由此可见，根据本地污染物主要来源的不同，北京、天津、河北应急措施也是各有侧重。但一般来说，停产限产对一地经济发展影响巨大，尤其是对河北这样的后发地区来说，公众对经济发展的诉求可谓更加迫切。因此，让河北通过更严格的停产限产规定来实现应急减排，无疑是让河北这一落后地区承担了更多的减排责任。

（四）应急监督

为使应急期间的相应措施得到全面落实，京津冀三地均采取了相关监督手段。天津主要发动政府工作人员，组织专门力量，对相关企事业单位进行随机抽查，发现问题当场整改，屡教不改的则予以处罚；并在全市成立了200多个工作组，负责各地土石方作业、污染物排放等的督察工作，但未明确提出公众参与监督。河北则采取现场抽查和记录检查的方式对措施落实予以监督，并建立了公众监督检查机制，通过相关奖惩制度鼓励公众监督和实名举报。北京则主要发动政府部门参与监督，并对因工作效率低下、行政效率低下、履职缺位的相关单位及个人予以追究，同时也强调社会监督，鼓励公众举报。

二 京津冀预案协同存在的问题

地理的毗连性以及空气的流动性导致京津冀空气重污染危机具有典型的跨界特征，重污染空气带来的负面影响也跨越了行政职能边界，仅靠单个城市的应急减排措施很难有效削减污染峰值。有学者针对2013年1月10—14日北京一次红色预警进行了研究，发现仅北京本地执行单双号限行以及工业减排30%的措施，北京PM2.5浓度仅能削减6%—12%，且PM2.5小时浓度与削减率呈负相关，即污染越严重，应急效果越不明显；而京津冀联合执行单双号限行及工业减排30%的措施，北京市可有效削减25%—30%的PM2.5浓度，且削减率小时变化幅度不大。这一研究结果表明，雾霾应急不是一城一地的事，必须建立联防联控机制，通过应急协同，实现削峰减排的目的。但受多种因素的影响，京津冀在预案协同上仍存在诸多问题，本节将就此予以讨论。

（一）预警监测与预报存在的问题

一般突发事件应急管理是事件出现后所做出的应急响应，根据不同的分级，由各级人民政府启动响应。雾霾应急则是建立在监测与预测基础上的应急响应，它是在监测、研讨会商基础上对未来空气污染进行预测，再由人民政府启动响应。因此准确的监测与预报是雾霾应急响应的基础性工作。

当前，京津冀省市内部已初步建立了预警监测与预报系统，京津冀之间也通过信息共享、技术支持等达成合作，但相关问题也很明显。首先，雾霾预警监测与预报准确度仍然较低。从预警分级标准来看，至少要预测连续四天的空气质量，才能确定预警级别，再考虑到预案规定提前24小时向社会发布预警信息，因此最少要有五天的预测能力。但当前中国对未来三天空气质量的预测准确度尚可接受，但对未来五天的预测就比较困难了。[①] 预警监测与预报低准确度不但影响了应急响应措施，也影响了预案在人民群众心中的权威性，损害了政府的公信力。其次，尽管京津冀监测数据已实现信息共享与技术合作，但受制于监测点布局与数量、监测技术、预报人才质量等因素的差异，京津冀在预测能力和水平上仍有差距，这些差距将直接影响京津冀应急响应统一行动，给区域预警造成了困难。

（二）预警分级标准存在的问题

1. 预警分级标准合理性问题

在2016年3月以前的应急工作中，京津冀三地应急标准不一致，导致了京津冀应急协同同步性上出现了不一致，而在2016年3月以后，在环保部的统一部署与要求下，京津冀统一了预警分级标准，为应急统一行动扫清了一大障碍。但与此同时，预警分级标准的另一大问题也出现了，即合理性问题。

预警分级标准要考虑两方面的因素，一是技术因素，二是社会因素。第一，预警分级标准考虑浓度与时间两个指标，这是正确的方向，是值得肯定的；但当前标准至少要有五天的预测能力，在现有技术难以保证的情况下，这一标准的合理性就值得商榷。第二，重污染空气应急实质是在人民生活便利度以及经济利益与环境改善间求得平衡；更严的分级标准在更好削峰减排的同时，也给人民群众生活、企业生产带来了较大的负面影响。因此通过中央行政命令，让河北大幅提升应急标准，以同北京、天津保持一致，这是否考虑了河北的利益诉求，也是值得继续探索的。

2. 预警分级标准公众参与问题

预警分级分几级，每级标准怎么定固然是一个科学问题，需要听取专家的意见，由专家通过细致缜密的科学研究，最终给出评估；但响应措施又与人民群众的生活息息相关，尤其是限行等强制性措施给人民生活带来了极大的不便；因此预警分级标准的制定不能忽视人民群众的声音，而且作为一个公共决策，不能绕过公共决策的基本程序，通过听证会、群众意

① 时任环保部部长陈吉宁在国务院新闻办公室2016年2月18日举办的中外媒体见面会上指出："坦率地讲，我们现在能做到预测未来三天还比较准确，五天就比较困难了。"

见征集等途径倾听人民群众的声音。而反观京津冀三地的应急预案制定过程，公众参与力度均较弱。

（三）预警发布与解除程序差异问题

在这一部分，本书将首先论证京津冀应急协同组织架构方面存在的问题，这是因为组织架构与预警发布和解除程序息息相关。

1. 应急组织架构不合理

北京、天津应急指挥部隶属于市应急委，指挥长由省部级副职担任，河北则成立了省大气污染防治领导小组作为重污染空气应急工作的最高组织机构，组长由省长担任。在行政级别上，北京、天津应急指挥部均低于河北省领导小组。在中国以科层制为主体的管理体系以及与此相对应的行政文化中，行政级别往往就意味着应急响应中资源动用范围，应急协调有效性以及指令的权威性，也意味着日常沟通会商决策的行政权限以及决策范围。北京、天津的指挥部与河北的领导小组在行政级别上的差异决定了其决策能力的差异，最终导致很多协同决策无法在重污染空气专业指挥部层面达成，而只能回到传统政府沟通流程中去，无法对应急过程中出现的问题进行及时有效的会商交流以及改进，严重影响了沟通的效率。

2. 京津预警发布与解除程序复杂，缺乏效率

京津冀应急组织架构导致三地预警发布与解除程序更加复杂，缺乏效率。北京、天津红色预警的发布与解除无法在指挥部层面完成，必须由指挥部上报到应急委，由应急委决策后再由应急办或人民政府统一发布与协调；河北区域预警、全省预警则需要办公室或领导小组批准后通知各市再执行。这增加了行政层级，延缓了决策时间，使得因突发状况需提高预警等级、启动更严响应措施时，无法在最短时间内完成；甚至有可能因决策时间过长，应急部署难以及时展开，应急响应最终没被启动，这些都影响了京津冀应急统一行动决策部署工作。

（四）应急响应存在的问题

1. 应急责任分配不合理

京津冀应急责任分配不合理，北京市承担应急责任过轻。在京津冀两市一省中，河北经济发展最为落后，经济发展诉求也最为迫切。产业结构

方面，河北处于工业化中期阶段，产业结构以第二产业为主，六大耗能产业占河北经济总量的50%以上。也正是因为耗能产业众多，河北应急响应措施对停产限产的规定也较为严格。在停产限产方面，河北省这个经济落后大省承担了最重的责任，天津次之，北京作为经济最强省承担的责任最轻。再来考虑限行这一个对人民群众日常生活影响较大的措施，机动车尾气是北京PM2.5的主要来源，按照河北压缩工业产能实现应急减排的逻辑，北京也应在机动车应急管理上更为严格。事实上，北京除了与天津、河北一样，在Ⅰ级响应时，强制规定机动车单双号限行，在Ⅱ级响应时，还额外规定了禁止国Ⅰ、国Ⅱ车辆工作日在五环（不含）以内行驶，但考虑到北京淘汰国Ⅰ、国Ⅱ车辆的力度，北京在交通管制这一措施上还可以更加严格。从以上事实可知，作为经济弱省的河北在应急方面不但没有政策倾斜，反而承担了最重的应急责任。

应急责任分配不合理导致的后果就是河北省在方案落实上显得更为困难，有更大的动力背离合作。据环保部2016年11月3—4日督察发现，河北省保定市就将多家长期停产企业纳入应急停产限产企业名单凑数，难以实现应急减排效果。

2. 应急响应启动与解除不同步

当前除“京津冀核心区”六市以及河北省内部有区域预警外，河北除唐山、保定、廊坊、沧州以外的其他城市并未与北京、天津一起达成区域预警协议。各个城市还是根据各自空气质量发展变化趋势，启动相应级别预警，采取相应措施。由于雾霾的扩散与传输需要时间，各个城市雾霾的发生、发展与结束时间并不同步，导致各个城市在应急响应时间上并不协调，在应对雾霾危机上缺乏合力。

3. 响应措施与响应启动时间仍需优化

源解析结果显示，京津冀应急期间主要污染物是燃煤、机动车、工业源、扬尘和其他。[1] 甚至在某些时候，燃煤和机动车才是首要污染源。纵观京津冀应急预案，其响应措施更多在于控制工业源以及扬尘，对于机动车提及相对较少，而散煤应急管理则完全没有提及，这也意味着当前响应

① 《环保部解析雾霾污染物：燃煤第一，机动车第二——应急措施对空气污染加重趋势减缓有明显效果》，《交通节能与环保》2015年第6期，第5—7页。

措施仍需优化。在应急响应启动时间上，除去“京津冀核心区”六市区域预警以及河北省的区域预警以外，各个城市都是在雾霾前24小时发布预警信息，雾霾当天启动预警。而雾霾来临前24小时才是应急取得最佳效果的关键期，应急启动时间还应再提前，以尽早抑制重污染天气的产生与发展。

4. 减排比例存在“一刀切”的问题

停产限产是应急响应的重要措施，但部分政府在实施此措施时，简单粗暴，存在减排比例“一刀切”的问题。“一刀切”是一种忽略行业差异性与特殊性，要求所有企业同比例的办法。目前，除河北省出台了《河北省重污染天气操作指南》，明确了“一厂一策”的减排办法以外，北京、天津仍主要采用“一刀切”的减排办法。“一刀切”忽视了钢铁、玻璃、焦化等生产行业的特殊性，会产生许多问题。一是部分行业限产比例与减排比例不成正比，停产限产在造成巨大经济损失的同时，对减排贡献不大。二是部分行业不能停产，一旦停产会造成设备寿命缩短，更有甚者会造成安全隐患。三是受生产工艺影响，部分行业一旦停产污染物排放会不降反升。可以说，“一刀切”在造成巨大经济损失的同时，并不能最大限度地实现减排目标，甚至可能引发安全事故。

地方政府之所以会采取“一刀切”的办法，根本原因在于“一厂一策”要求较高，也增加了政府工作压力与负担。“一厂一策”需要对企业进行充分调研，了解企业生产工艺差异，弄清哪些企业具有更大的减排空间。但由于政府往往处于信息弱势地位，企业为了争取较低比例的应急减排任务，会与政府讨价还价，甚至采取欺骗、寻租等非法手段。因此，京津冀要想最大限度地削减污染峰值，还需在减排方法、基数确认等方面加强沟通、交流经验，尽量避免“一刀切”的办法。

（五）应急监督存在的问题

应急监督存在的问题主要是社会监督问题。京津冀三地的应急监督以当地政府工作人员抽查与定点检查为主，环保部的督察为辅，社会监督作用发挥不明显。应急管理时间短、措施多、涉及企业范围广，单靠政府力量，在较短时间内进行如此大范围的监督，难免会有漏网之鱼。相反，依靠人民、非营利组织等的力量，能大幅提高监督效率。

京津冀社会监督作用未能充分发挥有其内在的原因，一是应急信息宣传不够：公众不了解应急措施具体有哪些，也不了解哪些企业应该停产限产。二是公众参与监督渠道不畅通：政府提供给公众反馈问题的渠道相对单一，甚至缺乏渠道。三是参与反馈机制不完善：政府对公众反应的应急措施落实问题未给予积极有效的处理与反馈。

三　京津冀应急预案协同的难点

京津冀重污染空气应急协同已走过了多个年头，也取得了一定的成果，但除了预警标准统一以及“京津冀核心区”六市应急协同以外，并没有太多实质性的进展。究其原因，还在于京津冀面积大、人口多，在产业发展阶段，经济结构等存在显著差异，利益诉求不一致，导致缺乏长久有效的合作机制。具体来看，京津冀应急协同难点主要在以下几个方面。

（一）预警监测能力短期内难以提高

雾霾预报主要分为三个步骤，监测采集数据、数据分析以及预报员预报。监测采集数据需要在城市的不同地方设置采集点来实现，因此尽管京津冀已经实现了监测数据信息共享，但采集点布局与数量的差异会直接影响三地预测精度差异；而且雾霾预测对近地层气象数据要求极高，近地层气象数据精度又易受地面粗糙度、植被及城市热岛效应等因素的左右，京津冀在地理结构、城市建设与规划、植被覆盖等方面差异较大，导致近地层数据精度差距也很大。

数据分析则是利用中国气象局的中国雾霾数值分析系统，在这方面，京津冀两市一省预测精度相差不大，但受技术水平限制，整体预测准确性仍然偏低。预报员预报则是另一个导致京津冀预测能力差异较大的因素。预报员对雾霾形成理化机制理解程度、在实际工作中积累的预报经验都会影响雾霾预测的准确性。我国近些年才开始重视雾霾，对相关人才的培养起步也较晚，因此人才匮乏，且绝大多数有理论、有经验的人才都集中在北京这样的发达地区，这也导致了雾霾预测准确度较低，且京津冀雾霾预测能力与水平差异较大。

综合来看，数据采集以及人才方面的差异与不足，导致京津冀雾霾预测准确度整体偏低，且预测能力与水平差距较大，这也阻碍了京津冀应急预案协同前进的步伐。

（二）管理体制障碍

将重污染空气应急管理纳入突发事件管理体制，地方政府能够协调多方力量，共同应对雾霾危机，有效减少本地区的污染物排放，但这种管理模式也阻碍了京津冀应急预案协同。

首先，中国突发事件应急处理是一种属地管理模式，尽管区域应急也有提及，但仍停留在纸面阶段。将重污染空气应急纳入突发事件管理体制，地方政府对本地区重污染空气应急负直接责任，因此其预案制定更多考虑本地区实际利益，响应启动时间也更多考虑本地区空气状况，在缺乏上级权威机构领导的情况下，雾霾应急协同较为困难。

其次，将重污染空气应急纳入突发事件管理体制，重污染空气应急预案就成为总体预案下的一个专项预案，重污染空气应急预案也必须符合总体预案的规定，最终导致重污染空气应急指挥部必须在应急委的指导下展开工作，指挥部的工作必须得到应急委的批准，指挥部的资源调配受到了限制，京津冀指挥部之间的沟通与合作效果也会打折扣。

最后，将重污染空气应急管理纳入突发事件管理体制引发了思想认知上的错误。突发事件应急处理是一种事后处理，是在事情发生以后，采取紧急手段使事情负面影响降到最低。重污染空气应急本应具有预防与紧急治理双重功能，而且由于污染物积累的时滞性，最佳手段应是雾霾即将来临时，采取紧急手段尽量阻止雾霾来临；在雾霾来临后，采取紧急手段，降低污染峰值。但当前，人们按照突发事件应急处理的传统逻辑，重事后处理轻事前预防，常常在雾霾来临时才采取措施削峰减排，而此时往往已过了最佳的应急减排时间。

（三）散煤、机动车控制难度大

响应措施在停产限产、限制土石方作业等方面规定极为严格，但在散煤、机动车等方面规定相对宽松。散煤分布范围极为分散，监督控制难度较大，而且冬天农村取暖是刚需，在没有短期有效替代能源的情况下，几乎不可能对农村散煤进行有效管控。机动车管控则由于涉及人民群众范围太广，过于严格的机动车管控措施将对人民群众的生活造成极大不便，引发社会矛盾，因此当前对机动车管控较为宽松，只在I级响应时实行单双号限行政策。但放弃对散煤、机动车的严格管控，将对应急期间削峰减排造成极为不利的影响。

就应急协同来说，冬天应急期间，河北散煤使用量极大，北京机动车尾气排放也很大，不解决散煤、机动车的应急管控问题，应急协同也较难实现。

（四）地方政府的自利性削弱了合作的动力

雾霾应急具有很强的外部性。在缺乏合理有效补偿机制的前提下，应急管理中的成本由地方政府独自承担，但减排收益却是大家共享，这种外部性极易导致“囚徒困境”。

当前，京津冀利益诉求不一致，也导致了应急协同难以实现。当前，响应措施以停产限产为主，对停产限产的规定极为严格。河北经济发展水平落后，对经济发展有极为迫切的需求。河北产业结构以重工业产业为主，应急响应亦将对河北经济造成严重影响。因此河北合作意愿并不强烈，倾向于制定较低的响应标准以及较宽松的响应措施，并以此为筹码同京津换取更多利益。京津经济发达，对环境要求更高，而且京津被河北包围，受河北空气质量影响较大，因此京津合作意愿强烈。但北京机动车数量多，牵涉人员范围广，控制机动车难度较大，因此在合作中北京倾向于河北多承担应急减排压力，希望通过中央行政命令加入应急协同中，而非通过利益补偿的方式；此外，北京利用其舆论上的优势地位，长期宣传河北落后产能是京津冀雾霾的最大制造者，使得北京管理者在思想意识上也认为河北应急减排是道义必然，不愿给予过多补偿。河北希望更多补偿，京津不愿意补偿，合作步伐也就极为缓慢。

当前，河北承担的应急减排责任已是最重，这无疑是一种行政力量推动使然。在缺乏合理利益补偿的情况下，寄希望于河北继续加大减排力度，无疑困难重重。

四 京津冀预案协同的思路

京津冀预案协同问题多、困难大，但预案协同这条路还得走下去。只有实现了预案协同，京津冀应急预案才能发挥最大功力。综合来看，预案协同需要中央、地方、社会共同努力，共同解决相关难题，促使预案协同具有可行性、可操作性。

第一，深化气象部门与环保部门的合作，增加空气质量预测研究投入，加快预报人才培养速度。准确地预警是应急响应的第一步，也是京津冀应急协同的关键一步。进一步深化气象部门与环保部门的合作，整合双方优势资源，实现更大范围的信息共享。增加空气质量预测研究投入，提升相关预测模型的预测精度。加快预报人才培养速度，培养一批有理论、有经验的预报人才，增强分析能力，提升监测与预报的准确度。

第二，改革管理体制。首先要转变思想，在重应急的同时也要重预防，响应措施时间要再提前，雾霾来临前24小时是降低污染物浓度的重要时机。其次，将重污染空气应急从传统应急体制中脱离出来，提升指挥部的行政级别与决策权限，提升雾霾应急效率，也有利于省市指挥部之间的沟通与协作，加大协同力度。最后，建立专门的应急小组联席会议，并通过相关文件使其成为制度化安排，通过联席会议，就雾霾应急技术合作、协调机制等实现常态化沟通，并在应急期间加大沟通力度，力争重污染应急统一行动。

第三，重视对燃煤、机动车的管控。响应期间要加大对燃煤的控制力度，包括高架源和量大面广的低架源，更快制定应急期间原煤燃烧管控办法；对机动车的管控也要加强，通过应急期间公共交通补贴等多种方式鼓励公共出行。

第四，加大对企业减排研究的力度，加快制定“一厂一策”的减排相关办法，尽量降低应急减排损失。京津冀政府要组织专门力量，对辖区内企业进行全面的系统摸底调查，并针对不同的行业、不同的生产工艺与流程制定不同的有针对性的减排办法，让减排成本低的企业多减排，降低减排经济成本。仿照碳排放交易机制，加大减排交易市场研究力度，利用市场机制，实现企业减排量的最优配置。

第五，制定合理的应急响应方案，建立切实可行的补偿机制。应急协同离不开三地政府的合作，合作就离不开激励相容，必须通过成本补偿促使三地政府积极地加入应急协同合作中来。这里的补偿既包括中央对地方的补偿，也包括北京天津对河北应急损失的补偿。对各地的产业结构、主要污染来源、重污染企业的承受能力进行充分调研，按照“谁获益谁补偿”“谁污染谁付费”的原则，明确补偿标准，制定切实可行的限产目标与补偿条款，实现应急成本共担、应急收益共享。只有这样，应急预案才能真正得以贯彻落实，相应的监督机制也才能真正有其意义。

第六，中央政府要积极介入，对京津冀区域应急提供保障。首先，要填补中国法律空白，明确区域（省市）间协议的法律效力，用国家强制力以及中央权威避免背离合作。其次，由国家相关部委和区域各方共同成立组成区域应急联防联控委员会，负责统筹协调具体的应急协调事项，全面贯彻落实相关协议，以切实提高政府合作的执行力。

第七，增强公众参与能力。首先，预案制定要参考公众意见，预案作为公共决策，必须融入人民群众的合理诉求，避免引发社会冲突。其次，加强社会监督。政府要加大对应急知识的宣传，发动人民群众及社会舆论对预案落实情况予以监督。同时畅通社会举报通道，利用网络、热线电话、政务微博等建立统一的跨区域监督举报平台，鼓励民众跨区域举报监督，对社会监督要积极反馈，对举报存有问题的企业积极处理，对渎职官员依法追究责任。

第九章

京津冀雾霾协同治理中的公众参与

一　雾霾问题对京津冀地区公众的主要影响

雾霾现象属于大气环境污染，所产生的危害可分为直接危害和间接危害。直接危害是指由于雾霾天气时空气中充斥着的大量的有毒气体、极细小颗粒物等进入人的呼吸系统，对公众的身体健康造成直接损害。而间接危害则主要是指由于雾霾天气导致能见度降低，影响了人们的生活和心理健康，对公路、铁路、航运等交通系统产生的不良影响，容易造成一般甚至重大交通事故，影响交通运输和生产经营活动。雾霾问题长期存在，将导致公众对京津冀雾霾治理的获得感降低，对政府的公信力产生怀疑，而且会增强居民的逃离预期，导致城市人才流失，损害城市的竞争力。

第一，直接危害公众健康。

雾霾由大小数百种颗粒物组成，其中对健康有害的主要成分是矿物颗粒物、海盐、硫酸盐、硝酸盐、有机气溶胶粒子等气溶胶粒子。吸附在PM2.5上的重金属元素和有毒有机物是PM2.5毒性的主要来源。其中，霾的颗粒越小对人体健康的危害越大。10微米以上的颗粒物会被挡在鼻子外面，10微米直径的颗粒物通常沉积在上呼吸道，2.5微米以下的可深入到细支气管和肺泡，可直接影响肺的通气功能，使机体容易处于缺氧状态。

雾霾会引发呼吸系统疾病。霾的成分可分别沉积于上呼吸道、下呼吸道和肺泡，引起急性鼻炎、急性支气管炎等；雾霾天气可使支气管哮喘、慢性阻塞性肺疾病等慢性呼吸道疾病急性发作或急性加重，肺功能下降。

雾霾会引发心脑血管疾病。吸入雾霾可导致机体慢性缺氧，影响正常的血液循环；雾霾天空气中污染物多、气压低，容易诱发心血管疾病的急性发作；雾霾天往往气温较低，从温暖的室内突然走到寒冷的室外，血管热胀冷缩，也可使血压升高，导致中风、心肌梗死的事故发生。

雾霾与癌症之间的关系密切。2015 年 11 月，世界卫生组织（WHO）下属国际癌症研究机构发布报告，首次指认大气污染对人类致癌，并视其为普遍和主要的环境致癌物，而造成空气污染的几大污染物中，PM2.5 被列为一级致癌物，它对人类健康的影响要大于 PM10、臭氧、二氧化氮、二氧化硫等污染物。[①] 对于雾霾和疾病乃至肺癌之间的关系，来自日本、美国和欧洲等 9 个国家的明确证据表明，肺癌发病率的增加与雾霾关系很密切。一般来说，PM2.5 浓度每增加 10 微克/立方米，肺癌风险性增加 25% 到 30%。[②] 所以，钟南山院士在 2013 年接受央视采访时发出沉痛感慨："北京十年来肺癌增加了 60%，这是一个非常惊人的数字，应该说空气污染是一个非常重要的原因。雾霾比'非典'更可怕，'非典'可隔离，但是大气污染谁都跑不掉。"

雾霾天气还会引起其他健康疾病。研究发现，长期暴露于高浓度污染空气中的人群的精子在体外受精时的成功率可能会降低，有毒空气与男性生育能力下降之间存在关联。雾霾对儿童生长发育也会产生不利影响：雾天日照减少，儿童紫外线照射不足，体内维生素 D 生成不足，对钙的吸收大大减少，严重的会导致婴儿佝偻病、儿童生长减慢。雾霾天气还可导致近地层紫外线减弱，使空气中具有传染性的细菌、病毒活性增强，传染病发病率升高。[③]

京津冀地区的雾霾对当地人民的健康构成了严重威胁。世界卫生组织（WHO）报告显示，每年约有 300 万例死亡与暴露于室外空气污染有关，世界上 92% 的人口生活在空气质量水平超过 WHO 限值的地区。[④] WHO

---

① 世界卫生组织：《雾霾是一级致癌物》，2015 年 11 月 17 日，新浪新闻（http://green.sina.com.cn/roll/2015-11-17/doc-ifxksqiu1644280.shtml）。

② 钟南山：《雾霾与肺癌关系很密切》，2015 年 3 月 11 日，网易科技（http://tech.163.com/15/0311/12/AKE6KMED00094O5H.html）。

③ 《危害健康，雾霾负多大责？——雾霾如何影响健康调查》，2017 年 2 月 15 日，央广网（http://www.cnr.cn/sxpd/sx/20170215/t20170215_523601026.shtml）。

④ 世界卫生组织：《世卫组织公布关于空气污染暴露与健康影响的国家估算》，2016 年 9 月 27 日（http://www.who.int/mediacentre/news/releases/2016/air-pollution-estimates/zh/）。

认为，PM2.5浓度小于10微克/立方米为安全水平，而京津冀地区2016年的PM2.5浓度年均值为71微克/立方米，比WHO推荐的安全值高出了6倍多。[①] 而WHO在2016年发布的全球城市PM2.5浓度排名显示，全球PM2.5最高的十个城市中，中国占两个，河北省的邢台市和保定市分别以128微克/立方米和126微克/立方米位列第八位和第十位，[②] 也可以看出京津冀地区雾霾的严重程度。

第二，影响企业生产和居民生活。

雾霾天气增加居民的防护成本。雾霾天气刺激防霾口罩、空气净化器、血压计、药品等消费需求，增加生活成本。阿里健康数据研究中心2015年12月发布北京“雾霾消费”报告：红色预警期间，阿里零售平台口罩销售量大幅攀升，是平时的9.3倍，其间血压仪销量也同步飙高，成为双12前的两个销售小高峰，空气净化器配送地点遍布北京四环内区域及通州区。[③]《2016国民健康大数据》报告显示，2016年入冬以来，各大城市雾霾频发预警，日均口罩销售量为3842个，口罩已成为用户健康购物清单上的重要“刚需”，同时，秋梨膏、胖大海、川贝枇杷膏等润肺止咳药品的销量也大幅增长。[④]

雾霾天气下企业的停产、减产会造成直接经济损失。重污染天气应急预警是《大气污染防治行动计划》中规定的措施，京津冀三地结合本市情况制定了具体的应急预案。以《北京市空气重污染应急预案（2016年修订）》为例，在空气重污染应急期间，停产类企业停止一切有大气污染排放的生产工序，限产类企业通过减产、部分生产工序和环节停产、降低锅炉负荷等方式，使企业日大气污染物排放比应急响应前减少30%以上。而2016年北京市列入市重点监控的停产、限产目录达到170家。[⑤] 此外，

---

① 《2016年京津冀区域PM2.5浓度高于全国平均水平51.1%》，2017年1月20日，新华网（http：//news.xinhuanet.com/politics/2017-01/20/c_1120354279.htm）。

② 《世卫发布：全球城市PM2.5浓度排名》，2016年11月4日，搜狐（http：//mt.sohu.com/20161104/n472316739.shtml）。

③ 阿里发布北京雾霾消费报告：《口罩销量是平时9.3倍》，2015年12月21日，搜狐新闻（http：//news.sohu.com/20151221/n432085807.shtml）。

④ 《防霾口罩成爆款电商大数据或成国民健康风向标》，2017年1月23日，网易新闻（http：//news.163.com/17/0123/12/CBFCHKCV000187VG.html）。

⑤ 《北京启动今年首个“重污染红色预警”后1200多家企业停产限产》，2016年12月17日，新浪网（http：//finance.sina.com.cn/roll/2016-12-17/doc-ifxytkcf7937828.shtml）。

在重大节日期间，京津冀及其周边地区也会联合行动，通过使工业企业停产、限产来进一步改善空气质量。除了企业管控之外，建筑工地的喷涂粉刷、护坡喷浆、建筑拆除、切割、土石方等施工作业也在橙色预警和红色预警期间明令禁止。

雾霾天气增加公共服务单位的适应成本。京津冀三地的空气重污染应急预案中均建议中小学校和幼儿园在雾霾天可以停课或者采取防护措施。而地方政府也鼓励学校采取相应措施，如2017年1月5日，北京市教委决定实施中小学、幼儿园安装空气净化设备安装试点工作。[①] 一些医院、商场、博物馆、艺术馆等公共服务场所，考虑到雾霾天气给公众健康的影响，针对雾霾天气也开始考虑购置空气净化器或者安装新风系统等防护措施。

雾霾天气影响交通运输和公众出行。雾霾天气使驾驶员容易产生错觉，直接影响驾驶人的视觉和判断，同时由于路面湿滑，车辆制动性能变差，容易发生侧滑或造成车辆倾翻，是极易引发交通事故的恶劣天气之一。恶劣的雾霾天气下，不少交通执法部门都采取增加指挥警力、临时封闭高速公路等做法。但即便如此，机动车交通事故的发生率依然高居不下；同时雾霾天气给铁路、机场等航运系统也造成了消极影响。雾霾天气会导致航班延误、航班取消、航班备降等可能结果，从而给出行的人们带来不便。同时，雾霾天气也会带来高速公路的大规模封闭，交通事故的增加也会造成财产损失和人员伤亡。此外，在空气重污染应急措施中，也会对机动车采取禁行或限行措施，如北京空气重污染橙色及红色预警时，国Ⅰ国Ⅱ排放标准轻型汽油车全市禁行，而红色预警期间国Ⅲ及以上排放标准机动车（含驾校教练车）按单双号行驶（纯电动汽车除外）。

第三，雾霾天气影响公众的心理健康。

首先，雾霾天气降低公众的幸福感指数。阴沉的雾霾天气由于光线较弱及导致的低气压，容易让人产生精神懒散、情绪低落及悲观情绪，遇到不顺心的事情甚至容易失控。而医学研究认为，长时间缺少日照、户外活动减少、空气含氧量以及温湿度改变等，对大多数人都可能带来心血管系

---

① 《新年第一周北京雾霾爆表　这些学校已装了新风系统》，2017年1月6日，搜狐教育（http：//learning. sohu. com/20170106/n477933811. shtml）。

统、植物神经系统或内分泌系统等为主的生理不适反应，进而影响到以情绪为主的心理活动，比如易焦虑烦躁、情绪低落、思维迟缓、消极悲观等。①②

其次，如果这种不良环境强度过大或者持续时间过长，对于一些特殊敏感个体还有可能诱发产生焦虑抑郁症状等。学术上，已经有了专门的名词形容这种病症——季节性情感障碍（SAD），在特定季节（特别是冬季）出现。现代医学研究表明，这种抑郁症与白天的长短或环境光亮程度有关。在人的脑部，松果体分泌的激素在很大程度上左右着我们的情绪和心理活动。这个不超过0.1克的腺体对光线感知十分敏锐，在强光条件下，松果体细胞会萎缩，分泌的血清素（又名5-羟色胺）使人愉悦。而暗光条件下松果体细胞会活跃，分泌褪黑素，诱导人们入眠，还使人消沉抑郁；如果在白天褪黑素较高，则会使人敏感、冲动、具有攻击性，并加重精神萎靡和抑郁的情绪。在暗无天日的雾霾季，普通人和敏感人群都会成为血清素减少的受害者。

此外，雾霾天气还与自杀率升高有关。空气污染和自杀率的联系也被越来越多的研究所证实。2016年8月，一项在国际期刊《环境健康》上发表的论文针对广州市自杀死亡率和环境空气污染联系进行了研究。研究评估了2003—2012年十年间暴露在空气中的3种污染物PM10、SO_2和NO_2对自杀死亡率的影响，发现自杀风险和周围的空气污染水平呈正相关关系。研究认为，环境空气污染可以加重生理疾病或不适以及精神上的痛苦，随后引起自杀。除了天气的阴晴变化，空气污染这一因素也会加剧不少心理疾病患者的痛苦。来自加州大学欧文分校（University of California, Irvine）的埃文斯（Gary W. Evans）等三位研究者就发现环境中的光化学氧化剂多的时候，表现出焦虑症状的人也多。而美国佛罗里达国际大学（Florida International University）的罗顿（James Rotton）和弗雷（James

① Brook, P. D., Franklin, B., Cascio, W., Hong, Y., Howard, G., Lipsett, M., Luepker, R., Mittleman, M., Samet, J., Smith, S. C. and Tager, I., "Air pollution and cardiovascular disease", *Circulation*, Vol. 109, No. 21, 2004, pp. 2655-2671.

② Jacobs, S. V., Evans, G. W., Catalano, R. and Dooley, D., "Air pollution and depressive symptomatology: exploratory analyses of intervening psychosocial factors", *Population & Environment*, Vol. 7, No. 4, 1984, pp. 260-272.

Frey）则通过对两年内请求精神病急救的电话数量和空气污染程度的分析，发现在空气污染严重的时候，警察收到的精神疾病求救电话也会增加。

第四，降低公众对政府执政能力的信赖程度。

目前我国京津冀及其周边面临的大气污染形势依然严峻，一些地方政府对雾霾治理却表现出麻木和听之任之的态度，严重损害了政府的公信力。突出地表现为以下两点。

一是在重污染天气期间，应急减排措施"浮于纸面"。一些地方政府并未认真对待环境保护工作，对当地污染"习以为常"，雾霾来时"临时抱佛脚"，雾霾应急措施难以落实。另外，一些地方政府抱着"法不责众"的消极心态，以监管难度大为借口，逃避治理责任，任由大气污染在一些区域传输。根据环保部督察组对京津冀等地的督察结果显示，一些地方防霾应急预案执行不力，工厂停产、限产措施执行不力，土石方作业，焚烧垃圾，烟尘排放等不法行为照旧进行，道路遗撒、道路扬尘等问题依然突出。例如，2016 年 11 月环保部在一次督察行动中发现，在河北省保定市满城区"重污染天气应急预案"应急停产企业名单上，居然包含多家已经长期停产的企业，其中，伟业福利造纸厂、慧利达有限公司锅炉已停产数月。[①] 又如，环境保护部 2016 年 12 月 31 日通报的督察结果显示，唐山市交管部门未落实"省道 7 时至 19 时禁止 5 轴（含）以上货车行驶"的应急响应要求，在 263 省道上大量 5 轴及以上货车照常行驶。河北邯吉鑫环保科技有限公司在重污染天气时并未采取"焖炉"措施，仍在持续生产，部分烟气未经脱硫处理，直接由旁路排出；保定市安新县杰瑞有色金属公司取暖炉焚烧废电缆，黑烟滚滚；邯郸市数家无名企业、煤场物料堆场没有防扬尘措施。种种现象表明，少数地方政府及企业重污染天气应对不力，没有认真落实应急减排措施。

二是地方政府为逃避监管问责，对环境监测数据造假。随着史上最严环保法的实施，雾霾治理监管问责力度不断加大，一些地方政府将治霾压力，转化为监测站数据造假的动力。2016 年采暖季开始以来，各地环境

---

① 《监测"爆表"为何应急迟迟不启动？——多地雾霾应对措施调查》，2016 年 11 月 10 日，新华网（http：//news. xinhuanet. com/politics/2016 - 11/10/c_ 1119889881. htm）。

监测数据却屡出违规造假的丑闻，不少民众对官方环境监测的结果存疑。例如，在11月份，为了让河北经贸大学校内大气监测站监测数据“好看”，河北石家庄地方政府竟然在学府路和柳荫街路口设了路障，“禁止一切货运车辆通过”。天津河西区前进道附近，有个防霾大炮始终对着环境监测点喷，而邢台市政府发布的《城管执法局六项措施防治大气污染》中，就明明白白写着“用雾炮车对监测点周围进行降尘”。如果任由环境监测造假的乱象发展下去，不仅会给政府的环境治理，尤其是雾霾治理造成干扰，还将极大损害政府的公信力。

环境监测造假违规行为之所以频发，问责不严、监督缺失、监测体系不独立等是症结所在。现在，我国所有地级以上城市都建有空气质量监测点，对包括PM2.5等的大气污染物进行监测和信息发布，已经成为发展中国家最大的空气质量监测网。理论上来说，负责监测的部门和负责治理的部门，应该互相独立，利益不相关，这才能保证监测数据的真实客观、不受干扰。可是当前环境的垂直监管政策尚未落实，环境监测部门，在某种程度上，却得听命于当地行政主管部门。

信任来自透明，敢说真话才会赢得政府公信力。当前一些地方政府在雾霾治理中的种种表现，严重挑战着政府的执政能力、行政能力和社会公信力。政府公信力的丧失类似于多米诺骨牌效应，民众的不信任层层累积，会造成无法挽回的后果。目前空气污染治理效果不理想，社会上怨声载道，如果再不及时纠正，严肃处理环境监测中的违规造假行为，就会陷入“塔西佗陷阱”，等到环境监测彻底失去人们的信任时，即使做出了改正，恐怕民众也不会再相信。要确保环境监测应有的公信力，除了健全监督机制外，还要切实贯彻环境监测工作的政策法案，提高环保部门执法的能力，强化责任追究制度。

第五，人才流失，损伤城市的竞争力。

随着雾霾对健康的损害被越来越多的人关注，以及互联网、交通设施等基础设施的完善，人口将从大都市向雾霾尚可忍受的中小城市或山区迁徙。空气污染会使工作环境恶化，损害健康，使人们缺乏基本的安全感，逼迫高端人才和富豪移民海外。逃离雾霾，是个人的价值选择，往往出于理性。对他们来讲，与健康相比，外在的荣誉、收入乃至子女教育都可以放在其次。如果越来越多的人因为频发的雾霾，永久地离开所居住的城市，而且这些人中间很多还是城市的精英，那么对这种现象就不得不引起重视。精英的散失，对城市发展的不利影响无疑是长远的。

首先，如果越来越多的中等收入群体和城市精英选择离开，那么，人口增长就无法阻止高端人才和资本的外流。中等收入群体的规模是城市化质量的一个标准。但是，那些有实力因为雾霾逃离城市的人，无论从个人心理认同上，还是社会观感上，大多属于中等收入群体。这些人逃离城市，无疑是对城市化质量的一种损害。长此以往，城市的锐气就会丧失，城市就会从发展的动力变为障碍。根据胡润研究院的 2017 年发布的《2017 中国投资移民白皮书》，中国高净值人群（平均资产 1970 万人民币以上）海外移民原因中，居住地环境污染位居第二位，占 64%，排在第一位的是“教育质量”。而且在过去 3 年的白皮书调研中，推动中国高净值人群海外移民的动因并没有发生太大变化。[①] 美国移民局数据显示：2016 财年（2015 年 10 月至 2016 年 9 月）美国政府共签发 9947 张 EB－5 签证（一种投资移民签证），其中 7512 张发放给了来自中国的申请者，占比达到 75.52%。[②] 2016 年 11 月，王健林在第四届外滩国际金融峰会上也表达了类似的观点。他说：“好空气是城市价值的核心要素。北京、上海这两个核心城市空气不太好。由于空气不好，城市的商业价值就在逐渐地流失。如果持续不好，优秀的人才和公司就走了，好的公司就搬了，科研人才、金融机构、贸易公司也许都走了。人口一旦净流出，城市的繁荣就开始走下坡路了。”[③]

其次，雾霾长期持续，会增加防护成本，增强逃离预期。当前京津冀等地的雾霾天气正在对当下人们生活方式和消费心理造成改变。由于雾霾治理的长期性，当前一些无论从工作或孩子教育的角度考虑，无法承担搬迁成本的家庭，他们必须承受雾霾带来的生活不便和健康损失。尤其是在红色预警期间，学校停课，机动车按单双号限行，成百上千家工厂被勒令

---

① 胡润百富：《2017 中国投资移民白皮书》，2017 年 7 月（http：//www. hurun net/cn/Research/Details？ nun = 9917C4T－31BF8）。

② 《中国大量移民却给海外投资带来巨大商机》，2016 年 11 月 2 日，搜狐（http：//mt. sohu. com/20161102/n472101813. shtml）。

③ 《雾霾围城马云、王健林、董明珠、潘石屹有话说》，2017 年 1 月 6 日，网易科技（http：//tech. 163. com/17/0106/16/CA41TA8300097U7R. html）。

停产等限制措施，给生产和生活带来诸多不便。作为对健康的防护，防雾霾的口罩和净化器，以及增强免疫力的产品也成了家庭的必需品。由于秋冬季节雾霾多发，学生是敏感人群，多数教室并未安装空气净化器，也常常出现在雾霾天参加户外活动的事情，这对家长来说，是一种担心。以北京市为例，根据2016年12月15日实施的《北京市教育委员会空气重污染应急预案（2016年修订)》，如果空气重污染达到红色预警时，小学、幼儿园、少年宫及校外教育机构停课；中学（含初、高中、中等职业学校）实施弹性教学方式，由区教委、学校根据所在区域空气质量状况灵活掌握。频繁的停课和调休，容易打乱学生的学习计划，再加上重污染天气户外运动的取消，学生锻炼身体的机会减少，这就激发了人们躲避雾霾的动机。

最后，对环境污染的焦虑不仅改变了人们的购物选择及购物方式，也改变了他们生活在中国的意愿。尽管一些中产阶级家庭目前没有足够能力移民海外，但他们也会选择等待时机成熟时候离开，或者通过去南方地区或海外国家旅游来暂时逃离雾霾。每逢法定节假日，或者个人年休假，一些生活在北京等一线城市的中等收入群体人士选择度假目的地，最重要的考虑往往是当地空气质量如何。国内最大的旅游集团携程旅行网也首度发布《2014中国人避霾旅游报告》，报告显示雾霾已成为影响国民旅游需求和偏好的一大因素，八成游客将避霾选为影响外出旅游的主要因素之一，泰国和三亚是国人避霾首选目的地。[①] 携程网2016年12月发布的报告估计，12月份中国有15万人将到海外旅游以躲避令人窒息的雾霾，每年估计有超过100万中国人因此类原因跑到境外旅游，北京、上海、成都、广州和天津的居民是最经常赴外旅游以躲避家乡雾霾的人群。[②] 如果把以旅行等方式逃雾霾，视为人们对自己健康的重视，对良好空气质量的诉求，那么这种情感表达当然是正常的，甚至可以认为是环境污染的必然代价。一些家长甚至开始为子女谋划出国学习，以便让自己的孩子早日逃离雾霾的困扰。胡润研究院发布的《中国投资移民白皮书》显示：高达83%的

① 《一个旅游企业的雾霾环保实验：携程首发旅游业避霾报告》，2015年3月20日，新浪网（http://sh.sina.com.cn/news/b/2015-03-20/detail-iawzuney0922249.shtml）。

② 《一年超百万人境外游 "雾霾难民"逃离中国》，2016年12月23日，网易新闻（http://news.163.com/16/1223/14/C8VOM43600014AED.html）。

受访富人计划送子女出国接受国际教育。在移居目的地选择上，拥有世界顶尖教育资源的美国，成了中产阶级家庭的首选。[①]

雾霾正在降低北京、天津等特大城市对人才的吸引力。只有把人留下来，特别是把“关键”的中等收入群体留下来，包括环境治理在内的城市发展才能持续地良性循环。逃离的人越多，参与治理的人就会减少，推动环境改善的积极力量就会削弱，治理的难度进而变得更大。环境污染所造成的后果，会像多米诺骨牌一样一块块倒下去，直到成为压垮人的最后一根稻草，让人对城市产生悲观的预期。这是所有人都不希望看到的结果。

二　公众对雾霾问题的主要关注点和利益诉求

尽管雾霾对广大百姓来说已经不是什么新鲜词汇，但根据新浪微舆情的大数据分析结果，2016 年互联网关键词网络传播热度指数中，“雾霾”一词位居第十位，互联网信息量达到了 16713710 条，[②] 与“网红”“跨界”“VR”“供给侧”等新词一同位列热词榜前十位，足以见得人民对雾霾的关注度有增无减。我们从“百度指数”中分析了“雾霾”这个关键词在 2011 年 1 月 1 日到 2017 年 2 月 19 日的媒体指数波动情况（见图 9 - 1），发现 2011 年以来，各大互联网媒体报道的新闻中，与雾霾相关的新闻报道，呈现阶段性波动，其中 2013 年初为第一个高峰，反映出 2013 年一月份的强雾霾受到了媒体的广泛关注，此外，在 2013 年秋冬季节到 2014 年春季这段时间，雾霾的媒体指数处于第二阶段小高峰，反映了采暖季开始以来的雾霾天气受到媒体关注，随后的三个小高峰也是处于雾霾多发的采暖季节。

通过新浪微舆情大数据分析平台对 2016 年 2 月 27 日至 2017 年 2 月 27 日这一阶段的全网“雾霾”关键词关注情况进行了分析（见图 9 - 2），

① 《中国大量移民却给海外投资带来巨大商机》，2016 年 11 月 2 日，搜狐（http：//mt.sohu.com/20161102/n472101813.shtml）。

② 《从 100 个关键词看 2016 年印记》，2017 年 1 月 5 日，凤凰网（http：//news.ideng.com/gov/a/20170105/52977410.shtml）。

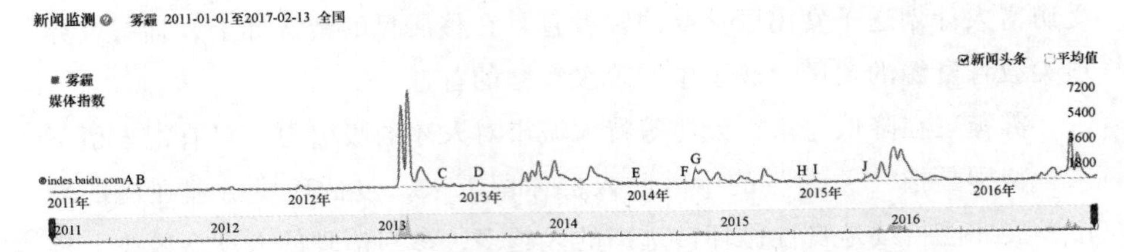

图9-1 2011年至今的雾霾百度媒体指数

发现在2016年的3月到9月之间，全网对“雾霾”的播报从未超过三千条，而在2016年10月至2017年2月这段时间内，全网雾霾单日播报量多次突破三千条，其中在12月份和1月份这段时间，有两次单日播报量突破万条，充分说明了公众对雾霾的关注度之高。

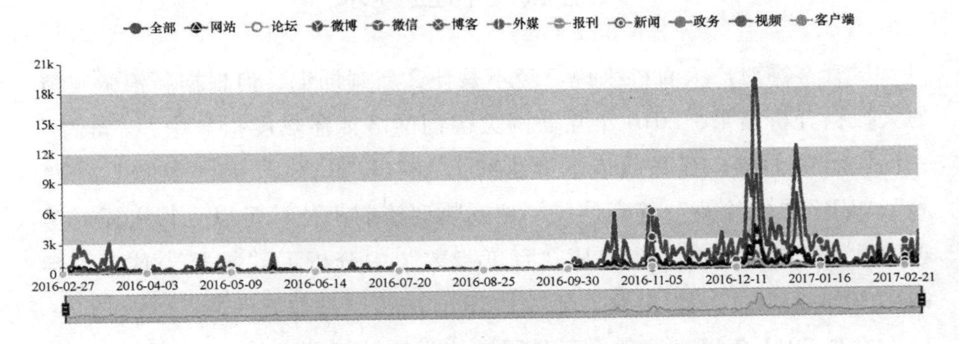

图9-2 一年内雾霾舆情信息走势图

通过观察百度搜索指数，可以近似反映出公众对雾霾的关注重点。以2017年的“跨年雾霾”为研究案例（见图9-3），通过分析2017年1月2日至2017年1月8日的“雾霾”需求图谱，可以发现在强相关区里面，“北京”“危害”“口罩”“指数”等词汇出现频繁，说明公众更多地关注雾霾天气发生的位置、危害程度和防护措施。另外，在中等相关区里面，“地图”和“天气”等词汇搜索指数很高，表明公众对雾霾预报和影响范围的关注程度高，而针对“中国雾霾城市排名”等相关词汇的关注，也表明公众希望更清楚地了解自身所在城市雾霾的相对严重程度。

在2017年的“跨年雾霾”中，公众的关注度达到历史最高峰值，雾霾已成为刷爆微信朋友圈的现象级话题，微博上每天有高达50万个关于

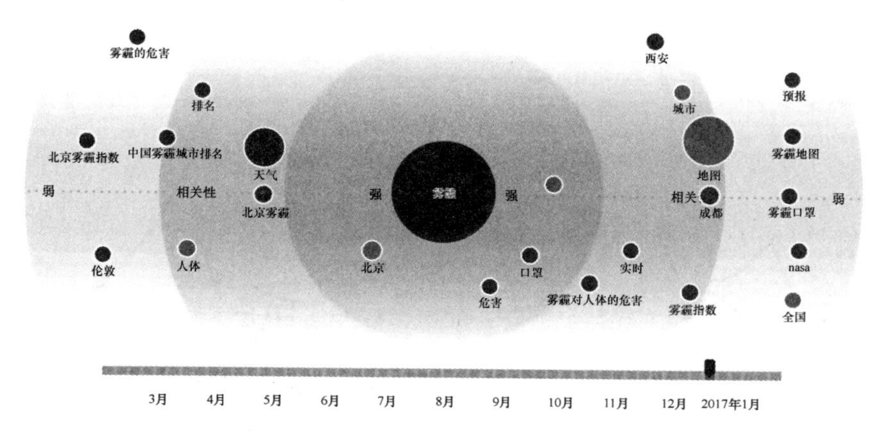

图 9－3　2017 年 1 月 2 日至 2017 年 1 月 8 日“雾霾”百度搜索需求图谱

雾霾的话题，百度有每天超过 20 万人搜索“雾霾”，知乎上也有 5800 多个关于雾霾成因与治理的深度讨论，关注热度空前。[①] 如图 9－1 和图 9－2 所示，北京市在 2016 年 12 月和 2017 年 1 月经历了五波严重雾霾过程，结合雾霾舆情信息走势图，本书以新浪微舆情“全网事件分析”为平台，以“京津冀＋雾霾/空气重污染”为事件涉及词语，对 2016 年 12 月 13 日至 2017 年 1 月 13 日这一个月来从互联网上采集到的 592777 条信息进行公众舆情分析。

由图 9－4 可以看出，在这段时期，网络对京津冀雾霾的关注程度一直很高，仅在 2016 年 12 月 24 日和 2017 年 1 月 1 日和 2 日及 13 日这四天报道量没有突破一万条，而 2017 年 1 月 5 日则是全网报道的最高值，超过三万四千条报道。北京市的 12 月份 23 日的空气指数为 47，空气质量为优；而 2017 年 1 月 8 日至 1 月 13 日这段时间的空气质量指数均为优或良。可以看出，空气质量变好时，全网的关注量也会随之降低，说明公众对雾霾的舆论关注程度随天气而变。

从京津冀雾霾的全网关键词云图可以发现（见图 9－5），“污染”“空气”“环境”“发展”“改革”“建设”“发布”“创新”等词汇位置显

① 《“雾霾”这种刷爆朋友圈的公众话题，企业如何正确“借势”?》，2017 年 1 月 10 日，网易财经（http：//money. 163. com/17/0110/14/CAE4KK4G002580S6. html）。

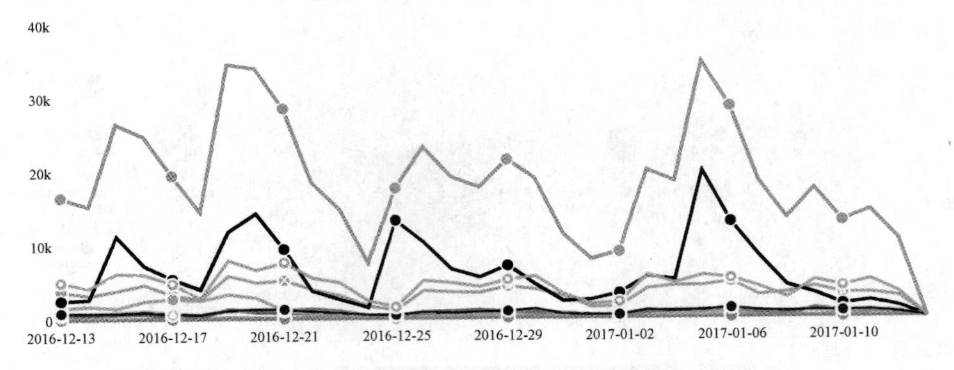

图9-4 京津冀地区跨年雾霾网络报道统计图

眼，表明网络报道的焦点在这些方面，也凸显了京津冀地区雾霾治理的核心矛盾：环境治理改革与经济社会发展。从“机动车”“旅游”“产业”“应急”“启动”“红色预警”“周边地区”“高速”等词汇可以看出，公众对雾霾给生产生活造成的影响也是关注焦点。此外，从“环保部”“检查”“督察”“措施”“政策”“减排”等词汇可以看出，公众对于政府监管执法的关注程度也很高。此外，“气象”“浓度”“重污染天气”“天气”“预警”等词汇的出现，也反映了公众对气象信息的关注程度很高。综合来看，公众对京津冀雾霾治理的关注不仅体现在宏观层面的经济发展与环境治理的矛盾，而且还关注与自身生活密切相关的气象信息及政府雾霾治理的公信力等。

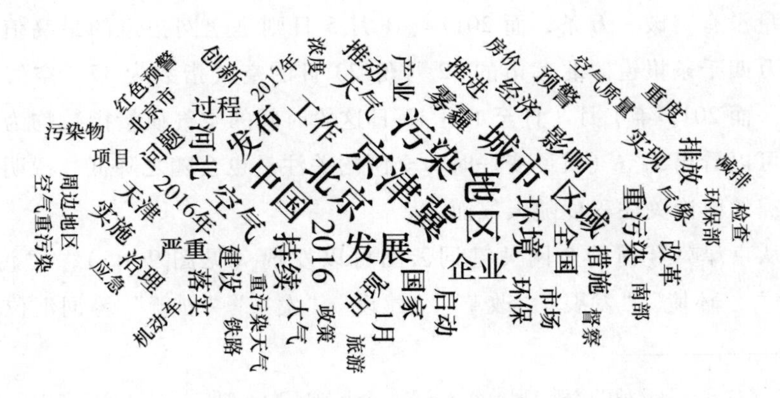

图9-5 京津冀雾霾全网关键词云图

此外，从电商发布的大数据报告也可以发现公众的消费热点。自2016年12月16日以来，受不利天气形势影响，中国出现大范围持续重度空气污染，北京、山东等地发布雾霾红色预警（见图9－6）。从图中可以看出，北京在2016年12月份期间，仅有12天的空气质量优良，其余的天数均有不同程度的空气污染，且重度空气污染达到10天。而根据京东2016年12月21日发布的雾霾大数据，16—20日口罩共卖出1500万只。口罩销量环比增长超过260%，同比增长超过380%；净化器销量环比增长超过50%，同比增长超过210%；PM2.5检测仪销量环比增长超过85%，同比增长超过105%。随着人们对雾霾治理的长期性认识加深，已经有越来越多的用户开始关注自身的健康问题，购买口罩、空气净化器等产品进行自我防护。

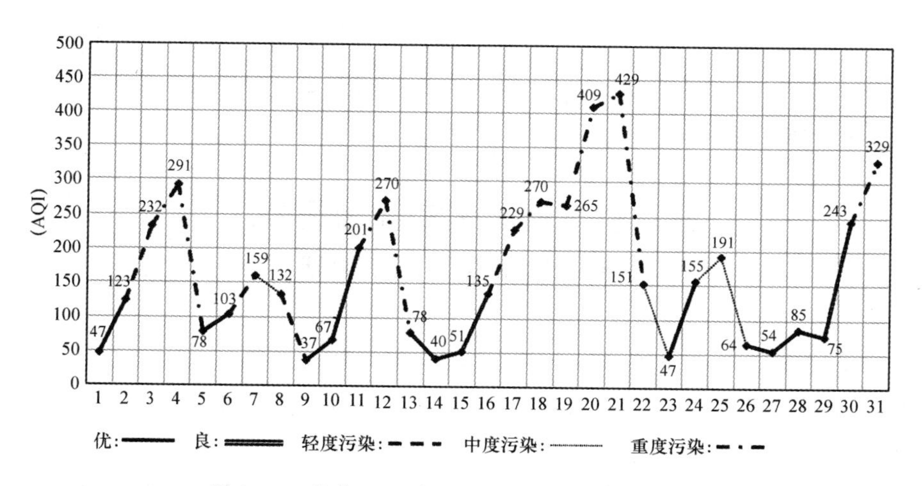

图9－6　北京2016年12月份空气质量指数趋势

图片来源：天气后报网。①

从当前的主流舆情监测大数据平台分析的结果可以看出，公众对雾霾的关注点聚焦在以下几个方面：第一，雾霾天气的影响范围与程度。第二，雾霾的治理措施与成效。第三，雾霾天气如何自我防范。

① 《2016年12月北京空气质量指数查询（AQI）》，2016年12月，天气后报（http://www.tianqihoubao.com/aqi/beijing－201612.html）。

公众对雾霾的关注焦点在一定程度上也反映了公众的利益诉求。首先，公众对雾霾天气的影响范围和程度的关注，反映了当前空气质量服务仍远不能满足公众需求。我们日常生活中常见的空气质量服务形式主要有：手机天气 APP、政府气象部门网站、环境保护部空气质量通报。然而，当前我国的环境信息公开程度仍不高，地方政府环境监测信息公众参与平台建设滞后，对空气污染的信息获得内容仍不够具体，无法方便地获取具体的污染源信息。

其次，公众对雾霾治理的措施与成效的关注，反映了公众对政府雾霾治理执行力和公信力的重视。政府是京津冀雾霾治理政策的发布者，公众希望政府能够正确使用公权力，确保雾霾治理政策的科学性和有效性，确保雾霾治理政策能够真正落到实处。

最后，公众对雾霾天气自我防范的关注，反映了公众的自我适应意识的觉醒。公众开始意识到雾霾治理的长期性和艰巨性，自觉从自身做起，减少雾霾造成的伤害。同时，也反映了公众希望通过利用市场机制，购买相关防霾的产品或者服务，改善个人的生活处境。

三 京津冀地区雾霾治理公众参与机制的发展现状

公众参与是京津冀大气污染防治的重要组成部分。在《大气十条》中，就提出了希望形成“政府统领、企业施治、市场驱动、公众参与”的大气污染防治新机制。不过，相对于对公权力与企业责任的界定，《大气十条》在如何提高公众参与方面，似乎着墨不多。随着京津冀地区雾霾协同治理的深入推进，公众参与的内涵和形式也在不断深化。环保部也于 2015 年 7 月公布了《环境保护公众参与办法》，自 2015 年 9 月 1 日起施行。2016 年 3 月 30 日，环境保护部、中宣部、中央文明办、教育部、共青团中央、全国妇联六部委联合发布《全国环境宣传教育工作纲要（2016—2020 年）》，加强生态环境保护宣传教育工作，增强全社会生态环境意识，牢固树立绿色发展理念，坚持“绿水青山就是金山银山”重要思想。2017 年 1 月，环保部和民政部联合发布了《关于加强对环保社会组织引导发展和规范管理的指导意见》，以广泛动员公众参与生态文明建设，推动绿色发展。可以看出，随着雾霾治理的深入推进，公众参与的体制机制在我国正在逐步建立。

（一）公众参与京津冀大气污染联防联控的内容

1. 公众参与立法

国外经验表明，大气污染的治理有赖于立法机制的完善。参与立法是公众参与的一项重要内容。《中华人民共和国大气污染防治法》（以下简称《大气污染防治法》）在1987年设立以来，经历了1995年、2000年和2015年的三次修改。在2015年《大气污染防治法》文件草案修订过程中，就进行了公众意见征集，这是公众参与立法的重要实践。2014年9月，国务院法制办曾经公开《大气污染防治法（修订草案征求意见稿）》一个月，征求公众意见，后续相关建议被国务院提交到全国人大常委，最终体现在最新的《大气污染防治法》中。虽然多数立法只有在最后阶段才有公众参与的环节，这依然是公众参与大气污染防治的重要途径。

2. 环境信息公开

环境信息公开是公众参与雾霾治理的信息基础。只有环境信息公开赋予公众知情权，公众在环境监督方面才会拥有数据信息依据。在环境信息公开方面，政府应该发挥先导作用，NGO和社会公众对政府和企业的信息公开程度和有效性进行监督。

第一，政府通过立法的手段，保障企业事业单位污染信息的公开程度。政府通过制度规定，规范各级政府在大气污染治理工作中的行为和角色。十八大以来，信息公开成为政府简政放权，转变政府职能的重要窗口。2013年上半年，国务院发布了《关于印发当前政府信息公开重点工作安排的通知》，内容包括环境领域的信息公开。环保部根据国务院的通知安排，连续发布了《关于加强污染源环境监管信息公开工作的通知》《国家重点监控企业自行监测及信息公开办法（试行）》和《国家重点监控企业污染源监督性监测及信息公开办法》《关于当前环境信息公开重点工作安排的通知》以及《企业事业单位环境信息公开办法》等信息公开文件，推动企业事业单位落实环境信息公开制度。2015年6月，中国环保部发出了《关于发布全国31个省级地区国家重点监控企业污染源监测信息公开网址的公告》，提供了相关平台的具体网址，方便公众查询国家重点监控企业污染物排放状况等信息。[①] 2014 年新修订的《环境保护法》和 2015 年新修订的《大气污染防治法》均对“环境信息公开”进行了详细规定。

第二，政府利用新媒体，吸引公众参与互动。“环保北京”是北京市环保局的官方微博，成立六年来，紧紧围绕政策解读、热点追踪、预警发布、监测播报、执法通报和平台互动六大板块开展工作。从 2011 年 3 月 31 日发布第一条微博起，截至 2017 年 3 月 30 日已经发“微”7790 余条，赢得 112 万粉丝关注。2017 年 3 月，北京市区环保政务微博微信、新浪微博自媒体、环保自媒体人等各方力量，共同组建了环保北京微联盟，利用新媒体，凝聚环保力量。

第三，政府通过政策引导，将企业纳入大气污染治理结构框架，使其具有进行充分的信息公开的积极性。2013 年岁末，环保部又联合发改委、人民银行和银监会发布《企业环境信用评价办法（试行）》，利用信用评价的办法引导企业履行环保法定义务和社会责任，约束和惩戒企业环境失信行为，从金融贷款、政府采购、行政许可、资质等级、评先创优以及财政补贴等各方面，引导企业积极进行信息公开。[②]

第四，政府通过公开通报落实不力的地方政府，公开重大环境信访案件，公开曝光查办的环境违法案件，回应公众环保诉求。2014 年 11 月 28 日，国办印发了《关于加强环境监管执法的通知》，对于通知的执行，要点提出，将对地方政府及其有关部门贯彻落实国办通知情况进行督察，落实不力的地方，将公开通报。2016 年 1 月初，中央环保督察组对河北省进行了为期一个月的专项督察，督察中发现的相关问题及随后河北省的整改情况，环保部官方网站都进行了完整的披露。而在中央第一环境保护督察组进驻天津期间（2017 年 4 月 28 日至 5 月 28 日），天津市环保局官网上定期公布了中央环境保护督察天津边督边改的最新信息。

第五，NGO 和社会公众在推动环境信息公开方面积极发挥监督作用。

---

① 环境保护部《关于发布全国 31 个省级地区国家重点监控企业污染源监测信息公开网址的公告》，2015 年第 40 号。

② 《移动互联时代的环境信息公开与监管》，2015 年 5 月 1 日，北极星节能环保网（http://huanbao.bjx.com.cn/news/20150501/613850.shtml）。

2013 年，自然之友、阿拉善 SEE 基金会、公众环境研究中心（IPE）等多家环保组织，推动“全国重点污染源排放企业的在线污染排放实时监控的信息公开体系”[①]。社会公众可以在 NGO 的组织下，监督企业的信息公开情况。2013 年两会期间，企业家分别向全国人大、全国政协提交了重点污染源信息全面公开的议案和提案。阿拉善 SEE 基金会等 26 家环保组织和企业家组织继续联合发出倡议，要求国控污染源信息实时公开。这一行动得到政府支持，并出台相关法案。

3. 加强公众参与监管

公众参与大气污染治理的监管是公众参与的重要内容。加强公众参与监管需要从两方面入手，一是通过立法，保障公众参与大气污染治理监管的充分权力；二是建立畅通的参与机制，让社会公众有渠道参与大气污染治理监管。

在立法方面，新修订的《环境保护法》新增了第五章“信息公开与公众参与”，赋予了公众充分的环境监督举报的权利。其中第五十三条指出“公民、法人和其他组织依法享有获取环境信息、参与和监督环境保护的权利”；第五十五条指出“重点排污单位应当如实向社会公开其主要污染物的名称、排放方式、排放浓度和总量、超标排放情况，以及防治污染设施的建设和运行情况，接受社会监督”；第五十七条指出“公民、法人和其他组织发现任何单位和个人有污染环境和破坏生态行为的，有权向环境保护主管部门或者其他负有环境保护监督管理职责的部门举报”。新的《大气污染防治法》也对公众参与监督提供了激励措施。第三十一条规定“环境保护主管部门和其他负有大气环境保护监督管理职责的部门应当公布举报电话、电子邮箱等，方便公众举报。环境保护主管部门和其他负有大气环境保护监督管理职责的部门接到举报的，……查证属实的，处理结果依法向社会公开，并对举报人给予奖励”。

在建立参与渠道方面，环保部通过开通环保部 010 - 12369 环保举报热线，设立微信公众号“12369 环保举报”平台，以及各级环保部门官方网站 12369 网上举报栏目，为公众提供监督参与渠道。公众的举报信息通

① 《专家建议重点污染源实施公开》，2015 年 3 月 23 日，人民网（http://politics.people.com.cn/n/2015/0323/c70731 - 26731623.html）。

过网络信息平台转到污染发生地环保部门进行查处，上级环保部门对举报处理过程进行监督。为呼唤公众参与，北京对环境信访举报“事事有回音，件件有着落”。

除信访举报途径外，京津冀地区还启动了环境保护督察试点机制，保障公众有效参与环境监管。2016 年 1 月起，中央环保监察组首次入驻河北省开展环境保护督察试点工作，受理河北省环境保护方面的来信来电举报，这是我国首次启动环保督察试点工作。督察期间设立专门值班电话和专门邮政信箱，受理公众监督管理信息。[①]

此外，地方政府还通过设立环保义务监督员，创新公众参与途径。石家庄市在 2013 年 11 月，从全市范围内的人大代表、政协委员、大学生环保志愿者、街道、农村有志青年、基层干部、群团组织以及社会各界人士中选拔出了 1000 名关心环保的普通人，组建了大气污染防治义务监督员，建立了义务监督员例会制度，对身边的不环保行为进行监督。

政府通过宣传等方式，引导公众自觉投身环保，实践绿色生活方式。这方面，北京和天津已经采取了一些措施。2014 年 2 月，首都文明办联合有关部门，起草印发《北京“清洁空气蓝天行动”市民宣传提纲（试行）》，倡导市民绿色出行、绿色消费、绿色公益、参加绿色环保志愿服务（“三绿色一志愿”）。2014 年 12 月，首都文明办以“清洁空气蓝天行动”市民宣讲提纲为基础，组织编写了《“清洁空气蓝天行动”市民手册》（以下简称《手册》），进一步引导广大市民参与“三绿色一志愿”活动。天津市 2013 年 10 月启动“美丽天津 · 一号工程”建设，实施包括清新空气行动、清水河道行动、清洁村庄行动、清洁社区行动和绿化美化行动在内的“四清一绿”行动，呼吁发动社会各界一起行动起来，下大力气解决当前环境污染方面的突出问题，明显改善全市生态环境和群众生产生活条件。北京市还开展了中小学环保教育，形式包括演讲比赛、参观教育基地、摄影比赛等。

---

① 《首次环保试点督察，进驻河北一个月！中央环保督察组有啥来头？》，2016 年 1 月 5 日，央视新闻（http：//chuansong. me/n/2116168）。

（二）活跃在大气污染防治领域的 NGO

非政府组织 NGO 以其非政府性、专业性、协调性和广泛的公众性，弥补着政府在环境治理中的失灵。NGO 参与环境保护治理体现了多元共治所产生的实际效果。[①] 在国际社会中，NGO 已经成为公众参与社会治理的有效组织方式。NGO 弥补了传统以政府为主导的环境治理模式的缺陷，并为全球环境治理问题的有效解决做出了重大贡献。在中国，NGO 开始承担起更多的社会责任，参与到公共治理中，发挥了积极作用。

1. 推动立法

NGO 通过组织环保公益活动等方式进行环境宣传，更为细致地掌握公民对当地环境状况的满意状况，从而影响政府政策。在推动政府大气污染立法方面，中国 NGO 刚刚开启推动环境立法与决策，通过涉讼来发展完善法律，维护公众的环境利益。自然之友参与了《北京市大气污染防治条例》的修订过程，还曾发起“我为《大气法》提建议”活动，征集了 30 个公众、100 多条建议并发给有关司局，以期尽早让公众意见影响到立法结果。[②] 自然之友面向会员和通过微信微博面向公众征集意见和建议，并将这些公众意见整理提炼，和自然之友的修改意见一同提交环保部和全国人大法工委。修改建议包括增加和补充“信息公开与公众参与”“制定大气污染物排放标准”“承担法律责任的处罚标准”等详细内容。NRDC 致力于提升环保组织参与法律倡导和环境公益诉讼的能力，培训专业环境律师，并建立律师与环保组织的合作网络。由民间环保组织提起的环境公益诉讼，切实推动了环境公益诉讼制度的建立和实践。

2. 建立环境监督平台

NGO 作为有组织性的社会机构，在发挥监督职能方面发挥着更有力的作用。[③] NGO 一方面监督企业的环境污染信息公开情况，一方面监督政府的数据公开状况。并且，NGO 可以在社会公众与政府之间发挥桥梁作

---

① Kurita H.，“Risk Management Ability of Small-Scale Miners-What factors should be considered for building sustainability”，*Ehime Economic Journal*，Vol. 25，2006.

② 2016 年 12 月 1 日（http://www.fon.org.cn）。

③ 蔚峰：《环境 NGO 在推进可持续发展中的作用——对日本环境 NGO 的案例分析》，《北方工业大学学报》2015 年第 7 期。

用，把社会公众的意见传达给政府。IPE 将企业作为监督对象，监督其信息公开的真实性和及时性，也有公益组织将监督重点放在政府的信息实时公开平台。

尽管污染源信息的披露进展显著，但仍然零散、滞后、不完整、难获取。2013 年 7 月，环保部连续下发两份文件，要求国家重点监控企业自行监测污染物的排放，并及时报备至环保部门，各省要建立平台，实时发布企业上报的监测记录。然而新规执行至今，根据环保部的考核结果，有些省份只有不到一半的污染企业遵循了规定，京津冀地区，对新规的执行力度远远不够。自然之友发起组建了包括 IPE 在内全国 18 家公益组织的行动网络，紧盯国控污染源的在线监测数据。

建立数据库是 NGO 对大气污染进行监管的重要手段。2012 年阿拉善 SEE 基金会的 IPE 开发了绿色证券数据库。该数据库可以查询该企业的污染物超标排放、被环保部门处罚等方面的污染监管记录。通过收集、整理公开资料，与各地的环保组织合作对污染企业进行定位，并在数字地图上集中公示，可以让公众更直观地了解到底是谁在污染，以公众监督弥补执法不严，最终促使多家企业让步、整改。2014 年 6 月，借助阿里云技术，“污染地图”APP 上线，用户不仅可以查询污染数据，还可以随时转发到微博、微信、来往等社交平台。手机成了公众监督的手段。公众环境研究中心（IPE）① 自 2006 年 5 月成立以来，IPE 开发并运行中国水污染地图和中国空气污染地图两个数据库，以推动环境信息公开和公众参与，促进环境治理机制的完善。现如今，IPE 已经上线了污染地图 APP，还借助数据库的力量，进行了大量的污染科学分析研究和政策建言推动。

3. 整合社会公众力量参与

NGO 积极整合各方社会公众力量，更加有机地参与大气污染治理。如自然之友是中国最早的民间环保组织之一。② 它开启了“蓝天实验室”项目，希望集合科学家、专业人员、志愿者、普通公民的力量，记录、分析、解读，对空气质量和人体健康防护进行有针对性的研究和发布，帮助

---

① 官网：http：//www. ipe. org. cn/，微博：@公众环境。IPE 是在北京注册的非营利组织。

② 自然之友成立于 1994 年。

把“遥远的数值”转化为民众生活的点滴，帮助大家科学、积极地与雾霾相处。

卫蓝基金，由阿拉善SEE基金会联合阿里巴巴公益基金会、能源基金会等机构联合设立，旨在支持中国民间力量参与大气污染防治，2014年9月正式向社会公开征集项目。阿拉善SEE基金会、中国清洁空气联盟合作尝试了一期小额资助，每个项目原则上限额5万元。卫蓝基金不仅大幅提高了项目的资助额度，还准备扩大资助范围，不再仅限于草根NGO，还将涵盖民间智库、IT团队等，只要是有利于大气污染防治的，都可能成为资助的对象。此外，卫蓝基金还将为受助团队提供能力建设方面的支持，比如请专家对雾霾做背景分析、公众和NGO行动力分析，并转化为民间力量可以用的资源。

4. 公益科普宣传

自然大学是一所虚拟的社区环保大学，旨在通过自助型人才培养的方式，使社区公众实地参与调查，为公众提供探寻自然环境、零距离直面环境问题的机会，帮助人们认识自然、观察自然，关心周围环境的变化，珍惜、欣赏和热爱自然生命，参与到治理环境污染的活动中。在大气治理中，自然大学从发起“我为祖国测空气”到现在推行“帮环保局长治雾霾”，通过一系列实际行动，积极行使着公众监管使命。①

北京市达尔问环境研究所一直致力于环境质量检测与研究、环境现状和环境伤害事件调查、公众环保知识传播等。在过去的几年里，一直以科学负责任的态度帮助更多的人用仪器和科学认识着大气污染的真相，让公民能够真实地了解到雾霾对自己健康的影响，他们相信通过主动求知、主动参与，每个人都能为中国环境的改良做出贡献。②

NGO通过科普宣传，让公众主动参与大气污染治理，加强面向公众的大气污染治理科学传播。自然之友的“低碳家庭”项目在北京通过参与式的方法去帮助这些家庭，自主地去检测家庭能源的使用效率，通过专家的一系列协助，自己给自己制定家庭提升能源效率和能源改造的方案，并按照方案去实施。

---

① www. nu. org. cn.

② www. bjep. org. cn.

5. 公益诉讼

依法提起公益诉讼是 NGO 对大气污染治理效果的回馈手段。2011 年 10 月，自然之友等组织就曾提起的“云南曲靖铬渣污染案”，这是 NGO 在中国提起的环境公益诉讼第一案。NGO 参与公益诉讼面临很多技术障碍，如立案、诉讼费用、诉讼主体资格。然而，2015 年 1 月 1 日中国正式实施新《环境保护法》，对 NGO 参与公益诉讼创造了条件。自然之友、福建绿家园共同起诉的福建南平毁林一案，被南平市中级人民法院立案受理，成为新《环保法》实施后的第一例生态破坏类公益诉讼。2015 年 1 月 4 日，由自然之友发起、阿里巴巴公益基金会支持的“环境公益诉讼支持基金”在北京启动，这是环境公益诉讼的第一项社会支持基金。

6. 国际 NGO 在中国

世界自然基金会（WWF）的使命是向中国的政府部门、私人企业和广大公民提供能够减少二氧化碳总排放且在最低程度上影响 GDP 增长的有益建议。绿色和平（Green Peace）[①] 是一个全球性环保组织，致力于以实际行动推进积极改变，保护地球环境与世界和平。在大气领域，绿色和平的工作主要集中在：推动中国摆脱煤炭依赖、亲身见证气候变化影响、倡导可再生能源革命和追踪国际气候谈判几个方面。通过大量的研究和舆论宣传，积极推动着社会向前发展。亚洲清洁空气中心[②]是一家非营利性环保机构，致力于亚洲区域空气质量改善，主要从专业层面为政府、企业在大气治理方面的努力提供帮助，通过支持能力建设、搭建利益相关方合作平台、加强公众参与及促进南南合作的方式，在中国空气质量管理领域产生切实影响。自然资源保护协会（NRDC）[③] 在气候变化和能源研究、船舶和港口空气污染防治方面做了许多推动工作，并且在环境信息公开和环境管理方面也做出了卓越的贡献。NRDC 在北京发布了《船舶和港口空气污染防治白皮书》，报告指出，全球十大集装箱港口中有七个在中国，进出港口的船舶和货车虽然带来了货物和经济发展，但也加剧了港口和周

---

① http：//www. greenpeace. org. cn/，微博：@绿色和平，微信：Greenpeace_ CN。

② http：//www. cleanairinitiative. org；微博：@亚洲空气清洁中心；微信：cleanairasia。

③ http：//www. nrdc. cn/；微博：@ NRDC。

边地区的空气污染。美国国家地理空气与水保护基金[①]是由美国国家地理学会和阿里巴巴集团合伙创立的环境保护基金，用于资助中国科学工作者为寻求解决中国水资源和空气环境问题而进行的实地科学研究。在中国，支持着许多草根的、具有创新性质的大气保护项目。

可以看出，公众参与京津冀大气污染联防联控的渠道已经初步搭建了框架。框架性文件已认识到了公众参与的重要性，政府也提供了一些公众参与平台。但仍有待在运行中进一步细化完善，以充分调动公众积极性和自主性，有创造性地介入到大气污染的区域治理之中。

四　完善公众参与机制的建议

公众参与环境治理问题近年来受到学术界普遍关注。Bulkeley and Mol[②] 提出，有效的环境决策将公众与环境联系在一起。环境问题产生和解决的源头——公众被纳入进来，环境问题的讨论更有效果。这样可以保障环境决策的民主和理性，也更容易达到环境善治。Jonathan[③] 认为，绿色经济的新方法就是引入公众参与，用市场机制和财产权代替中央计划和官僚控制的环境政策方法，有助于降低经济成本，达到环境保护的目的。本节尝试论证公众参与机制是京津冀大气污染联防联控多层机制的组成部分，并探讨公众参与大气污染治理的主体、内容和方式。

（一）建立京津冀大气污染联防联控多层机制是治理雾霾的有效手段

1. 公众参与机制是京津冀大气污染联防联控多层机制的组成部分

根据社会治理理论，大气污染的区域治理包括政府、市场和社会三个参与方。京津冀大气污染联防联控机制应该包括政府、市场与社会三个层面的治理机制。其中每个层面均发挥比较优势，弥补其他方“失灵”现

---

① http://www.nationalgeographic.com/explorers/grants-programs/gef/china/application/chinese/微博：@美国国家地理空气与水保护基金。

② Bulkeley, H. and Mol, A. P. J., “Participantion and Environmental Governance: Consensus, Ambivalence and Debate”, *Environmental Values*, Vol. 12, No. 2, 2003, pp. 54 - 143.

③ Jonathan H. Adler, “Free and Green: A New Approach to Environmental Protection”, *Harvard Journal of Law and Public Policy*, Vol. 24, No. 2, 2001, pp. 653 - 694.

象。在政府层面，一方面要发挥政策在区域治理中的引导功能。政府应通过政策引导产业结构和布局的调整、改善能源消费结构、提高技术标准、整顿规范市场来有效控制大气污染物的排放。另一方面，政府在推进职能转变的同时，要加强对区域环境污染的监管职能，发现并纠正大气污染问题，提出指导性意见，维护公共环境的公平正义。

在市场层面，市场要充分发挥经济手段，激励区域节能减排、改善能源消费结构和落后产能淘汰，优化区域间资源配置。从目前的治理效果来看，行政手段能发挥作用的空间已经十分有限，[①] 只有通过调整利益关系的方式，让市场主体在产业链的不同环节发挥作用，转换产业结构，降低能耗，推进不同区域的产业升级，才能实现经济效益与生态环境效益的统一。

在社会层面，大气污染作为一种公共环境问题，具有很强的“外部性”，容易出现“搭便车”问题，导致空气污染问题难以解决。因此，根据埃莉诺·奥斯特罗姆（Elinor Ostrom）的多中心治理理论（Polycentric Governance），京津冀的雾霾治理离不开公众力量的集体行动。需要通过公众的广泛参与来提供公共物品，解决雾霾治理中的监管不足，执法不严和政策落实难等问题。要让公众有权利和渠道参与区域公共事务的治理。大气污染目前已经引起公众的广泛关注，公民参与类似区域性事务治理的主动性、积极性、紧迫性与日俱增。

鉴于上述理论框架，京津冀大气污染联防联控机制应该包括三个层级，分别是市场调配机制、政府协作机制和公众参与机制。大气污染治理需要政府、市场和公众的三方联动，在互动中建立伙伴关系，弥补一方“失灵”现象，实现大气污染的有效治理。公众参与机制是京津冀大气污染联防联控多层机制的三个组成部分之一。在这个多层机制中，政府负责制定政策和监管，市场通过经济手段配置资源，而公众积极有效参与区域大气污染治理。政府、市场和公众在大气污染治理中分工不同，互为支撑。

2. 公众参与京津冀大气污染联防联控的内涵

公众（Public）参与，通常又称为公共参与，指公民试图影响公共政

---

① 谢宝剑、陈瑞莲：《国家治理视野下的大气污染区域联动防治体系研究》，《中国行政管理》2014 年第 9 期。

策和公共生活的一切活动。[①] 这种活动的发起者可以是政府或民众。公众参与的主体可以是参与公共事务治理的各种组织或个人。根据中国的政治经济体制特点，京津冀大气污染联防联控的公共参与的主体包括：政府、企业、NGO 和社会公众。其中，政府在公众参与机制中发挥中枢神经的作用。政府的作用主要通过立法和政策引导来实现。第一，政府通过立法保障公众在大气污染治理中的有效参与权；第二，政府通过政府政策，引导督促企业实践绿色生产方式和环境信息公开；第三，政府宣传绿色理念，倡导绿色生产生活方式。企业、NGO 和社会公众是公众参与机制的主要参与方。企业的作用是积极实践绿色生产的社会责任，并按照相关法律法规，及时公布环境污染信息。NGO 是公众参与机制的重要参与力量，可以在敦促国家立法，对企业和政府进行监督，整合公众参与力量，开展公益宣传，开展大气污染的科研活动等多个领域进行卓有成效的实践。社会公众是公众参与机制的基础力量，一方面对企业和政府行为进行监督，一方面自身践行绿色生活方式。

公众参与大气污染治理的内容应该贯穿政府决策的制定、实施、反馈、修正阶段。在政府政策制定方面，公众应该有渠道参与大气污染治理的相关法律法规的制定，把公众的意愿体现在法律文件之中；在政府政策的实施阶段，公众应该对大气污染情况有充分的知情权，参与环境评价，[②] 并且对政策实施进行有效监督；在政府政策反馈和修正阶段，公众需畅通地把政策实施效果反馈回来，对政府政策进行修正。

公众参与大气污染治理需要有以下三个方面的保障：第一，法律保障。政府通过立法的方式保障公众的参与权。第二，知情权保障。公众对大气污染信息有充分的知情权。第三，机制保障。公众有畅通的渠道反馈意见。

（二）公众参与雾霾治理的建议

进一步完善公众参与机制，强化公众参与权，激发公众参与积极性，

---

① 俞可平：《公民参与的几个理论问题》，《青海人大》2007 年第 1 期。

② 田亮：《论环境影响评价中公众参与的主体、内容和方法》，《兰州大学学报》2005 年第 5 期。

积极推动公众参与京津冀大气污染区域联防联控工作，营造政府、市场、公众共同治理大气污染的浓厚氛围，是提高京津冀地区大气污染防治成效的重要措施。具体说来：一是要建立京津冀大气污染信息公开机制，及时公开有关信息，发挥民众的监督作用。二是要加强宣传教育，提高民众的环保意识和参与意识。三是坚持“积极引导、大力扶持、加强管理、健康发展”的方针，发挥环保NGO的作用，鼓励NGO积极参与大气污染联防联控。为此，建议如下：

第一，建立公众参与京津冀大气污染联防联控的法律基础。出台公众参与京津冀大气污染联防联控工作的相关文件，赋予公众明晰的知情权、参与决策权和监督权，提高京津冀大气污染联防联控工作的科学决策水平和落实力度。建议出台公众参与的相关文件，明确公众的权利和范围，切实在规划、监测、执法等各环节赋予公众知情权和参与监督权。

第二，拓宽公众参与渠道。健全京津冀地区信息公开机制，依法公开京津冀地区环境质量、污染源监管、行政许可、行政处罚等各类环境信息，保障公众知情权。此外，保障公众参与京津冀地区环境决策的渠道，在行政许可、法规制定、重大政策出台等过程中，征求公众建议。利用现代信息通信技术，新老媒体结合，鼓励公众监督。

第三，充分调动非政府组织（NGO）在京津冀大气污染联防联控中的作用。以法律文件的形式赋予各种民间环保团体和地方团体参与京津冀大气污染联防联控的权利和责任，规范NGO的行为。充分发挥NGO非官方、自主性强、灵活度高等优势，让NGO成为政府和市场手段外的有力补充。可借鉴国内外经验，建立环境决策听证会、成立环境监督委员会、鼓励环境NGO和个体作为环境督察员等参与式的环境管理和执法方式，完善大气污染治理的公众参与机制。大型项目建设应保障公众参与环境影响评价，邀请来自各利益相关协会组织参与，取得最广泛的代表性。

第四，充分调动媒体、智库等社会各方力量，充分参与到环境保护中。首先，进一步完善京津冀联动宣传机制，推动京津冀三地联动宣传工作实现常态化。在新闻宣传方面，应发挥电视、广播、报纸等传统媒体的作用；同时，更应该发挥微博、微信等新媒体的作用，共同普及大气污染防治知识，引导公众理性应对大气污染突发事件。其次，充分调动京津冀地区智库力量，形成京津冀环保智库联盟，在为本地区环保决策提供科学借鉴，向公众科普环保知识方面发挥应有的作用。最后，在社会宣传方面，依托世界环境日、世界水日、地球日等环保节日，在京津冀三地现有活动品牌的基础上，联合开展京津冀三地公众共同参与的大型活动，在京津冀区域掀起公众参与环保的热潮，形成大家同呼吸、齐努力、共责任，打造京津冀区域环保一体化、发展一体化的新格局、新风尚。

第五，公众自觉践行绿色生活方式。倡导绿色生活模式，推进衣、食、住、行等领域绿色化。引导绿色饮食。加强对餐饮企业的环保监管，使油烟达标排放，并防止对附近居民的正常生活环境造成污染。任何单位和个人不得在当地人民政府禁止的区域内露天烧烤食品或者为露天烧烤食品提供场地。推广绿色服装，减少使用有毒有害物质的服装材料，鼓励购买环境友好型的服装材料及相关洗涤剂。倡导绿色居住，推动完善节水节能节电的家用产品的相关环境标志，鼓励购买绿色家具和环保建材。鼓励绿色出行，通过完善城市公共交通，推广新能源汽车，严格机动车污染排放标准等措施，控制燃油机动车保有量。同时，在重污染天气，倡导公众减少机动车出行。

第十章

国内外雾霾治理经验与启示

在工业化进程中，世界上很多国家都遭遇过大气污染的问题，有的甚至非常严重，比如“伦敦烟雾”事件、“洛杉矶光化学烟雾”事件、“四日市公害”等。英、美、日等国曾因大气污染遭受了巨大的生命财产损失，也因此积累了丰富的大气污染治理经验。尽管大气污染问题已引起全世界高度重视，且已采取了诸多防治措施，但伴随工业化和城镇化进程的大气污染，至今仍然困扰着相当多的国家。2016 年，包含法国巴黎、英国伦敦、印度新德里、智利圣地亚哥、马来西亚吉隆坡、新加坡、蒙古乌兰巴托、埃及开罗、沙特阿拉伯利雅得、俄罗斯莫斯科、墨西哥城等城市都曾遭遇了各种霾。就目前来看，中国的雾霾尤为严重，且最为引人注目。自 2013 年以来，中国的中、东部地区逐渐掀起了一场声势浩大的治霾大战。国内一些地区，诸如兰州、长三角、珠三角等地已经取得了一些阶段性成果，为全国其他地区雾霾治理树立了典范。本部分内容着重对国内外治霾的部分典型案例进行分析，并归结出中国进一步推进雾霾治理的相关启示。

一　国外治理雾霾的经验

（一）“伦敦烟雾”事件的治理经验

英国是世界上最早开展工业革命的国家，煤炭的广泛应用曾经导致了英国历史上最为严重的污染。[①] 19 世纪末到 20 世纪中期，是英国雾霾最

① 蔡岚：《空气污染整体治理：英国实践及借鉴》，《华中师范大学学报》（人文社会科学版）2014 年第 2 期，第 21 页。

为严重的时期，伦敦每年平均有30—50天处于重度雾霾天气，且伦敦也因污染严重而被称为“雾都”。1952年12月，伦敦出现了持续4天的雾霾，期间死亡人数为4703人，大大超过了前一年同期的1852人，调查显示，雾霾是导致伦敦死亡率骤然上升的元凶。这种毒雾不仅导致英国旅游业、农业等产业的重大损失，影响人们正常生活，而且曾造成上千人失去生命，因而英国政府采取了一系列措施治理城市空气污染。进入20世纪70年代以后，交通污染取代工业污染成为伦敦空气质量的首要威胁，[①] 且至今仍是构成雾霾成因中一种不可忽视的力量。就空气污染治理的周期来看，雾霾的治理，英国人已用了近60年。为消除雾霾，伦敦采取了科学规划公共交通，车辆限行，控制汽车尾气，减少污染物排放等措施。

1. 完善立法，严格执法

健全的法律法规体系，是治理雾霾的重要依据和保障。早在1843年，英国议会就通过了控制蒸汽机和炉灶排放烟尘的法案。1956年，英国通过世界上第一部空气污染防治法案《清洁空气法》，并在1968年进行相应的修改。[②] 60年间，英国政府不断完善环境保护的相关法律法规，20世纪70年代出台了15部法律，20世纪80年代出台了24部法律，20世纪90年代出台了31部法律，形成了完善的大气污染防治法律体系。法律的执行程度直接影响了法律的效力，严格执法是英国政府有效治霾的关键一环。英国实行谁污染、谁治理的原则，由污染企业付费，专门的环保公司进行治理。[③] 在处罚方面，英国对污染企业处以重罚，不设置罚款的最高限额，提高企业的违法成本，对污染企业形成了强大的约束作用。在严格的政府管控下，伦敦的煤烟污染逐年减少，到1975年，每年的雾霾天数已经减少到15天，1980年进一步降到5天，[④] 过去曾因污染而消失的100多种鸟类也重新回到伦敦的上空。

2. 调整产业结构，推动能源消费结构转型

20世纪80年代，伴随着经济全球化的进程，制造业向发展中国家转

---

① 杨拓、张德辉：《英国伦敦雾霾治理经验及启示》，《当代经济管理》2014年第4期，第93页。

② 许建飞：《20世纪英国大气环境保护立法研究——以治理伦敦烟雾污染为例》，《财经政法资讯》2014年第1期，第49—53页。

③ 李新宁：《雾霾治理：国外的实践与经验》，《生态经济》2015年第5期，第2—5页。

④ 田德文：《英国治霾的启示》，《中国党政干部论坛》2014年第3期，第87页。

移，英国进行全面产业结构调整，推动产业升级，着力发展高新技术产业、服务业和绿色经济产业。政府利用税收政策促进高能耗产业向低能耗产业升级，鼓励企业采用先进的清洁生产工艺和技术，并倡导在企业内部、企业之间、产业园区内构建废弃物循环利用的经济体系。政府通过减少对传统高能耗产业的补贴，控制钢铁、纺织等产业的发展规模，减少污染源。与此同时，加大对服务业的扶持力度。按照英国政府2012年的计划，到2020年，可再生能源的能源供应比例提高为15%，积极发展风电等绿色能源，其中40%的电力将来自绿色能源。届时，英国温室气体排放要降低20%，石油需求降低7%。

3. 合理规划城市布局

植物具有杀菌、滞尘、吸收有毒气体、调节二氧化碳和氧气比例等作用，因而城市绿化对于防止空气污染，治理雾霾，提高空气质量有不可忽视的作用。英国通过城市绿化，吸附空气中的悬浮颗粒物，降低城市出现雾霾的可能。在“花园城市”的理念下，即使是寸土寸金的伦敦市中心，1/3的面积都被花园、公共绿地和森林覆盖，拥有100个社区花园、14个城市农场、80公里长的运河和50多个长满各种花草的自然保护区。尽管人口稠密，伦敦人均绿化面积却达到24平方米。

4. 倡导绿色出行，鼓励公众参与

20世纪80年代，伦敦大气首要污染物由来自工业污染变为来自交通污染。为此，英国又采取了一系列措施来抑制交通污染，包括优先发展公共交通网络、抑制私车发展以及减少汽车尾气排放、整治交通拥堵等。自1856年伦敦首条地铁开建至今，伦敦地铁站的数目已经超过273个，总长达到400公里，且各地铁线均延伸至市郊，住在郊区的居民乘坐地铁出行非常方便。2003年2月，伦敦市政府规定，周一至周五早7点至晚6点半进入市中心20公里范围内的机动车，每天征收5英镑的“交通拥堵费”；而且私家车要加装尾气净化装置，此项收入将全部用于改善伦敦公交系统。此后，收费区域不断扩大，收费标准也提高到当前的8英镑。政府还公布了更为严厉的《交通2025》方案，计划在20年内，私家车流量减少9%，废气排放降低12%。伦敦市大力倡导以自行车为标志的“绿色交通”，从首相到市长都是“绿色交通”的崇尚者。据估计，目前伦敦每天有55万人骑自行车出行。同时，政府大力发展新能源汽车，倡导公共交通和绿色交通，建立2.5万套电动车充电装置，并规定：购买电动汽车可以享受高额返利，并且免交汽车碳排放税，还可享受免费停车。

（二）“洛杉矶光化学烟雾”的治理经验

20世纪40年代，美国洛杉矶的烟雾问题相当严重，严重威胁到市民的日常生活和身体健康。这与洛杉矶的地理位置和气候条件相关，当然更重要的是由工业污染日益严重、机动车排放逐渐增多引起的。70年间，洛杉矶政府针对烟雾问题，采取一系列措施，并且使得洛杉矶的空气质量大为改善，烟雾问题基本得到解决。归结起来，洛杉矶治理大气污染的经验主要有以下四个方面：①

1. 查找烟雾根源

洛杉矶大气污染是由大量碳氢化合物在阳光作用下与空气中其他成分发生化学作用产生的，属于典型的光化学烟雾。这种烟雾中含有臭氧、氧化氮、乙醛和其他氧化剂，严重损害了洛杉矶市民的健康，给农业带来严重损失，同时还导致交通事故频发。这些严重后果促使政府、非政府组织和科学家们共同行动，查找烟雾根源。烟雾来源的调查始于1943年，初始认为当地的飞机制造厂、炼钢厂、发电站等是产生污染的主要来源，但关停治理大气污染的效果并不显著，因此烟雾的源头并不是仅仅限于大企业排放废气。1946年，有研究认为工业污染是烟雾产生的主要原因；1947年，调查认为二氧化硫是形成有毒烟雾的主要原因，但是采取相关措施治理空气污染的收效甚微。最终，斯密特取得突破性进展：造成洛杉矶烟雾的原因主要有汽车尾气、臭氧和逆温层三个因素。至此，找到了洛杉矶烟雾的源头。

2. 成立专门机构治理烟雾

洛杉矶市政府成立空气污染控制局专门治理烟雾问题，并给予这一部门充足的预算和人力资源。污染控制局对超标排放的大企业采取了铁腕政策，20世纪50年代初期，由于洛杉矶已经不存在煤炭燃烧产生的黑烟，因此，洛杉矶成为美国空气污染控制的模范城市。1955年6月，洛杉矶

---

① 崔艳红：《美国洛杉矶治理雾霾的经验与启示》，《广东外语外贸大学学报》2016年第1期，第21—27页。

建立起烟雾三级预警系统，对已知的空气中四种危害身体健康的化学成分——臭氧、一氧化碳、氮氧化物、二氧化硫——的含量情况进行预报发布。1976年，洛杉矶与奥兰治、里弗赛德、圣贝纳迪诺的大气污染控制部合并，成立南海岸空气质量管理区，负责与空气质量相关的如制订计划、法规、执法、监测与公共教育等工作。专门治理烟雾工作的部门在不断完善，为质量烟雾问题提供了重要保障。

3. 调动各方积极性，凝聚社会力量共同治理烟雾

单纯依靠政府治理烟雾是不够的，还需要高校、科研机构、企业以及公众多方共同参与其中。福特、克莱斯勒和通用等汽车企业在政府的督促和民众舆论的影响下，从减少碳氢化合物的排放和提高汽车单位耗油量行驶里程两个方面改进引擎。通过访谈调研等形式让市民参与到烟雾治理问题中，使公众对烟雾治理工作的长期性和艰巨性有所了解，消除公众不满情绪，同时集公众智慧，共同寻找解决烟雾的办法。

4. 将空气清洁工作细致化、具体化

1986年，洛杉矶有164天臭氧达到危险水平，严重威胁市民健康，政府对空气清洁工作进一步细致化，具体措施包括：对烧烤采取严厉的清洁空气标准；督促政府对汽车排放制定更严格的标准；要求炼油厂生产清洁燃料；对气溶胶喷雾罐和指甲油等家庭日用产品所产生的烟气制定严格的清洁标准；设免费举报电话，鼓励市民举报尾气污染严重的车牌号，要求车主维修汽车以达到排放量标准；对乘坐公共交通的员工给予适当薪酬奖励；等等。这些具体化措施的实施效果显著，1997年在洛杉矶每年臭氧超标天数已经减少到68天，污染的峰值水平也下降了40%；到2000年超标天数已低至40天；21世纪初，洛杉矶的烟雾问题已经基本解决了。

（三）“四日市公害”的治理经验

四日市位于日本东部海湾，20世纪五六十年代，由于工业化的迅速发展，也造成了严重的大气污染事件——“四日市公害”。自1955年四日市建成第一家炼油厂后，在日本通商产业省推行的“石油化学育成对策”下，1959年，为实现生产工程的一贯性、多元性、高效率，多家石

油化学大型联合企业（Kombinat）在四日市正式上马，[①] 随着大大小小的石油相关工业逐步完善，四日市俨然变成了“石油联合企业城”。[②] 石油化工企业每年排出大量的硫氧化物、碳氢化物、氮氧化物和飘尘等污染物，造成严重的大气污染。其中，二氧化硫与粉尘成为呼吸系统疾病的元凶。自从 1961 年开始，呼吸系统疾病开始在这一带发生，并迅速蔓延。从 1962 年起，患哮喘病的人数激增。1964 年中，四日市的天空连续三天阴霾不散，人们被刺鼻的味道熏得疼痛难忍。到了 1967 年，一些人甚至因为实在忍受不了而选择自杀以求痛快。据四日市医师会调查资料证明，患支气管哮喘的人数在严重污染的盐浜地区比非污染的对照区约高 2—3 倍。[③] 1970 年，四日市的公害问题不断恶化，患者达 500 多人。1972 年全市哮喘病患者 871 人，死亡 11 人。后来，由于日本各大城市普遍烧用高硫重油，致使四日市哮喘病蔓延全国，如千叶、川崎、横滨、名古屋、水岛、岩国、大分等几十个城市都有哮喘病在蔓延。到 1979 年 10 月底，确认患有大气污染性疾病的患者人数为 775491 人。[④] 日本民众首先开始对造成污染的企业进行诉讼，掀起了全国由民众到地方政府，再到国家层面的公害治理。总结起来，日本治理“四日市公害”的主要经验包含以下几个方面：

1. 民众是推动公害治理的重要力量

日本的大气污染最早发现和提出防治的并不是政府，而是深受侵害的当地居民，从 1950 年开始，就有民众向政府发起大气污染防治的运动。1967 年，日本东部海湾四日市 9 名罹患哮喘病的市民，将石油提炼公司、电力公司等 6 家企业告上法院，要求公司停止运转并赔偿损失。经历 4 年多的漫长诉讼，法院最终虽然没有同意原告提出的工厂停止运转的请求，但支持了所有的赔偿请求。此后，日本国民迅速效仿，多地出现类似诉讼，且大多数获得了赔偿。诉讼案例的成功成为推动日本政府进行防治大

① 二宫俊之：《日本四日市地区大气污染公害的历史介绍》，2017 年 1 月 24 日（http：//www. docin. com/p－601195433. html）。

② 潘攀：《1955 年日本四日市烟雾事件》，2017 年 1 月 24 日，博文网（http：//www. bowenwang. com. cn/famous-acid-rain-accidents6. htm）。

③ 2017 年 1 月 24 日（http：//taide. t. blog. 163. com/blog/static/69650023201211224 4956375/）。

④ 《石油冶炼产生的废气导致日本四日市哮喘病》，2004 年 12 月 27 日，人民网（http：//www. people. com. cn/GB/huanbao/41909/42116/3082722. html）。

气污染立法的重要力量。[1] 通过公害诉讼，日本建立起一套独具特色的救济、补偿制度。另外，由于选民支持在日本的政治选举中拥有重要投票权，因此，在日本民众对保护环境和民众健康日益重视的趋势下，民众的监督使日本政客们在雾霾治理的相关立法、政策执行上比较积极，取得了良好效果。

2. 重视立法，严格执法

立法和执法是日本有效治理公害的重要保障。从 1966 年开始，日本各级政府先后颁布了《烟煤规正法》《公害对策基本法》《排烟规制法》《噪声规制法》《大气污染防治法》《硫黄氧化物一般排出基准》《职业健康受害补偿法》《产业废弃物总量排出规制》等，这些法律对国家、地方政府、企业及公众的责任和义务进行了明确划分，不但具有较强的指导性，也有较强的可操作性。同时，日本还确立了一系列极其重要的法律原则，严格执法，保障各项法律规章落到实处。如"预测污染物对居民健康的危害是企业必须高度重视和履行的义务，忽视这些义务等同于过失"，"只要污染危害超限的既成事实成立，即使无过失，也要承担赔偿责任"等。另外，日本《救济公害健康受害者特别措施法》规定，需对因大气污染引起的支气管哮喘、慢性支气管炎等患者的医疗费实施补偿，在需由个人支付的部分中，相关的事务费由国家和地方自治体负担，而医疗费、医疗津贴、护理津贴由企业界负担一半，另一半由国家和地方自治体负担。另外，日本的公害健康损害补偿等相关法律规定，在因受严重大气污染影响而导致疾病多发区域，"损害补偿费"（含疗养费、身体障碍补偿费、家属补偿费、儿童补偿费、葬祭费等）通过"课征金体制"——根据硫氧化物排放量征收相应的"污染负荷量课征金"。[2]

3. 针对污染源分阶段集中治理

石油冶炼和工业燃油产生的废气是引发"四日市公害"的主要污染源，因此，日本政府首先针对工厂污染物排放进行了治理。日本政府在 1968 年推出了《大气污染防治法》，将排放标准上升到法律层面，同时政

① 华义：《日本治霾：法治手段起关键作用》，《新华每日电讯》2014 年 10 月 28 日第 3 版。

② 王德生：《欧美日发达国家治理雾霾的经验和启示》，《电力与能源》2014 年第 4 期，第 127—135 页。

府邀请专家致力于节能减排设备的研发，对企业进行资金支持，使得企业都能够使用最新的设备。在70年代，日本确立了一系列极重要的法律原则，到80年代，基本上已经完成了对工厂的污染治理。另外，随着国民收入的提高，日本私家车的普及也带来日益严重的汽车尾气问题。于是，在随后的20年，日本开始重点治理汽车尾气。主要措施包括：加大汽车发动机的引擎改良，使得油耗高、排量大的汽车逐渐淘汰；致力于新能源汽车的开发和应用，电动车、油电混合动力汽车在日本得到了广泛应用；致力于公共交通的建设，降低公众的汽车使用频率，绿色出行，降低汽车尾气排放。

4. 医疗水平的提升有效抑制了病情扩散

值得一提的是，在“四日市公害”的治理中，日本的医务部门发挥了重要作用。首先，日本四日市医师会对早期公害预防工作做出了巨大贡献。在早期公害预防工作中，四日市医师会向政府部门提出各种具体的请求，对居民实施了各种必要的医学知识启蒙教育。其次，在后期，医疗界对药物研发的突破，直接提升了对支气管验证的疗效，有效抑制了病情的恶化与扩散。

在日本各级政府及民众的共同努力下，公害污染源头得到有效控制。且在进入20世纪90年代以后，得益于药物研发的进步及治疗方法的普及，“四日市哮喘病”在全国的扩散得到有效抑制。

二　国内治理雾霾的经验

（一）“兰州蓝”保卫战的经验

兰州市作为甘肃省的省会，是甘肃的政治、经济中心，也是新中国成立以来重点发展的工业城市，这导致兰州成为全球污染最严重的城市之一，也曾是在卫星地图上看不见的城市。兰州的空气污染与其地理位置和气候条件相关，兰州市位于青藏高原东北侧，地处南北狭窄东西延长的半封闭黄河河谷型盆地之中，远离海洋，深居内陆地区，属于温带半干旱气候，冬季雨雪较少，静风天气很多，非常容易形成逆温层；加之经济发展、城市扩张、人口增长、能源消耗持续上升、污染排放不断增加，逆温层导致大气污染物在主城区上空无法扩散，因而形成“黑帽子”。然而，经过多年治理，兰州的空气质量已经大为改善，摘掉“黑帽子”、形成“兰州蓝”，闯出了一条治理雾霾的新路子。①

1. 依靠政府的铁腕政策

兰州市政府通过对兰州雾霾的成因进行分析，采取了减排、压煤、除尘、控车、增容等一系列措施。在减排方面，对老城区工业污染源采取“改、停、关、搬”的措施，先后引导投入10亿元，对全市火电、化工、钢铁、水泥、砖瓦等高排放行业的210家企业全部进行深度治理，城区三大电厂污染物排放量同比下降了60%以上。压煤则是从减煤量、控煤质，调整城市能源结构三方面入手。兰州主城区1901台燃煤锅炉已经完成改造，城市用煤量从80%下降到60%，二氧化碳排放量减少479万吨。在除尘方面，政府要求市区工程建设施工现场围挡、工地物料堆放覆盖、拆迁工地湿法作业、渣土运输车辆密闭等，并派出执法队员、环保员、网格员、施工管理员对全市281个重点扬尘工地实行监督。同时，对主次干道实行地毯式吸尘、人机结合清洗、机械化洗扫、精细化保洁、调度洒水“五位一体”控尘除尘措施，城市道路机械化清扫率由30%提高到87%。2015年，在控车方面，兰州市强力淘汰黄标车和老旧车辆，启动了新能源汽车推广示范工作，并实施了机动车常年尾号限行和错时上下班，城区二氧化氮和一氧化碳日均浓度下降22.73%和9.53%。增容是指生态增容减少污染，兰州市推进黄河风情线建设，对黄河万亩生态湿地进行修复，开发城市生态水，新增和改造公共绿地4450亩。兰州市政府一系列高投入、严执行的环保政策，是“兰州蓝”的重要保证。

2. 依靠创新机制

创新机制是“兰州蓝”保卫战的重要经验，在管理方面，政府全面推行了城市网格化管理，将市区划分为1482个网格，实行市、区、街道三级领导包抓，建立了网格长、网格员、巡查员、监督员“一长三员”制度，实现城市管理网格全覆盖、巡查全天候、调度数字化和应用多元化。同时，兰州开展绩效创新管理，每年拿出4000万元用于奖励基层干部职工，将大气污染治理作为检验工作绩效的一项重要标准。在执法方

---

① 李琛奇、陈发明：《兰州闯出一条治霾新路子》，2016年3月1日，中国经济网（http://www.ce.cn/xwzx/gnsz/gdxw/201603/01/t20160301_9187858.shtml）。

面，兰州市先后修订和制定了《兰州市实施大气污染防治法办法》《兰州市环境保护监督管理责任暂行规定》《兰州市大气污染防治示范区管理规定》等6部地方性法规和政府规章，初步形成常态化治污的法律法规制度体系。同时，对企业排污状况、环境空气质量状况等环境信息进行公开，接受社会公众监督，严厉打击环境违法行为，倒逼企业履行环保责任。兰州市探索建立了排污权交易制度，开展插卡排污、燃煤电厂超低排放试点工作，积极推进政府购买第三方环境服务工作。2015年，兰州市还开展了全国首家国家环境审计试点工作。

3. 依靠公众参与

兰州治霾的决心取决于民意，力量也来自群众。兰州市民积极响应政府号召，参与雾霾治理的工作当中，践行绿色出行、低碳生活，发挥社会监督作用，使得兰州大气污染治理工作后劲十足，也是“兰州蓝”保卫战取得胜利的重要原因。

（二）长三角协同治霾的探索

根据国家发改委2010年公布的《长江三角洲地区区域规划》中，长江三角洲地区包括上海市、江苏省和浙江省，区域面积21.07万平方公里。[①] 长三角区域是我国人口集聚度最高、城市化发展最快、经济活力最强的区域。重化工业的快速发展以及不断增长的能源消耗，特别是以煤炭为主的能源消费结构，导致长三角区域年度雾霾天数连创新高。以杭州为例，2011年，出现雾霾天数159天，2012年157天，2013年则突破了200天。2013年12月2日至12月14日，江苏、浙江、上海多地出现空气质量指数达到六级严重污染级别的重度雾霾事件——长三角雾霾连成一片。PM2.5浓度日平均值超过150毫克/立方米，部分地区达到300—500毫克/立方米，局部至700毫克/立方米以上。污染最为严重的区域——南京市空气质量连续5天严重污染、持续9天重度污染，导致部分高速公路关闭，部分中小学、幼儿园停课或停止户外活动。[②] 针对严重的雾霾天

① 刘召峰：《长江三角洲区域雾霾协同治理面临问题及对策》，《绿色科技》2016年第12期，第126—128、132页。

② 《盘点2014年南京两会三大热词之一：雾霾》，2014年1月17日，人民网（http://js.people.com.cn/html/2014/01/17/283127.html）。

气，长三角地区自2014年初启动大气污染防治协作机制（包括与安徽省的协作），取得了较为明显的成效。

1. 依靠法制，制度先行

法制是治霾的利器，制度是行动的指南。针对严重的雾霾天气，长三角地区相继颁布了雾霾治理的各项条例和行动计划，为该地区协同治霾奠定了基础。2014年1月，由长三角三省一市和国家八部委组成的长三角区域大气污染防治协作机制正式启动。会议研究制定了《长三角区域落实大气污染防治行动计划实施细则》，确定了煤控、产业结构、机动车船污染、协同减排等重点工作，并划定了各项任务落实的最后期限。在各省市层面，浙江、上海也分别出台《浙江省大气污染防治行动计划（2013—2017年）》《上海市大气污染防治条例》等。其中，《上海市大气污染防治条例》被称为史上最严的大气污染防治条例，将长三角大气污染联防联控以法律形式固定下来。

2. 区域联防联控落实到行动

长三角地区在实行联防联控方面进行了较早的尝试，早在2008年时，就签订了《长江三角洲地区环境保护工作合作协议》，对环境污染进行了联手治理，确保了2010年上海世博会期间的空气质量。2014年1月，随着长三角区域大气污染防治协作机制正式启动，三省一市纷纷投入到针对燃煤电厂、燃煤锅炉和炉窑，机动车污染，工业污染的治理行动中。首先，在燃煤电厂方面，仅在2014年内，苏浙沪三地燃煤电厂就已基本实现脱硫、脱硝，高效除尘治理全覆盖；在燃煤锅炉和炉窑方面，三省一市携手推进禁燃区建设和清洁能源替代工作。其次，在机动车污染防治方面，三省一市分别划定黄标车限行范围，2014年1—10月淘汰黄标车和老旧车辆83万辆。再次，在工业污染防治方面，三省一市各司其职。上海出台了产业结构调整负面清单及能效指南等指导性文件；江苏在9个省级沿海化工区开展整治试点；浙江将5740家企业纳入重污染高能耗行业整治范围；安徽对504家重点行业企业实施强制性清洁生产审核。最后，三省一市还结合国家发改委1.5亿元秸秆综合利用专项资金，对秸秆燃烧进行了有效控制。

3. 依托技术创新实现多维度监测

除了完善法律和有效落实行动外，长三角地区还注重技术创新，逐步实现了对雾霾“源解析”、雾霾动态以及雾霾相关的慢性病的多维度监测。首先，全面建设长三角区域空气质量预测预报中心，总部设在上海，并在江苏、浙江设分中心。系统包含可视化会商、监测数据共享与综合观测应用、排放清单管理、预报预警、区域预报信息服务五个系统，可为区域空气质量预测预报提供更精细化的服务。[①] 长三角区域空气质量预测预报中心的建立，为实现科学的“源解析”和雾霾监测提供了技术条件。其次，面对持续反复的雾霾，长三角区域积极为打好雾霾持久战做准备。2016 年 12 月 20 日，上海、浙江、江苏、江西、安徽五省市共同签署了《长三角区域疾病预防控制工作可持续发展合作协议》，未来将围绕影响公众健康的公共关系热点和难点问题，重点建立定期沟通协商制度，传染病联防联控机制，建设慢性病综合防控示范区，建立空气污染、雾霾对健康影响的监测和研究机制，共同提升长三角地区整体的健康水平，[②] 该协议将对解决人民群众的重大关切提供有益的尝试。

（三）珠三角治理雾霾的经验

珠三角地区是改革开放先行区，也是我国工业最为发达的地区，城镇化程度高、工业遍布城乡各地，使得珠三角地区的环境污染具有明显的区域性的整体特征。一些城市把污染企业建在行政区划的边界上，逃避环保监管，造成了污染物的跨界排放，使珠三角地区环境污染现象凸显，尤其表现在跨域的大气污染上。据广东气象部门的统计，珠三角地区的大气质量不断下降，广东沿海地区尤其是沿海工业城市的雾霾天气较为严重。为此珠三角地区进行了长时间的跨域治理大气污染的积极探索，并取得了宝贵经验。

1. 结构调整功不可没

珠三角地区先通过系统研究，再进行产业结构和能源结构调整，加大空气污染治理，最终使得 PM2.5 浓度达标。珠三角经过了近十年的脱硫

① 《长三角联手治理雾霾初获成效》，2014 年 12 月 1 日，中国共产党新闻网（http://cpc.people.com.cn/n/2014/1201/c87228-26121676.html）。

② 《上海：雾霾监测慢性病防治有望实现长三角区域联动》，2016 年 12 月 21 日，央视网（http://news.cctv.com/2016/12/21/VIDEHWBrukzvH36LKOuObe3l161221.shtml）。

除尘、烟气治理，煤烟型污染控制卓有成效，这就从前端对能源使用情况进行了治理，用清洁能源代替高能耗燃料。而在后端则是对环境监测及环保执法进行严格管理，对污染排放进行严格控管。中间就是搞好工业升级和技术创新。从整个产业链出发，全方位地进行产业结构和能源结构调整，“黑产业”得以转型升级，污染排放就随之减少，空气质量也就得到改善。

2. 区域联防联控是关键[①]

2009 年，广东制定了《广东省珠江三角洲大气污染防治办法》，该办法提出建立关于大气污染的协调、合作和监督治理机制，此办法重要的作用在于协调解决跨区域大气污染纠纷和制定区域内的环保政策。同年，珠海、中山、江门共同签署了《珠中江环境保护区域合作协议》，该协议细致规定了在区域水环境、大气环境的联防联治，环境信息及设施资源的共建共享，应急联动机制等。2014 年 1 月发布的《珠江三角洲区域大气重污染应急预案》是全国首创的雾霾预警机制。广东是全国第一个大气污染联防联控技术的示范区，也是第一个将 PM2.5 列入空气质量评价，并且向公众发布数据的省份。珠三角大气污染联防联控技术示范区，可实现对珠三角地区大气环境质量变化的监测预报及快速反应，支撑实施了珠三角大气污染联防联控工作。区域联防联控是珠三角治霾效果明显的关键，也给其他地区大气污染治理提供了重要借鉴。

3. 抓住大气污染根源进行控制

汽车尾气、高能耗产业排污以及工地扬尘是雾霾形成的重要原因，珠三角地区加大对汽车尾气污染的防治力度，淘汰黄标车，提升汽油的品质。对燃煤电厂加强脱硫脱硝，对产生挥发性有机物的企业加大治理，采取措施降低建设工地的扬尘，对各种污染源加大综合治理的力度。实施重污染企业和污染排放不能稳定达标的企业环保搬迁和提升改造，明确煤炭总量控制目标和天然气供应规划，加严淘汰落后产能、环境准入要求及污染治理的措施，这一系列措施使得珠三角地区在大气污染治理中成效突出。

---

① 吴博：《雾霾协同治理的府际合作研究》，硕士学位论文，华中师范大学，2014 年。

三　国内外雾霾治理的经验与启示

我国大刀阔斧的雾霾治理工作已历时四年有余，部分地区（包含京津冀地区）2016 年的 PM2.5 浓度情况已出现较大改观，但与广大人民群众的期望还有很大差距。并且，从发达国家治理大气污染的历程来看，雾霾并非短期内能够根除，因为产生雾霾的源头——工业结构、城市化等依然处于转型、发展阶段。尽管治理期限尚不明确，但国内外治理成功的案例也给我们带来希望，同时，也给中国其他地区的雾霾治理提供了诸多有益启示。

（一）民众参与是治理雾霾的重要保证

从国内外的历史经验来看，民众参与是治理雾霾的重要保证。雾霾或者说大气污染的产生本质上是一个社会经济发展阶段问题，而公众健康和生命财产安全是底线。当雾霾对人民群众的正常生活产生不良影响时，就会产生自上而下或自下而上的治理行动，也即政府或主动或被迫采取措施，在经济发展与环境治理方面寻找平衡。然而，无论是自上而下还是自下而上的治理行动，民众作为社会的最基本的行为个体，其参与行为和监督行为都是治霾成功的重要保证。与国外相比，我国在提升民众参与度方面存在很大提升空间。首先，政府有待建立更完善的民众参与机制，拓展民众参与治霾的渠道。同时，建立环境公益诉讼制度，加大对环境污染和生态破坏的惩治力度，通过回应民众诉求，使公众得以在实践层面监督政府行为，强化公众参与成效。[①] 其次，我国民众对雾霾治理的认识程度不一，对雾霾治理的参与意识不够强烈，必须对广大民众进行雾霾相关知识的科普及教育，提升民众的雾霾防治意识；同时，也要培养民众的监督意识和监督素养，发挥民众监督的优势和效力，降低政府监督的成本和提高政府监管的效率。

---

① 杨拓、张德辉：《英国伦敦雾霾治理经验及启示》，《当代经济管理》2014 年第 4 期，第 93—97 页。

（二）科学的“源解析”是有效治霾的前提

对症下药才能药到病除，无论是国外还是国内对大气污染的治理，均未脱离对污染来源所进行的科学而全面的分析。雾霾的产生与扩散受多重因素的影响，人类活动对原材料和燃料的消耗与转化是产生污染的最初来源；自然条件（如温度、光照、地形、气候等）会影响雾霾的成分变化、传输和扩散方式。因此，对雾霾进行科学的“源解析”并发布客观的评估报告，是采取治霾措施的前提。另外，科学的“源解析”需要以技术为支撑，必要的研发和技术投入是提高解析水平的必备条件。由于中国大部分地区都遭受了雾霾的持续攻击，因此，需要根据不同地区的自然条件及产业结构情况，设立雾霾监测点，对雾霾实行全面监测，并解析雾霾构成及其变动情况，以便及时调整治霾策略和措施。

（三）完善立法、严格执法是治霾的利刃

由于雾霾的产生和治理存在外部性，雾霾治理的成本与收益不对等，导致社会自发治霾的行动主动性不高，且远远不能满足实际需要，因此必须由政府主导才能实现对雾霾的有效治理。英国、美国、日本以及国内的长三角、珠三角等地治霾的经验表明，完善立法、严格执法是政府参与治霾的利刃。我国政府必须加紧将现存的以《大气污染防治法》为主的法律体系中的相关规定细化，出台具体的排放总量控制标准、污染物排放种类、限期治理制度等，而不应该仅仅停留在原则性层面。只有建立了完善、具体、可操作的法律法规，环保执法人员才能有法可依，依法执法。同时，面对我国长期存在的有法可依，执法不严或不到位的情形，应当通过学习国外执法的经验，增强法律法规的操作性和具体性，完善责任制，加大惩处力度，让执法者和被执法者形成硬约束。

（四）市场机制是治理雾霾的长效机制

英美治理污染过程中均重视引入经济手段，通过市场机制来规范排污企业行为，并且取得了良好的成效。市场机制的优势在于，将企业排污的成本内部化，有效弥补了市场失灵的弊端。企业通过最大化自身的利益，最终做出了降低排放量、自愿减排的选择。从长期来看，内部化排污成本

的方式可以促使企业以降低生产成本为目的的加强技术投入，改进生产技术，从而最终促进了企业向低碳、环保的生产方式方向发展。因此，在中国治理雾霾的过程中，应当引入财政税收机制，完善碳交易市场等经济工具，通过市场进行治理，政府更侧重于发挥完善市场机制和监督企业行为的功能。这样不但能节省政府的治理成本，还能形成治理雾霾的长效机制。

（五）联防联控是消除雾霾的有效途径

英国、长三角、珠三角等地治理雾霾的经验表明，联防联控是消除雾霾的有效途径。联防联控包含两个维度：一是区域联防联控，由于雾霾受大气流动的影响，具有跨界传输的特性，因此，必须打破行政区域的限制，按照自然地理条件，实行跨行政区域的联防联控。二是部门联防联控，由于雾霾产生根本上取决于某一区域的产业、城市化等社会经济发展情况，工业废气、交通污染、建筑工地粉尘等，受多个政府部门的管辖，若想控制污染的产生，必须走部门联防联控，协同治理的道路。然而，长期来看，若想根治雾霾，“等风来”的治霾思路不可取，亦即不能靠“雾霾转移”来治霾，而必须秉承可持续发展的理念，走绿色发展道路，从源头上杜绝雾霾的产生。

第十一章

京津冀雾霾协同治理的实现机制和政策建议

一　创新京津冀雾霾协同治理机制

创新京津冀雾霾协同治理机制，实质上是要形成合理的共同规则，促进北京、天津、河北三个区域治理子系统的互动融合，进而建立起有序的区域一体化雾霾治理系统，真正实现“联防联控、协同行动”。根据前文分析，协同治理理论认为序参量是引导系统由非均衡状态转向均衡状态的关键因素，序参量间的协同合作，使得子系统能在共同规则的引导下有序运行，从而自发形成协同结构，保证整体效应的发挥最大化。协同治理理论所蕴含的多元化主体、自组织结构、各子系统的协作关系和共同规则等特性，与雾霾治理所表现出的区域各自为政、公共物品属性、多元主体利益冲突、信息渠道阻塞等特征相契合。因此，根据二者的契合点，结合京津冀雾霾治理的现实挑战，我们可识别出“顶层设计、目标的一致性程度、利益分配、信息共享”是支配京津冀区域一体化治理系统运行的序参量，以此作为京津冀雾霾治理机制创新的突破口。

如图 11－1 所示，在京津冀协同治理系统中，“顶层设计、府际协同、激励相容、信息共享”四类序参量在治理实践中具体表现为“府际协作、成本分担、监督问责和多元主体参与”四项关键性机制。在关键性机制的推动下，中央政府加强顶层设计，地方政府积极落实，市场合理配置资源，企业主导治污，公众积极自主参与，构成多层次的治理主体。此外，将环境因素纳入地方政绩考核，能够整合多元化的价值体系，树立生态文明理念，确立生态、经济和社会可持续发展的共同治理目标。可见，推进关键性机制的创新，是提升京津冀雾霾协同治理能力的决定因素。

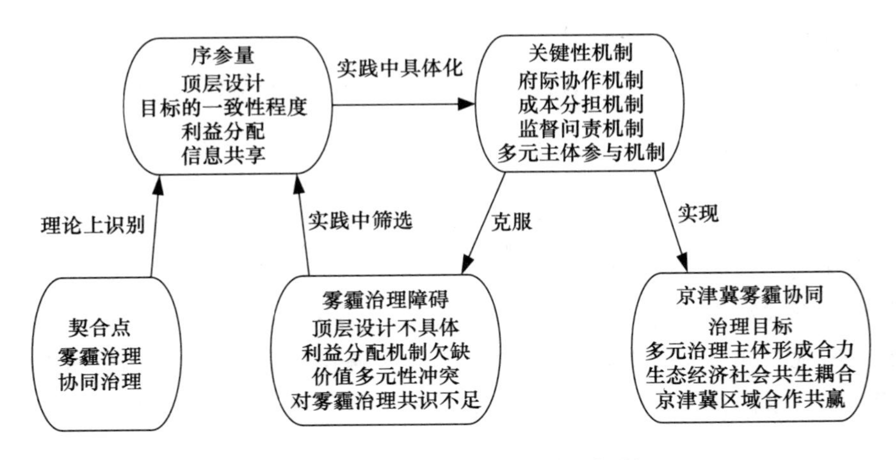

图 11－1　京津冀雾霾协同治理机制

（一）创新决策协调机制，实现府际协作

大气污染（雾霾）是一种典型的跨界公共危机，其难点在于环境污染的跨界性、流动性、不确定性与行政管理要求明确职责和边界属性的矛盾。2014 年京津冀协同发展领导小组成立，国务院副总理张高丽任组长。地方层面，北京市 2014 年 3 月底就已成立“区域协同发展改革领导小组”，河北省于 2014 年 7 月成立河北省推进京津冀协同发展领导小组，办公室设于廊坊市。天津市于 2014 年 9 月成立天津市京津冀协同发展领导小组。各地领导小组通过参加京津冀协同发展领导小组会议的形式来组织开展各地的协同治理具体工作。京津冀协同发展的决策体系是中国应对超大城市群治理问题的一个创新机制。然而，协作小组的组织结构并不明确，缺少小组长，而且缺少固定的办公室。大气污染防治是京津冀协同发展的突破口，建议由中央有关部门直接牵头，提高协作小组的级别，逐步将协作小组通过法定程序过渡为常设领导机构，理顺其与三地环保部门的关系。协作小组以会商机制为基础，在环保部设立办公室，建立跨区域会同其他部门的联合监察执法机制，从而实现统一监察执法，并可以加强信息互通共享。

（二）创新成本分担机制，提高协作治理成效

首先，京津冀三地政府要加大治理大气污染的投入力度，在中央大气污染防治专项资金的基础上，应按照各自财政收入的一定比例提取资金，用于建立京津冀大气环境保护的专项基金，由专门的领导小组机构管理和支配，通过“以奖代补”的方式，促进京津冀大气污染防治工作。其次，产学研相结合，对大气污染治理展开定量研究，量化京津冀雾霾治理的溢出效应，设定合理的成本分担机制，实现京津冀区域合作博弈。最后，完善京津冀大气污染防治核心区对口帮扶机制。[①] 建议进一步完善对口帮扶的组织形式和帮扶内容，通过资金、技术、人力、项目等不同方式重点援冀，实现不同层面的结对支援与合作，努力确保三地同步实现污染治理目标。建立京津冀地区排污权交易制度和碳排放权交易制度，降低整个社会的减排成本。

（三）创新监督与问责机制，确保协作目标实现

首先，虽然三地2015年探索了联合预警，但是预警机制仍存在政策执行不力，部门之间步调不一致等问题。2015年环保部督察组实地调研发现的散煤燃烧问题，脱硫、除尘设备停运问题，渣土车白天运输问题，应急响应不及时等问题反映了京津冀雾霾联防联控机制中监督与问责机制的缺失。[②] 其次，在环境管制方面，目前三省市依据不同的环境保护条例，环保标准不统一。以GDP作为重要政绩考核标准的激励机制使得河北省的环境管制比京津两地都要松，以致出现了北京的企业搬迁到河北省后排放增加、监管放宽的新问题。因此，必须明确即将出台的《京津冀协同环境保护条例》的法律性质。由于三地是同级的行政区，要让该条例发挥战略引领和刚性控制作用，确立其法律地位十分重要。因此，需分阶段逐步统一区域环境准入门槛、统一排污收费标准，实现环境成本的统一，避免出现“污染天堂”现象，以达到京津冀区域环境质量总体改善

---

① 截至2016年9月，京津已落实8.6亿元资金，对口帮扶河北省的保定、廊坊、沧州和唐山四市开展大气污染治理工作。

② 环保部：《督查发现京津冀多地散煤污染严重》，2015年12月9日，中国天气网（http://www.weather.com.cn/video/2015/12/lssj/2433597.shtml）。

的目标。在协作小组的领导下，三地政府应让渡跨区域部分的环境监管职责。此外，还要建立“区域监察管理联合执法机构”，与环保部监察局华北监察中心合作，承担立法、监管和执法职责。建立问责机制，党政同责，加强考核。按照十八届六中全会的精神，坚决防止和纠正“执行纪律宽松软”，全面从严治党，加强党支部的监督问责机制，防止环保监测数据造假、环境督察形同虚设、环保追责措施不力等有法不依、执法不严、违法不究问题的出现。

（四）创新多元主体参与机制，增强社会共识

京津冀大气污染联防联控工作的顺利有效实施需要多元主体的积极参与。首先，公众参与机制是京津冀大气污染联防联控多层治理机制的重要组成部分之一。发挥公众的主观能动性需要建立有效机制以增加公众对自身利益的决策权，使公众能够根据自身状况和能力，与其他利益相关者一起制订有效的发展计划，并采取行动来实现合作共赢。目前公众的知情权正在建立，但是监督权和决策权仍然缺失。政府需要提供公众参与的平台，细化完善运行机制，以充分调动公众积极性、自主性和创造性。此外，作为雾霾重要产生者的企业界，目前还处于消极应付的阶段。企业违法成本低，守法成本高是企业治污积极性不高的重要原因。应该尊重企业在污染治理上的选择权和决策权，发挥企业治污的主体作用。政府和有关部门通过建立重污染企业退出机制，对企业提供税收优惠、财政支持、信贷支持以及土地使用、供电等优惠，引导企业开展技术升级、末端治污工程、企业转产、搬迁等重大决策。政府要通过多层次资本市场引导，比如低息贷款、优先上市等形式，鼓励企业市场化并购重组，使环保达标的企业形成竞争优势，实现治理与发展并举。

二　推动京津冀雾霾协同治理的政策建议

（一）探索京津冀区域垂直管理试点，严格数据监管和违法查处

首先是环境监管体制的漏洞，如偷排问题，数据监控应由企业转向环保部门等行政部门，数据由环保部门负责，定期对数据进行核实检验，对于数据异常应严肃查处，一方面可以减轻数据失真的风险，另一方面也能

在一定程度上查处违法排放。其次从技术方面，使监管更具有科学性、准确性、有效性。建立如红绿灯监管交通一样的污染治理自动监控系统，在监控体系中发挥互联网的强大作用，对于污染治理设施使用电量这个问题，可以由政府部门监管企业污染治理设施的用电，具体过程是：在污染治理设施用电来源上采用专用电路，与生产用电电路区分开，政府部门通过对企业的污染治理设备电路进行监控，使得生产设备与污染治理设施同时运行，也就是开启生产设备的同时必须开启污染治理设备，做到生产设备和污染治理设施同时运行。如果企业没有运行污染治理设备，通过电路监控体系可以立即监控到，采取相应措施阻止企业污染行为。加大工业污染源治理力度，对排污企业全面实行在线监测。强化环境保护督察，新修订的环境保护法必须严格执行，对超排偷排者必须严厉打击，对姑息纵容者必须严肃追究。

（二）从法律层面，完善现有环境法律法规体系和跨界大气环境治理立法

我国跨界大气环境治理中政府间的合作形式大多停留在会议的层面上，使得区域间政府合作形式缺乏刚性和法律的稳定性。以法律形式确定跨行政区域大气环境管理协调组织的法律地位、职责、权限等，以保障该机构的管理职能得到贯彻实施；从执法监督方面，令中央环保督察组全面进驻地方，实地调查，对京津冀三地政府党委和政府落实环境保护主体责任进行督促，发挥对环保执法的监督作用，以至打破各地区利益冲突。从合作体制方面，构建合作运行的相关机制，如信息沟通机制、利益协调机制、监督保障机制。

（三）完善重点污染领域的信息公开机制，加大公众对执法人员与企业的监督

首先，完善移动互联网络监督平台，加大环保政策的宣传力度，加大工业园区的企业信息透明程度，加大环保部门雾霾治理效果信息透明力度，促使绿色生活方式观念深入人心。其次，发挥民间环保组织在跨界环境治理中的优势。在京津冀大气环境治理中，各级政府应高度重视民间环保组织的管理和发展，降低审批登记门槛，促进民间环保组织间的合作，

使监督更有效率。最后，在技术层面，鼓励研发推广可以检测到二氧化硫、氮氧化物等大气污染气体的便携式仪器，这能促进公众对偷排、违规排污的企业的举报更有据可依，更及时，更准确。

（四）完善资金补偿机制，加大对大气污染防治专项资金使用绩效的评估

资金补偿方面，加大中央大气污染防治专项资金的投入力度，同时加强对资金使用的绩效评估。虽然目前已建立专项资金，但专项资金的投入统计表中没有很详细的使用清单，只是数目以及用途方向，在专项资金的使用上企业应当向当地政府呈报使用详细清单，地方政府呈报国家环保局，最后上报财政部，最终由财政部审核，对于不合理的费用，采取追回政策，避免企业和当地政府对专项资金滥报滥用。在治理雾霾的经费上，缩减审批程序，加强经费使用后的审核，对于不合法的经费使用，落实到具体的法律法规中，严格追究违法人员的法律责任。

（五）设立地方军民融合创新发展服务平台，促进军工领域技术成果及时转化应用

设立地方军民融合创新发展服务平台，促进军工领域技术成果及时转化应用。充分利用军工领域的科技优势，鼓励高校科研单位与地方的军工企业和军事科研院所积极合作，通过整合高校现有的科技创新技术及人才资源，联合地方企业进行成果转化。完善成果共享机制、激励约束机制，加快产业链、创新链、资金链互融互通，为军民融合发展提供金融服务、项目对接、信息咨询、产权保护、成果转让、产品营销等平台服务。地方政府应该高度重视军民融合产业的培育、推广和发展，将发展军民融合产业作为地方经济绿色转型发展的重要突破口，通过设立军民融合发展产业基金、军民结合产业基地等形式，促进军民融合技术在地方产业转型发展中“落地生根”。

参考文献

[1] 首都经济贸易大学：《京津冀蓝皮书：京津冀发展报告（2016）》，社会科学文献出版社2016年版。

[2] 郭丽君、郭学良、方春刚、朱士超：《华北一次持续性重度雾霾天气的产生、演变与转化特征观测分析》，《中国科学：地球科学》2015年第4期。

[3] [德] 赫尔曼·哈肯：《协同学：大自然构成的奥秘》，上海译文出版社2005年版。

[4] 王得新：《我国区域协同发展的协同学分析——兼论京津冀协同发展》，《河北经贸大学学报》2016年第3期。

[5] 郑季良、郑晨、陈盼：《高耗能产业群循环经济协同发展评价模型及应用研究——基于序参量视角》，《科技进步与对策》2014年第31期。

[6] Commission on Global Governance, *Our Global Neighbourhood: The Report of The Commission on Global Governance*, Oxford University Press, 1995.

[7] 胡颖廉：《推进协同治理的挑战》，《学习时报》2016年第5期。

[8] 刘伟忠：《我国协同治理理论研究的现状与趋向》，《城市问题》2012年第5期。

[9] 范如国：《复杂网络结构范型下的社会治理协同创新》，《中国社会科学》2014年第4期。

[10] 李汉卿：《协同治理理论探析》，《理论月刊》2014年第1期。

[11] 吕丽娜：《区域协同治理：地方政府合作困境化解的新思路》，《学习月刊》2012年第4期。

[12] 周学荣、汪霞：《环境污染问题的协同治理研究》，《行政管理改

革》2014 年第 6 期。

[13] Rosemary O'Leary, Catherine Gerard, Lisa Blomgren Bingham, "Introduction to the Symposium on Collaborative Public Management", *Public Administration Review*, Vol. 66, December 2006.

[14] 张颖、沈幸：《关于构建我国公共危机的网络治理结构问题研究》，《中山大学研究生学刊》（社会科学版）2012 年第 1 期。

[15] 陶国根：《协同治理：推进生态文明建设的路径选择》，《中国发展观察》2014 年第 2 期。

[16] 夏志强：《公共危机治理多元主体的功能耦合机制探析》，《中国行政管理》2009 年第 5 期。

[17] 王惠琴、何怡平：《协同理论视角下的雾霾治理机制及其构建》，《华北电力大学学报》（社会科学版）2014 年第 4 期。

[18] 孙萍、闫亭豫：《我国协同治理理论研究述评》，《理论月刊》2013 年第 3 期。

[19] 汪伟全：《空气污染跨域治理中的利益协调研究》，《南京社会科学》2016 年第 4 期。

[20] 石小石、白中科、殷成志：《京津冀区域大气污染防治分析》，《地方治理研究》2016 年第 3 期。

[21] 姜丙毅、庞雨晴：《雾霾治理的政府间合作机制研究》，《学术探索》2014 年第 7—8 期。

[22] 李云燕、王立华、王静、马靖宇：《京津冀地区雾霾成因与综合治理对策研究》，《工业技术经济》2016 年第 7 期。

[23] 楼宗元：《京津冀雾霾治理的府际合作研究》，硕士学位论文，华中科技大学，2015 年。

[24] 杨奔、黄洁：《经济学视域下京津冀地区雾霾成因及对策》，《经济纵横》2016 年第 4 期。

[25] 韩志明、刘璎：《雾霾治理中的公民参与困境及其对策》，《阅江学刊》2015 年第 2 期。

[26] Helmers, E., & P. Marx, "Electric cars: Technical characteristics and environmental impacts", *Environmental Sciences Europe*, Vol. 24, 2012.

[27] Wilson, L., Shades of Green, "Electric Cars' Carbon Emissions Around the Globe", Vol. 2, 2013, http://shrinkthatfootprint.com/wp-content/uploads/2013/02/Shades-of-Green-Full-Report.pdf.

[28] 海德堡能源与环境研究所：《中国交通：不同交通方式的能源消耗与排放》，海德堡能源与环境研究所与中国国家发改委综合运输研究所合作报告，2008 年 5 月。

[29] 柯水发、王亚、陈奕钢、刘爱玉：《北京市交通运输业碳排放及减排情景分析》，《中国人口·资源与环境》2015 年第 6 期。

[30] 李霁娆、李卫东：《基于交通运输的雾霾形成机理及对策研究——以北京为例》，《经济研究导刊》2015 年第 4 期。

[31] 孙林：《基于混合 CGE 模型的乘用车节能减排政策分析》，《中国人口·资源与环境》2012 年第 7 期。

[32] 王立平、陈俊：《中国雾霾污染的社会经济影响因素——基于空间面板数据 EBA 模型实证研究》，《环境科学学报》2016 年第 10 期。

[33] 卫蓝、包路林、王建宙：《北京低碳交通发展的现状、问题及政策措施建议》，《公路》2011 年第 5 期。

[34] 喻峥嵘、杨春：《雾霾天气对交通运输的影响及应对措施》，《科技视界》2016 年第 7 期。

[35] 张卫华、王炜、胡刚：《基于低交通能源消耗的城市发展策略》，《公路交通科技》2003 年第 1 期。

[36] 张燕：《治理 PM2.5 国际经验及对北京的启示》，《城市管理与科技》2013 年第 3 期。

[37] 郑艳、史巍娜：《〈城市适应气候变化行动方案〉的解读及实施》，载王伟光、郑国光编《应对气候变化报告（2016）：〈巴黎协定〉重在落实》，社会科学文献出版社 2016 年版。

[38] 蔡闻佳、王灿、陈吉宁：《中国公路交通业 CO_2 排放情景与减排潜力》，《清华大学学报》（自然科学版）2007 年第 12 期。

[39] 丁金学：《我国交通运输业碳排放及其减排潜力分析》，《综合运输》2012 年 12 月。

[40] 何瑞：《TAM 与 IDT 理论视角下新能源汽车公众市场扩散的影响机制研究》，硕士学位论文，天津理工大学，2016 年。

[41] 郇庆治：《生态创业、绿色交通与城市公交政策：一种红绿观点》，《南京工业大学学报》（社会科学版）2015 年第 1 期。

[42] 李苛、王静：《“公地悲剧”视角下的中国雾霾现象分析》，《洛阳理工学院学报》2017 年第 3 期。

[43] 孙华臣、卢华：《中东部地区雾霾天气的成因及对策》，《宏观经济管理》，2013 年第 6 期。

[44] 谭金华、石京：《高速公路间断放行的能耗和排放影响》，《清华大学学报》（自然科学版）2013 年第 4 期。

[45] 吴彬贵、解以扬、吴丹朱、王兆宇、朱娈：《京津塘高速公路秋冬季低能见度及应对措施》，《自然灾害学报》2009 年第 4 期。

[46] 杨晓丹、狄靖月：《天气现象影响公路低能见度的特征》，《科技导报》2013 年第 32 期。

[47] 张琦：《北京市空气质量变动模式及影响因素分析》，硕士学位论文，首都经贸大学，2015 年。

[48] 张铁映：《城市不同交通方式能源消耗比较研究》，硕士学位论文，北京交通大学，2010 年。

[49] 张玉梅：《北京市大气颗粒物污染防治技术和对策研究》，博士学位论文，北京化工大学，2015 年。

[50] 赵新利：《英国伦敦雾霾治理经验对廊坊雾霾治理的启示》，《才智》2014 年第 29 期。

[51] 庄贵阳、周伟铎：《京津冀雾霾的协同治理与机制创新》，载王伟光、郑国光编《应对气候变化报告（2016）：〈巴黎协定〉重在落实》，社会科学文献出版社 2016 年版。

[52] 陈欢：《治霾新思路：区域性大气生态补偿——以北京雾霾治理为例》，《法制博览》2015 年第 30 期。

[53] 龚克杜尔：《基于雾霾治理视角的产业结构与能源结构调整研究》，《财务与金融》2015 年第 2 期。

[54] 郭轲、王立群：《京津冀能源消费与经济增长互动关系追踪》，《城市问题》2015 年第 5 期。

[55] 郭轲、王立群、童万民、杨正华、高德健：《河北省能源消费与经济增长关系的实证分析——基于京津冀协同发展视角》，《资源开发

与市场》2015 年第 9 期。

[56] 林燕梅、王哲、杨静、韩丹、王胜利、刘莉敏：《京津冀可再生能源区域一体化发展战略研究》，《太阳能》2016 年第 2 期。

[57] 刘小敏：《北京能源与经济互动关系特征分析》，《经济观察》2015 年第 34 期。

[58] 吴爱东、李奕男、吕明元：《天津市能源结构与产业结构的协调演进研究》，《天津经济》2016 年第 1 期。

[59] 武义青、赵亚南：《京津冀能源消费、碳排放与经济增长》，《经济管理》2014 年第 2 期。

[60] 肖宏伟、魏琪嘉：《京津冀能源协同发展战略研究》，《宏观经济管理》2015 年第 12 期。

[61] 甄春阳、赵成武、朱文姝：《从京津冀雾霾天气浅议我国能源结构调整的紧迫性》，《中国科技信息》2014 年第 7 期。

[62] 周景坤：《我国雾霾防治税收政策的发展演进过程研究》，《当代经济管理》2016 年第 9 期。